国家电网公司
电力科技著作出版项目

抽水蓄能机组及其辅助设备技术

CHOUSHUI XUNENG JIZU JIQI FUZHU SHEBEI JISHU

继电保护

国网新源控股有限公司　组编

U0246668

中国电力出版社

CHINA ELECTRIC POWER PRESS

内 容 提 要

随着我国经济和电力工业的快速发展，我国抽水蓄能事业取得了非凡成就，尤其在抽水蓄能机组自主化方面，积累了很多成功经验。为了全面展示抽水蓄能机组自主化工作成就，提高抽水蓄能设备研发、设计、制造、安装、调试、运维水平，促进我国抽水蓄能领域技术人才培养，满足我国当前抽水蓄能事业快速发展的需要，国网新源控股有限公司组织编写了《抽水蓄能机组及其辅助设备技术》丛书，共 8 个分册，本丛书填补了同类技术书籍的市场空白。

本书为继电保护分册。全书共分 9 章，从继电保护设计、原理、试验、运行、维护等各专业对抽水蓄能电站继电保护进行了全面的介绍，重点突出发电电动机变压器组保护的相关内容，并介绍了继电保护新技术的发展和应用情况。

本书既有理论知识，又有设计、试验、运行和维护的实践与方法，同时还附有工程实例，适合从事抽水蓄能行业继电保护产品研发、设计、制造、安装、调试、运维等专业技术人员阅读，同时也可供相关科研技术人员和大专院校师生参考使用。

图书在版编目（CIP）数据

抽水蓄能机组及其辅助设备技术．继电保护/国网新源控股有限公司组编．—北京：中国电力出版社，2019.10（2023.1重印）

ISBN 978-7-5198-1543-1

Ⅰ．①抽… Ⅱ．①国… Ⅲ．①抽水蓄能发电机组－继电保护装置 Ⅳ．① TM312

中国版本图书馆 CIP 数据核字（2019）第 314056 号

出版发行：中国电力出版社
地　　址：北京市东城区北京站西街 19 号（邮政编码 100005）
网　　址：http://www.cepp.sgcc.com.cn
责任编辑：安小丹（010-63412367）　杨伟国　马玲科　代　旭
责任校对：黄　蓓　郝军燕
装帧设计：赵姗姗
责任印制：吴　迪

印　　刷：三河市百盛印装有限公司
版　　次：2019 年 10 月第一版
印　　次：2023 年 1 月北京第二次印刷
开　　本：787 毫米 ×1092 毫米　16 开本
印　　张：15.25
字　　数：329 千字
印　　数：2001—2500 册
定　　价：85.00 元

丛书编委会

主　　　任：高苏杰

副 主 任：黄悦照　贺建华　陶星明　吴维宁　张　渝

委　　　员：（按姓氏笔画排序）

王永潭　王洪玉　冯伊平　乐振春　刘观标　任志武

李　正　吴　毅　张正平　张亚武　张运东　陈兆文

陈松林　邵宜祥　郑小康　宫　奎　姜成海　徐　青

覃大清　彭吉银　曾明富　路振刚　魏　伟

执 行 主 编：高苏杰

执行副主编：衣传宝　李璟延　胡清娟　常　龙　牛翔宇

本分册编审人员

主　　　编：陈　俊　常玉红

副 主 编：王　光　郝国文　王　凯　牛翔宇

参编人员：郭自刚　陈　鹏　张琦雪　孟繁聪　钟守平　姜　涛

徐天乐　李帅轩　陈佳胜　李璟延　王洪林　朱　佳

李华忠　王小军　季遥遥　汪卫平　徐　金　张菊梅

房　康　姬生飞

主　　　审：尹项根　何永泉　黄浩声　周建中

序 一

抽水蓄能是当今世界容量最大、技术经济性能最佳的物理储能方式。截至 2019 年，全球已投运储能容量达到 1.8 亿 kW，抽水蓄能装机容量超过 1.7 亿 kW，占全球储能总量的 94%。我国已建成抽水蓄能电站 35 座，投产容量 2999 万 kW；在建抽水蓄能电站 32 座，容量 4405 万 kW，投产和在建容量均居世界第一。

抽水蓄能电站具有调峰填谷、调频调相、事故备用等重要功能，为电网安全稳定、高质量供电提供着重要保障，也为风电、光电等清洁能源大规模并网消纳提供重要支撑。随着坚强智能电网的不断建设和清洁能源大规模的开发利用，我国能源供给正在发生革命性的变化，发展抽水蓄能已成为能源结构转型的重要战略举措之一。

20 世纪 60 年代，河北岗南抽水蓄能电站投运，拉开了我国抽水蓄能事业的序幕。但在此后二十多年，我国抽水蓄能发展缓慢。20 世纪 90 年代，我国电力系统高速发展，电网调峰需求日趋强烈，随着广东广蓄、北京十三陵、浙江天荒坪三座大型抽水蓄能电站相继投产，抽水蓄能迈入快速发展阶段，但抽水蓄能装备技术积累不足，未能掌握核心技术，机组全部需要进口，国家为此付出巨大代价。

为了尽快实现我国抽水蓄能技术自主化，提高我国高端装备制造业水平，加速我国抽水蓄能电站建设，国家部署以引进技术为切入点开展抽水蓄能机组自主化工作。2003 年 4 月，在国家发展改革委、国家能源局主导下，国家电网公司牵头，联合国内主要装备制造、勘测设计、科研院所等单位，以工程为依托，启动了抽水蓄能机组自主化研制工作。经过"技术引进-消化吸收-自主创新"三个阶段，历时十余年，实现了抽水蓄能机组成套装备的自主化。安徽响水涧、福建仙游、浙江仙居等抽水蓄能电站相继投产，标志着我国已完全掌握大型抽水蓄能机组核心技术。大型抽水蓄能机组成功研制，是践行习近平总书记"大国重器必须牢牢掌握在我们自己手中"的最好体现。

为了更好地总结大型抽水蓄能机组自主化研制工作的技术成果，进一步促进我国抽水蓄能事业快速健康发展，国网新源控股有限公司牵头组织哈尔滨电机厂有限责任公司、东方电机集团东方电机有限公司、南瑞集团有限公司等单位，编写了这套《抽水蓄能机组及其辅助设备技术》著作，为我国抽水蓄能事业做了一件非常有意义的事。这套著作的出版，对促进抽水蓄能领域技术人才培养，支撑抽水蓄能事业快速发展将发挥至关重要的作用。

　　最后，我衷心祝贺这套著作的出版，也衷心感谢所有参加编写的同志们。我坚信，在广大技术人员的不断努力下，我国抽水蓄能事业发展道路将更加宽广，前途将更加光明！

　　是为序。

中国电机工程学会名誉理事长　郑宝森

2019 年 8 月 15 日

序 二

　　《抽水蓄能机组及其辅助设备技术》这一系统全面阐述抽水蓄能机电技术领域专业知识的"大部头"即将付梓，全书洋洋洒洒二百余万字，共8个分册，现嘱我作序，我欣然应允。

　　1882年，抽水蓄能电站诞生于瑞士苏黎士，经过近140年的发展，抽水蓄能机组已由早期的水泵配电动机、水轮机配发电机的四机式机组，逐渐发展为发电电动机、水泵水轮机组成的两机式可逆式机组。在主要参数上，抽水蓄能正沿着更高水头、更大容量、更高转速的技术路线不断迈进，运行水头已提升至800m级，单机容量已达到40万kW级，转子线速度可达到200m/s，世界上最大的抽水蓄能电站——河北丰宁抽水蓄能电站，装机容量已达到360万kW。

　　大型抽水蓄能机组是公认的发电设备领域高端装备，因其正反向旋转、高水头、高转速、多工况频繁转换的运行特点，使得机组在稳定性与效率上难以兼顾，结构安全性难以保证，精确控制难度极大，被誉为水电技术领域"皇冠上的明珠"。

　　我国对抽水蓄能机组的研究起步较晚，长期未能掌握机组研制核心技术，机组全部需要进口，严重制约了我国抽水蓄能事业的发展。2003年，在国家有关部门和相关单位的共同努力下，正式启动了抽水蓄能机组成套设备的自主化研制工作。攻关团队历经十年艰苦卓绝的努力，"产、学、研、用"联合攻关，顶住压力，坚持技术引进与自主创新相结合，在大型抽水蓄能机组研制的关键技术上取得了重大突破，成功研制出具有完全自主知识产权的大型抽水蓄能机组，并在安徽响水涧、福建仙游、浙江仙居等抽水蓄能电站实现工程应用，使我国完全掌握了大型抽水蓄能机组研制核心技术。

　　通过自主化研制工作，我国在大型抽水蓄能机组关键技术研发及成套设备研制方面实现了全面突破，在水泵水轮机、发电电动机、控制设备、试验平台和系统集成所需的关键技术方面均实现了自主创新，在水泵水轮机水力开发、发电电动机结构安全设计等专项技术上实现了重大突破，积累了深厚的理论知识、丰富的试验数据和宝贵的实践经验。

为了更好地传承知识、继往开来，国网新源控股有限公司肩负起历史责任，牵头组织编写了这套著作，对我国大型抽水蓄能机组自主化工作进行了全面技术总结，在国内外首次对抽水蓄能机组在研发、设计、制造、安装、调试、运维各领域关键技术进行系统梳理，同时也就交流励磁等抽水蓄能机组技术未来发展方向进行介绍，著作内容完备、结构清晰、语言精练，具有极高的学习、借鉴和参考价值。这套著作的出版，既填补了国内外抽水蓄能技术领域的空白，也为我国抽水蓄能专业技术人才的培养提供了十分重要的参考资料，为我国抽水蓄能事业的健康快速发展奠定了坚实的基础。

　　是为序。

中国工程院院士

2019 年 8 月 1 日

前　言

　　抽水蓄能是当今世界容量最大、最具经济性的大规模储能方式。抽水蓄能电站在电力系统中承担调峰填谷、调频调相、紧急事故备用和黑启动等多种功能，运行灵活、反应快速，是电网安全稳定和风电等清洁能源大规模消纳的重要保障。发展抽水蓄能是构建清洁低碳、安全高效现代能源体系的重要战略举措。

　　长期以来，我国大型抽水蓄能机组设备被国外垄断，严重束缚了我国抽水蓄能事业的发展。国家高度重视抽水蓄能机组设备自主化工作，自 2003 年开始，在国家发展和改革委员会及国家能源局的统一组织、指导和协调下，我国决定以工程为依托，通过统一招标、技贸结合的方式，历经"技术引进—消化吸收—自主创新"三个主要阶段，历经十余年产学研用联合攻关，关键技术取得重大突破，逐步实现了抽水蓄能机组设备自主化，使我国大型抽水蓄能机组设备自主研制能力达到了国际水平。2011 年 10 月，我国第一座机组设备完全自主化的抽水蓄能电站——安徽响水涧抽水蓄能电站成功建成，标志着我国成功掌握了抽水蓄能机组设备研制的核心技术。随着 2013 年 4 月福建仙游抽水蓄能电站的正式投产发电，2016 年 4 月浙江仙居抽水蓄能电站单机容量 37.5 万 kW 机组的成功并网，我国大型抽水蓄能机组自主化设备不断获得推广应用，强有力地支撑了我国抽水蓄能行业的快速发展。

　　近年来，随着我国经济和电力工业的快速发展，我国抽水蓄能事业取得了非凡成就，在大型抽水蓄能机组设备自主化方面，更是取得了丰硕的科技成果。为了全面展示我国抽水蓄能机组自主化工作成就，提高我国抽水蓄能设备研发、设计、制造、安装、调试、运维水平，促进我国抽水蓄能领域技术人才培养，满足我国当前抽水蓄能事业快速发展的需要，为我国抽水蓄能建设打下更坚实的基础，国网新源控股有限公司决定组织编撰出版《抽水蓄能机组及其辅助设备技术》丛书。

　　本丛书共分为水泵水轮机、发电电动机、调速器、励磁系统、静止变频器、继电保护、计算机监控系统、机组调试及试运行八个分册。丛书具有如下鲜明特点：一是内容全面，涵盖抽水蓄能机组的各个专业。二是反映了我国抽水蓄能机组设备最高技术水平。对我国抽水蓄能机组目前主流的、成熟的技术进行了详尽介绍，着重突出了近年来出现的新技术、新方法、新工艺。三是具有一定的技术前瞻性。对大容量高水头机组、变速抽水蓄能机组、智能抽水蓄能电站等新技术进行了展望。四是理论与实践相结合，突出可操作性和实用性。五是填补了国内抽水蓄能机组及其辅助设备技术的空白。本丛书适合从事抽水蓄能行业研发、设计、制造、安装、调试、运维等专业技术人员阅读，同时也可供相关科研技术人员和大专院校师生参考使用。

本丛书由国网新源控股有限公司组织编写，哈尔滨电机厂有限责任公司、东方电气集团东方电机有限公司、南瑞集团水利水电技术分公司、国电南瑞电控分公司、南京南瑞继保电气有限公司、国网新源控股有限公司技术中心等单位分别负责丛书分册的编写任务，中国电力出版社负责校核出版任务。本丛书凝聚了我国抽水蓄能机组设备研发、设计、制造、调试、运维等单位专业技术骨干人员的心血和汗水，同时丛书编写过程中也得到了许多行业内其他单位和专家的大力支持，在此表示诚挚的感谢。

本书是《继电保护》分册，编写任务由南京南瑞继保电气有限公司和国网新源控股有限公司承担，陈俊、常玉红担任主编，王光、郝国文、王凯、牛翔宇担任副主编，尹项根、何永泉、黄浩声、周建中担任主审。

本书主要内容有：抽水蓄能电站继电保护作用及要求、组成、发展现状；保护功能配置及要求、互感器选型与布置、二次回路设计、保护出口方式；发电电动机运行工况特点及对保护影响、相间短路主保护、定子匝间故障保护、相间后备保护、定子接地保护、转子接地保护、过负荷保护、失磁保护、失步保护、抽水方向启动过程及其保护、过励磁保护、异常运行的其他保护；主变压器保护配置、纵联差动保护、零序差动保护、相间故障后备保护、接地故障后备保护、过励磁保护、非电量保护、励磁变压器保护；开关站电气设备保护、厂用电系统保护；继电保护型式试验、出厂试验、现场试验；继电保护运行操作、检修维护、定值管理；基于光学电流互感器的发电电动机保护、变速抽水蓄能机组继电保护、就地化保护、孤光保护；抽水蓄能电站继电保护工程应用案例介绍。

本书共分八章。第一章由王光、郝国文编写，第二章由王光、钟守平、郝国文、姜涛、房康、姬生飞编写，第三章由陈俊、常玉红、王凯、牛翔宇、张琦雪、孟繁聪、陈佳胜、李璟延编写，第四章由郭自刚、陈鹏、王凯、牛翔宇、张琦雪、孟繁聪、李华忠、王小军编写，第五章由徐天乐、李帅轩、钟守平、姜涛、季遥遥、汪卫平编写，第六章由王凯、牛翔宇、王洪林、朱佳编写，第七章由郭自刚、陈鹏、李华忠、徐金、王小军编写，第八章由王光、郝国文编写，第九章由陈俊、常玉红、张菊梅、王凯、牛翔宇编写。

鉴于水平和时间所限，书中难免有疏漏、不妥或错误之处，恳请广大读者批评指正。

编　者

2019 年 7 月 1 日

目　录

第一章

概　　述

本章是全书的绪论，首先说明抽水蓄能电站继电保护的作用和基本要求，然后介绍了抽水蓄能电站的主要电气设备及其继电保护构成，并给出了典型继电保护装置的系统架构，最后回顾了抽水蓄能电站继电保护的发展历程，总结了发展现状，并展望了未来技术发展趋势。

⊪ 第一节　抽水蓄能电站继电保护作用及要求

抽水蓄能电站在电力系统负荷低谷时，利用电网多余电能将下水库的水抽到上水库，转化为水的势能储存起来；在电力系统负荷高峰时，将水从上水库放至下水库，把水的势能转化为电能供给电网使用。抽水蓄能电站电气设备的正常运行关乎电力系统经济稳定，任一设备发生异常或故障，都可能不同程度地影响机组的正常运行。其中，最危险的是各种形式的短路故障，可能造成以下严重后果：

（1）故障点通过很大的短路电流，并燃起电弧，使故障元件损坏。

（2）短路电流通过非故障元件，由于发热和电动力的作用，引起元件损坏或寿命缩短。

（3）引起抽水蓄能电站厂用电和近端负荷电压异常，破坏厂用电系统的正常运行。

（4）影响电力系统的经济稳定运行，严重时可能破坏系统稳定。

抽水蓄能机组正常运行工况遭到破坏，但是并未发生故障，这种情况属于异常运行状态。例如，一次设备的过负荷、过电压等，若不及时处理，会加速绝缘老化，进而发展成短路故障。

当短路故障发生时，常常要求切除故障元件的时间短到数百毫秒甚至数十毫秒。继电保护装置能够自动、迅速、有选择性地将故障元件从电力系统中切除，使故障元件免于继续遭到损害，并保证其他无故障部分迅速恢复正常运行；当电气元件出现异常运行状态时，保护装置按其危害程度延时发出信号或跳闸。

抽水蓄能电站继电保护应满足可靠性、选择性、快速性、灵敏性四项基本要求，"四性"之间，既相辅相成，又相互制约，尤其抽水蓄能机组运行方式复杂，应根据抽水蓄能机组实际要求综合考虑，实现"四性"的平衡，特别是可靠性与灵敏性之间的平衡。

除了自然条件（如遭受雷击等）外，设备制造质量不高、运行或维护不当等原因也会引起设备事故的发生。因此，电气设备的安全稳定运行，不能完全依赖于继电保护设备，而应该加强电气设备的日常维护和检修，防患于未然。

⊯ 第二节　抽水蓄能电站继电保护组成

一、主要电气设备及其继电保护

抽水蓄能电站电气设备众多，主要包括发电电动机、变压器（主变压器、厂用变压器、励磁变压器等）、开关站电气设备、厂用电设备、静止变频器、励磁系统等，这些设备与电力系统相连，是抽水蓄能电站中与电网运行关系最为密切的部分。图 1-1 为某抽水蓄能电站电气主接线示意图，该电站采用了角形主接线方式，发电机组采用联合单元接线，配置一套静止变频器（Static Frequency Converter，简称 SFC）系统，可由 1 号或 3 号机组提供拖动电源，全厂配置两台高压厂用变压器，分别连接于 1 号和 3 号机组的主变压器低压侧。

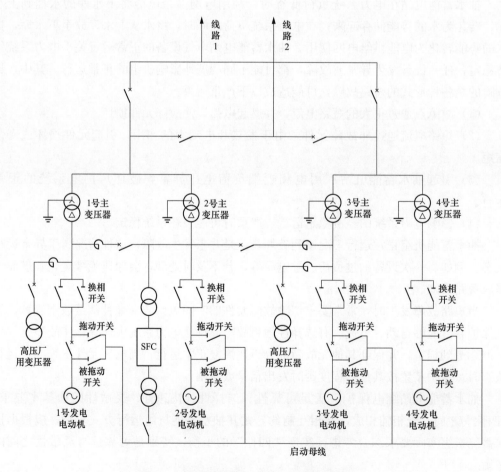

图 1-1　某抽水蓄能电站电气主接线示意图

（1）发电电动机。发电电动机是实现电能和水力机械能相互转化的关键设备，发电工况时作为发电机运行，抽水工况时作为电动机运行。与可逆式水泵水轮机配套的发电电动机，其作水轮机运行和水泵运行时的旋转方向是相反的，输出电气量的相序也是相反的，由换相开关实现与电力系统相序的一致。而且，机组抽水运行时，不能像发电启动时利用水力启动，需要采取专门的启动措施，比如静止变频器启动或背靠背启动。

（2）变压器。抽水蓄能电站的变压器主要有主变压器、励磁变压器，以及高、低压厂用变压器等。主变压器是连接抽水蓄能机组与电网的关键电气设备，发电运行时起升压作用，抽水运行时实现降压功能，完成发电电动机和电力系统不同等级电压设备之间的互联和电能传递。

（3）开关站电气设备。抽水蓄能电站主接线方式相对特殊，发电电动机与主变压器的连接采用单元接线或联合单元接线，开关站常采用桥型接线、角形接线、单母接线、单母分段接线、双母接线或 3/2 接线等方式，并以一回或多回出线接至系统枢纽变电站。开关站电气设备主要有母线、线路、断路器、隔离开关等，实现抽水蓄能电站与电力系统连接回路的开关控制。

（4）厂用电设备。抽水蓄能电站厂用电系统由厂用变压器、馈线电缆和厂用电负荷（电动机、照明等）等电气设备构成。与常规水电站不同，抽水蓄能电站还存在一些特殊的厂用电设备，如用于制造抽水启动或调相运行时转轮室压水用压缩空气的空气压缩机等。

（5）静止变频器。静止变频器作为电动机抽水运行时的启动设备，其工作原理是：将额定频率电流经整流及逆变变换后，以逐渐升高的频率输出电流至发电电动机定子绕组，产生超前于转子磁场的定子旋转磁场，并生成加速力矩，将发电电动机转子加速到同步转速后并网。

（6）励磁系统。励磁系统为发电电动机提供励磁电流，维持机端电压稳定在给定目标值，并提高电力系统的稳定性。抽水蓄能机组励磁系统还应具备静止变频器启动、背靠背启动、电气制动和黑启动等特殊工况的励磁控制功能。

抽水蓄能电站继电保护涵盖全站所有电气一次设备，应针对不同的电气设备，按电气回路的保护区域配置不同的继电保护装置，各相邻设备的保护应相互交叉，不留死区，且交叉区域应尽可能小，以提高保护选择性。一般来说，抽水蓄能电站的继电保护设备主要包括：

（1）发电电动机保护。保护范围包括发电电动机及其引出线部分，反映发电电动机的各类短路故障和异常运行状态。

（2）变压器保护。依据电站的具体设计，针对主变压器、高压厂用变压器、励磁变压器等配置继电保护装置，反映变压器的各类短路故障和异常运行状态。高、低压厂用变压器保护也可归类到厂用电系统保护。

（3）开关站电气设备保护。根据电站开关站的具体设计，针对母线、线路、断路器等主要电气设备配置相应的电气设备保护，具体包括：反映输出线路故障和异常状态的线路保护；反映断路器非全相、失灵等异常的断路器保护；装设有母线的电站的母线保护；主变压器到开关站的高压电缆的差动保护；角形接线电站针对线路停运后断路器之间引线配置的短引线保护等。

（4）厂用电系统保护。抽水蓄能电站厂用电电压等级较低，继电保护一般采用单套配置，反映各类设备的短路故障和异常运行状态。按保护对象类型划分，主要分为厂用变压器保护、厂用母线保护、馈线保护、电动机保护等。

（5）静止变频器保护。静止变频器通常由设备厂商成套供货，其保护功能一般集成于控制器柜，详见本丛书的静止变频器分册。

（6）励磁系统保护。抽水蓄能机组一般为自并励方式，除了励磁调节器中包含的励磁系统本体保护外，集成于机组保护装置的励磁过电流保护和励磁绕组过负荷保护也能够反映励磁系统故障和异常状态。本书将介绍后者，前者一般集成在励磁屏柜内，由励磁系统厂商配套提供，详见本丛书的励磁系统分册。

二、继电保护装置组成

任一电气设备的完整继电保护由电压互感器/电流互感器（或信号采集变送器）、继电保护装置、操作继电器（或操动机构接口设备）及实现各部分之间连接的模拟电缆或数字链路组成。其中，继电保护装置是核心环节，完成保护测量、保护逻辑判断和跳闸控制等功能。现场运行的继电保护设备绝大部分是微机保护装置，由以下四个部分构成：

（1）数据采集单元。将被保护设备上安装的电压互感器/电流互感器输出的模拟量电流/电压变换成数据处理单元能够使用的数字量，实现数据采集功能。

（2）数据处理单元。完成保护测量和保护逻辑判断，是微机保护装置的核心部分。对数据采集单元输出的数字量信号进行测量运算，根据测量结果的大小、性质、输出的逻辑状态、出现的顺序或它们的组合，使保护装置按一定的逻辑关系工作，然后确定是否应该跳闸或发出信号。

（3）开关量输入/输出接口。输入的开关量包括保护功能投退硬压板、外部引入的触点信号（如断路器的位置辅助触点）等。输出的开关量包括保护出口跳闸信号和送出给外部系统的中央信号、远方信号和事件记录信号等。

（4）通信接口单元。实现与监控系统的信息传送和共享，包含通信、对时、打印等。

某抽水蓄能机组保护装置的系统架构如图 1-2 所示。该保护装置采用双套数字信号处理单元（Digital Signal Processing，简称 DSP）系统结构、"与门"出口方式。电磁式互感器输入的二次电流、电压信号经双套独立的隔离、滤波和模数转换电路后，分别进入保护 DSP 和启动 DSP。保护 DSP 负责保护逻辑计算，当达到动作条件时，驱动出口继电器动作。启动 DSP 负责故障检测，当检测到故障时开放出口继电器正电源。只有两个 DSP 满足条件后，出口继电器才能动作。两个 DSP 板之间进行实时数据交互，实现严格的互检和自检，任一 DSP 故障，装置立刻闭锁并报警，防止硬件故障引起误动。CPU 插件负责顺序事件记录、录波、打印、对时、人机接口及通信。

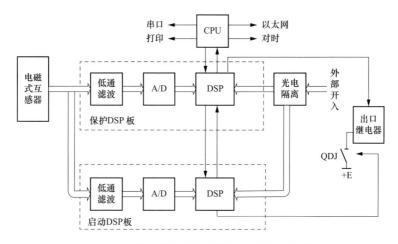

图 1-2　抽水蓄能机组保护装置系统架构图

⊞ 第三节　抽水蓄能电站继电保护发展现状

一、继电保护发展历程

随着半导体、电子技术、计算机技术与通信技术等新技术的先后出现，继电保护的发展经历了机电型、晶体管型、集成电路型和微机型四个阶段。

19 世纪末，熔断器已被用于防止在发生短路时损坏设备，并提出了过电流保护原理。20 世纪初，随着电力系统的发展，继电器得到广泛应用，这些继电器都具有机械转动部件，统称为机电式继电器。1901 年出现了感应型过电流继电器，1905～1908 年研制出电流差动保护，自 1910 年起开始采用方向性电流保护。20 世纪 20 年代初，研制出距离保护，在 20 世纪 30 年代初已出现了快速动作的高频保护。

20 世纪 50 年代后，随着晶体管的发展，出现了晶体管保护装置。这种保护装置体积小，动作速度快，无机械转动部分，但易受外界电磁干扰而误动或损坏。经过 20 余年的研究与实践，晶体管式保护装置的抗干扰问题在理论上和实际中都得到了解决。在 20 世纪 70 年代，晶体管保护被大量采用。到了 20 世纪 80 年代后期，随着大规模集成电路技术的研究和发展，静态继电保护装置由晶体管式向集成电路式过渡，成为静态继电保护的主要形式。

早在 20 世纪 60 年代末，科学家提出了小型计算机实现继电保护的设想，但由于价格昂贵，难以实际采用。随着微处理器技术的快速发展和价格的急剧下降，在 20 世纪 70 年代后期，便出现了性能比较完善的微机保护并投入运行。20 世纪 80 年代，微机保护在硬件和软件技术方面已趋成熟，进入 20 世纪 90 年代，微机保护开始大量应用，并逐渐成为继电保护装置的主要形式。目前，随着微机硬件和软件功能的空前强大，以及计算机网络和通信技术的快速发展，继电保护正沿着网络化、智能化，以及保护、测量、控制、数据通信一体化的方向不断前进。

二、抽水蓄能电站特点及其对保护的要求

抽水蓄能机组兼具发电和抽水两种基本工作方式，具有运行方式多样、抽水方向启动方式特殊、发电和抽水运行时机组电气量相序相反等特点，对继电保护提出了新的要求。

（1）机组运行方式多样，工况转换频繁。抽水蓄能机组运行方式多，一般具有发电运行、发电调相、抽水运行、抽水调相、停机稳态五个稳定运行工况和抽水启动、发电启动、电气制动、旋转备用等暂态过渡工况。每种运行工况下的电气特征均有差异，需要配置的保护功能也不相同。保护装置依据机组运行工况，自动投入所需的保护功能，退出不适用或可能误动的保护功能。因此，准确可靠的工况判别是抽水蓄能机组保护的基础，运行工况判别错误不仅可能导致保护误动，也可能在某些特殊故障时拒动。另外，在不同运行工况转换过程中，保护装置应采用合理和完善的技术方案，确保运行工况辨识结果的安全无缝转换。

（2）抽水方向启动方式特殊。抽水蓄能机组在抽水方向启动时不能利用水力自行启动，需借助外部电源，常采用 SFC 启动或背靠背启动方式。相比于常规水电机组，抽水蓄能机组在抽水启动过程起始就已加励磁，定子侧电气量的频率随转速升高而变化，且整个过程持续时间较长。因此，在启动过程中应配置完备的保护功能，且保护应具有良好的低频特性，满足机组安全运行的要求。

（3）机组换相的影响。对于可逆式水泵水轮发电电动机组，发电和抽水工况的旋转方向相反，需由换相开关转换机组相序，使之与电网相序保持一致。换相操作会对机组保护带来直接的影响，如差动保护相序不对应不能直接构成差动量和制动量，序分量计算时正序变成了负序，正序功率也变为了负序功率，方向元件、阻抗元件计算错误等，保护装置应消除或解决相序转换带来的影响。

（4）特有运行工况及特殊故障形式。相比于常规水电机组，抽水蓄能机组存在一些特殊运行工况，而常规保护配置方案和保护原理可能出现保护配置不完备或保护性能下降的情况，需增加保护配置或改进保护原理。例如，机组抽水工况运行时，若系统电源突然消失，机组转速将下降，并产生剧烈的水力振动，损坏机组轴承；转速过零后转为反向旋转，若不及时停机，还将引起过速，应针对此种情况配置失电保护功能。

三、抽水蓄能电站继电保护发展概况

一直以来，抽水蓄能电站的装机容量在国内电力总装机容量中的占比较小，且早期多为进口设备，没有专门的抽水蓄能电站继电保护标准和技术规范可供依据，现场运行的保护设备由各厂家自行设计，具有如下特点：

（1）保护配置各异，功能集成度低。由于国外保护的设计思想、设计规范各异，不同厂家的保护功能配置区别较大，例如，对于某些高压电气设备，有些厂家仅配置了双重化的主保护，多数后备保护仍为单套，也有一些厂家对包含主保护在内的大多数保护均进行双套配置。抽水蓄能机组保护功能太多，受限于硬件性能等原因，保护装置数量

较多，例如，广东惠蓄电厂采用国外某厂家保护，由 5 台装置共同完成主变压器和励磁变压器的电气量保护，发电电动机保护则由多达 7 台装置构成。

（2）机组运行工况判别逻辑各异。各保护设备对机组运行工况的判别方法各不相同，部分保护装置直接依据引入的监控系统运行工况信号，另一些则接入发电电动机断路器、换相开关和拖动开关等开关设备的位置辅助触点，由保护装置结合其他外部信号或电气量特征进行组合判别。

（3）抽水启动工况保护配置简单。相比于并网运行工况，抽水启动工况在机组总运行时间中占比较小，一些保护设备的启动过程保护配置较为简单，仅配置次同步过电流保护等功能，未针对性地配置短路故障快速保护和定子接地保护功能。

（4）部分保护装置采用单 CPU 硬件结构，即保护装置中仅有单套数据处理单元，现场多次发生硬件异常导致的保护误动事故。

21 世纪以来，随着电力系统的快速发展，国内保护厂家逐步完成技术追赶，在电力系统继电保护领域占据市场主体地位。在国内抽水蓄能电站建设加速推进时，依托技术积累自主研制了抽水蓄能机组保护设备，并在响水涧、广蓄、仙居、洪屏等抽水蓄能电站推广应用。这些保护设备依据国内相关的国家和行业标准进行设计和研制，也更符合国内电厂用户的使用习惯。相比于早期的抽水蓄能电站保护设备，具有以下特点：

（1）主、后一体化，完全双重化配置。依据国家和行业标准，对一些高压电气设备，配置两套保护装置，每套保护装置实现所有的电气量保护，包括主保护、后备保护和异常运行保护。两套保护从装置电源、模拟量接入、开入量、出口继电器和断路器跳闸回路等均完全独立，任一元件或回路损坏不影响另一套装置的正常运行。该配置原则显著提高了继电保护的可靠性，并具有设计简洁、二次回路清晰、运行维护方便等优势。

（2）抽水方向启动过程保护配置完备。抽水蓄能机组启停频繁，每天达数次以上，启动过程在机组长期运行期间的累积时长较长，对该过程的保护配置应予以重视。应配置反映相间短路故障的快速主保护、低频过电流保护，以及反映定子接地故障的低频零序电压保护，并应配置各种异常运行保护，例如反映机组启停过程中发电电动机断路器误合闸事故的误上电保护等。

（3）机组运行工况的综合判别方法。采用了结合一次设备（包括发电电动机断路器、换相开关、拖动开关等）状态和监控系统信号的运行工况综合判别方法。根据电厂机组实际情况，采取提高工况判别可靠性的措施。例如，同时引入断路器等开关设备的动合和动断触点，或引入其分相位置触点，利用不同触点状态的内在约束关系进行校验和容错；获取机组转速、导水叶位置等信息来辅助工况判别及校验等。这种工况综合判别方法相比于单一的监控系统信号或开关设备位置触点的工况判别方法，判别结果更加可靠。

（4）保护装置采用双 DSP 系统结构、"与门"出口方式。二次电流、电压等模拟量信号经双套独立的隔离、放大和模数转换电路后分别进入两个 DSP，只有两个 DSP 均检测到故障时才动作于出口。两个 DSP 之间进行实时数据交互，实现严格的互检和自检，任一 DSP 故障，装置立刻闭锁并报警，防止硬件故障引起误动。

未来较长一段时期内，我国抽水蓄能电站建设仍将处于快速发展期，随着新建电站的陆续投运，现场运行水平在实践中不断得到提高。同时，国内开展了一系列抽水蓄能电站相关技术标准和规范的编写工作，从电站设计、建设和运行等各个方面积极进行总结和提升。当前电力系统呈现大功率远距离输电、微电网发展迅猛、新能源接入爆发式增长的特点，对抽水蓄能机组响应速度、功率调节、运行方式、安全等级等方面提出更高的要求。面对新时代电网发展形势，国内提出了建设数字化智能型电站的主张，统筹规划设计、设备制造、施工建设、运维检修全过程，以电站全寿命周期数据为基础，以信息数字化、通信网络化、集成标准化、运管一体化、业务互动化、运行最优化、决策智能化为特征，实现电站生产运行可靠、经济高效、友好互动的目标。在此先进理念的指导下，抽水蓄能电站继电保护技术将向着网络化、智能化的方向持续发展，不断提高保护性能，为电站安全运行保驾护航。

第二章

继 电 保 护 设 计

继电保护设计的目标是通过合理的设计及选型，保证电力系统和电力设备的安全运行。抽水蓄能电站主要电气设备继电保护的配置应根据电气主接线形式，以及电气设备的结构及运行特点进行合理设计，严格遵循 GB/T 14285《继电保护和安全自动装置技术规程》等国家和行业标准，最终满足继电保护的可靠性、选择性、快速性和灵敏性要求。本章从保护功能配置、互感器选型与布置、二次回路设计和保护出口方式四个方面，对抽水蓄能电站的发电电动机保护、主变压器保护、励磁变压器保护、开关站电气设备保护和厂用电系统保护等继电保护的设计原则和技术要求进行介绍。

第一节 保护功能配置及要求

一、保护配置通用要求

抽水蓄能电站继电保护功能配置应最大限度地保证设备安全和缩小故障破坏范围，尽可能避免不必要的突然停机，特别是保护误动或拒动。这要求保护配置方案应完善合理，并力求避免烦琐。抽水蓄能电站继电保护配置应满足以下通用要求：

（1）应遵循"强化主保护，简化后备保护和二次回路"的原则进行保护配置、设备选型与定值整定。

（2）优先采用主、后备保护一体化的微机型继电保护装置，保护应可靠反映被保护设备的各种故障及异常运行状态。

（3）宜选用性能满足要求、原理尽可能简单的保护方案，以保证可靠性。

（4）各相邻设备的保护范围应相互交叉，不得留有死区，且交叉区域应尽可能小，以提高保护选择性。

（5）对两种故障同时出现的稀有情况，保护配置方案可仅保证切除故障。

（6）保护配置时应考虑对远期系统的适应性，避免由于系统变化造成保护设备的频繁更换。对于扩建工程，应充分考虑对现有保护设备的利用。

（7）满足相关标准、技术规程和电力系统反措等文件的要求。

二、发电电动机保护配置及要求

（一）保护配置

100MW 及以上容量发电电动机的电气量保护应按完全双重化配置，100MW 以下机组电气量保护可按单套配置。实际工程设计时，应根据机组容量和定子绕组分支设计等情况进行具体配置，表2-1给出了发电电动机的保护功能及其反映的故障或异常运行状态。

表 2-1　　　　　　　发电电动机保护功能及其反映的故障或异常运行状态

保护功能	反映的故障或异常运行状态
纵差保护（完全纵差保护、不完全纵差保护）	完全纵差保护：定子绕组及其引出线的相间短路； 不完全纵差保护：定子绕组及其引出线的相间短路、匝间短路和分支开焊故障
横差保护（裂相横差保护、单元件横差保护）	定子绕组的匝间短路、分支开焊和相间短路故障
复合电压过电流保护	发电电动机外部相间短路故障
定子接地保护	定子绕组单相接地故障
转子接地保护	励磁回路接地
过励磁保护	频率降低或电压升高引起的铁芯工作磁密过高
过电压保护	定子绕组过电压
低电压保护	抽水工况、调相工况时的失电或低电压
过频保护	频率过高
低频保护	抽水、调相工况时的系统异常失电或频率过低
失磁保护	励磁电流异常下降或消失
失步保护	发电电动机与系统失去同步的异步运行状态
转子表层（负序）过负荷保护	不对称负荷和外部不对称短路引起的负序电流
定子过负荷保护	过负荷引起的发电电动机定子绕组过电流
发电机逆功率保护	发电工况下从系统吸收有功的异常运行状态
电动机低功率保护	电动机运行时的突然失电或入力过低
误上电保护	机组启停过程中发电电动机断路器误合闸
启动过程保护（低频差动保护、低频过电流保护、低频零序电压保护）	抽水方向启动和电气制动时定子绕组及引出线的相间、接地故障
电压相序保护	机组旋转方向与换相开关位置不一致
电流不平衡保护	电气制动开关触头接触不良故障
轴电流保护或轴承绝缘保护	轴承绝缘破坏
断路器失灵保护	保护动作后发电电动机未按指令跳开

（二）保护技术要求

以下针对各个保护功能，简要说明其技术要求。

1. 纵差保护（完全纵差保护、不完全纵差保护）

对发电电动机定子绕组及其引出线的相间短路故障，应根据抽水蓄能机组的具体设计制定发电电动机差动保护方案，可选择性地配置纵差保护功能，即完全纵差保护或不完全纵差保护，动作于停机。不完全纵差保护除反映相间短路故障外，在定子匝间短路或分支开焊时也能动作。差动保护应具有电流回路断线监视功能，断线后动作于信号，且不应闭锁差动保护。

发电电动机纵差保护的保护范围应与主变压器差动保护相配合，以确保在不同运行工况下均能够消除死区。可配置保护范围仅包含发电电动机的小差保护和保护范围包含发电电动机、换相开关或发电电动机断路器的大差保护。

2. 横差保护（裂相横差保护、单元件横差保护）

发电电动机定子绕组的匝间故障包括同相同分支匝间短路、同相不同分支匝间短路和分支开焊故障。对于这类故障，完全纵差保护不能反映，应按下述原则装设定子匝间故障保护。

（1）对于定子绕组为星形接线，每相有并联分支且中性点有引出分支（或分支组）端子的发电电动机，可装设单元件横差保护或裂相横差保护。

（2）为保证灵敏度，单元件横差保护应具有较高的三次谐波滤过比（不低于100）。

横差保护除能够反映定子匝间短路和分支开焊故障外，在定子相间短路时也能够动作。

3. 复合电压过电流保护

当发电电动机以外设备（主变压器、母线等）发生故障时，若相应的保护拒动或断路器操作失灵，为了可靠地切除故障，发电电动机装设反应外部故障的复合电压过电流保护，该保护同时作为发电电动机的后备保护。复合电压过电流保护配置原则如下：

（1）宜装设复合电压（负序电压元件和线电压元件）启动的过电流保护。

（2）对于自并励的发电电动机，宜采用带电流记忆（保持）的复合电压过电流保护，电流记忆功能投入的前提是复合电压判别开放。

（3）对所连接母线的相间故障，应具有必要的灵敏系数，灵敏系数不宜低于1.3。

4. 定子接地保护

定子绕组的单相接地（定子绕组与铁芯间的绝缘破坏）是发电电动机最常见的一种故障，对于100MW以下发电电动机，应装设保护区不小于90%的定子接地保护，对于100MW及以上的发电电动机，应装设保护区为100%的定子接地保护。保护功能应根据抽水蓄能电站具体设计情况配置，可选择性地配置基波零序电压定子接地保护、零序电流定子接地保护、三次谐波电压定子接地保护和注入式定子接地保护。采用注入式原理时，应具有注入源电压消失、故障或过载报警功能。

5. 转子接地保护

针对发电电动机励磁回路的接地故障，发电电动机应装设转子接地保护或接地检测装置，延时动作于信号或程序跳闸，即在转子接地保护动作发出信号后，应立即转移负荷，实现平稳停机检修。

100MW及以上发电电动机，宜装设双套不同原理的转子接地保护装置，一般可采用注入式和乒乓式保护原理。由于存在保护回路相互影响问题，双套转子接地保护装置正常运行时投入其中一套，另一套作为冷备用。采用注入式原理时应具有注入源电压异常报警功能。

6. 过励磁保护

大容量机组材料利用率高，工作磁密接近于饱和磁密，发生过励磁时后果比较严重，有可能造成机组严重过热或损坏铁芯，因此大容量抽水蓄能机组应装设过励磁保护，包括定时限段和反时限段，有条件时应优先装设反时限过励磁保护。

（1）定时限过励磁保护的低定值段带时限动作于信号，高定值段动作于停机。

（2）对于反时限过励磁保护，反时限特性曲线由上限定时限、反时限、下限定时限三部分组成，保护特性曲线应与发电电动机的允许过励磁能力和励磁系统低励限制及保护相配合，动作于停机。

7. 过电压保护

对发电电动机定子绕组的异常过电压，应装设过电压保护，其定值应根据定子绕组绝缘能力整定，过电压保护宜动作于停机。

8. 低电压保护

装设发电电动机低电压保护，反应抽水工况、发电调相工况和抽水调相工况运行时失电故障或低电压，动作于停机。

9. 过频保护

对 100MW 及以上发电电动机，应装设过频保护，一般动作于信号，也可动作于程序跳闸。

10. 低频保护

装设发电电动机低频保护，反应抽水工况、发电调相工况和抽水调相工况运行时失电故障或系统频率过低，动作于停机。

11. 失磁保护

发电电动机励磁电流异常下降或完全消失的失磁故障是常见故障之一，发电电动机失磁后，由送出无功功率转变为从系统吸收无功功率，系统电压下降，危及系统和厂用电的稳定运行，还会造成机组部件过热、机组失稳、振动增大等后果。应配置失磁保护，带时限动作于停机。在外部短路、系统振荡、发电电动机正常进相运行以及电压回路断线等情况下，失磁保护不应误动作。

12. 失步保护

发电电动机在经受大的扰动（如出线近端短路后延迟切除等）之后，可能发生不稳定振荡，即失步。与失磁后的异步运行状态不同，由于发电电动机仍然加有全励磁，因此其所受电流及转矩冲击都要更加严重。另外大型机组失步时，对系统也会带来不利的影响，可能导致邻近线路或元件继电保护误动作。因此，在大型机组上应装设失步保护。当振荡中心在发电电动机变压器组内部或失步振荡次数超过设定值，对发电电动机构成安全威胁时，动作于停机。保护应满足：

（1）在短路故障、系统同步振荡、电压回路断线等情况下，保护不应误动作。

（2）保护宜具有电流闭锁元件，保证断路器断开时的电流不超过断路器允许开断电流。

13. 转子表层（负序）过负荷保护

电力系统不对称短路或正常运行时三相负荷不平衡，发电电动机定子绕组中会出现负序电流，此电流将在转子表层感应出两倍频电流，进而在转子槽楔与槽壁之间的接触面上、槽楔连接区等部位形成局部高温，可能灼伤转子，造成机组严重破坏。因此，利用定子侧负序电流构成转子表层（负序）过负荷保护，来反映转子表层过热故障。

50MW 及以上，且转子承受负序电流能力常数大于 10 的抽水蓄能机组，应装设定时限转子表层（负序）过负荷保护。保护的动作电流按躲过发电电动机长期允许的负序电流值和最大负荷下负序电流的不平衡电流值整定，带时限动作于信号。

100MW 及以上，且转子承受负序电流能力常数小于 10 的抽水蓄能机组，转子表层（负序）过负荷保护由定时限和反时限两部分组成。定时限段的动作电流按躲过发电电动机长期允许的负序电流值和最大负荷下负序电流的不平衡电流值整定，带时限动作于信号。反时限段应能反映电流变化时发电电动机转子表层的热积累过程，其动作特性按发电电动机承受短时负序电流的能力确定，动作于停机，保护最小动作时间与快速主保护配合。

14. 定子过负荷保护

定子过负荷保护宜由定时限和反时限两部分组成。

定时限部分：动作电流按在发电电动机长期允许的负荷电流下能可靠返回的条件整定，动作于信号，在有条件时可动作于自动减负荷。

反时限部分：动作特性按发电电动机定子绕组的过负荷能力确定，动作于停机。保护应反映电流变化时定子绕组的热积累过程，保护最小动作时间与快速主保护配合。

15. 发电机逆功率保护

发电电动机在发电工况下可能出现反水泵异常运行情况，从系统吸收有功功率，应装设发电机逆功率保护，保护带时限动作于停机。

（1）发电机逆功率保护由灵敏的方向功率元件组成，方向指向发电机。

（2）除发电工况外，其他工况均应闭锁。

16. 电动机低功率保护

发电电动机在抽水工况下，可能出现输入功率过低和失去电源的异常情况，应装设电动机低功率保护，保护动作于停机。

17. 误上电保护

误上电保护反映发电电动机启停过程或静止状态中并网断路器误合闸事故，保护动作于停机。如发电电动机出口断路器拒动，误上电保护应启动失灵，失灵保护动作后断开所有有关的相邻电源支路。发电电动机并网后，此保护应可靠自动退出。

18. 启动过程保护

机组启动过程中保护装置应能正确检测发电电动机的相间短路、接地短路等故障，可针对性的配置低频差动保护、低频过电流保护和低频零序电压保护。由于抽水启动过程中频率较低且持续变化，保护装置应具有良好的低频特性，启动过程结束，机组转并网运行时该保护应自动退出，以免误动。

19. 电压相序保护

发电电动机可能出现旋转方向与电压相序不一致的异常情况，应装设电压相序保护，保护动作于停机。

20. 电流不平衡保护

电气制动停机过程中，发电电动机宜装设防止定子绕组端头短接（电气制动开关）接触不良的电流不平衡保护，保护动作于灭磁。

21. 轴电流保护或轴承绝缘保护

装设发电电动机轴电流保护或轴承绝缘保护，反映发电电动机轴电流密度超过允许值时转轴轴颈的滑动表面或轴瓦损坏故障，保护动作于发信，也可动作于停机。轴电流保护宜具有基波分量和三次谐波分量判据选择功能。

22. 断路器失灵保护

发电电动机应装设发电电动机断路器失灵保护，动作于跳开相邻所有断路器。断路器失灵保护由发电电动机保护出口触点、能快速返回的相电流及负序电流判别元件、发电电动机断路器位置辅助触点组成。

三、主变压器保护配置及要求

（一）保护配置

主变压器在实际运行中，可能发生以下故障和异常运行方式：

（1）绕组及其引出线的相间短路和单相接地短路。

（2）绕组的匝间短路。

（3）外部相间短路引起的过电流。

（4）外部接地短路引起的过电流及中性点过电压。

（5）过负荷。

（6）过励磁。

（7）中性点非有效接地侧的单相接地故障。

（8）油位异常。

（9）变压器油温、绕组温度过高及油箱压力过高和冷却系统故障等。

为了保证主变压器的安全稳定运行，宜针对上述故障和异常运行状态配置保护，选择性配置如下保护功能：

（1）纵差保护。

（2）零序差动保护。

（3）复合电压过电流保护。

（4）过励磁保护。

（5）过负荷保护。

（6）零序电流保护。

（7）间隙零序电流电压保护。

（8）低压侧零序电压保护。

（9）非电量保护。

220kV 及以上电压等级或 100MVA 及以上容量的变压器，除非电量保护按单套配置外，电气量保护应双重化配置。根据故障和异常运行的性质，保护动作于以下出口方式。

（1）断开主变压器的各侧断路器并停机。

（2）缩小故障影响范围（如断开分段断路器）。

（3）发出报警信号。

（二）保护技术要求

下面针对上述各个保护功能，简要说明其具体技术要求。

1. 纵差保护

针对主变压器绕组、套管和引出线的短路故障，应装设纵差保护，该保护对高压侧绕组和引出线的接地故障以及绕组匝间短路故障也能起到保护作用。当保护范围包含换相开关和发电电动机断路器时，在机组并网前应采取措施防止误动，宜采用闭锁机端电流采样通道的方式。

2. 零序差动保护

当纵差保护反应主变压器接地侧绕组单相接地短路故障的灵敏度不足时，可配置零序差动保护动作于断开主变压器各侧断路器并停机。

3. 复合电压过电流保护

针对由外部相间短路引起的主变压器过电流，应装设复合电压过电流保护，动作于缩小故障影响范围，或动作于断开主变压器的各侧断路器并停机。对于有倒送电运行要求的主变压器，在高压侧装设过电流保护，采用发电电动机断路器辅助触点或方向元件判断倒送电运行状态，动作于断开变压器各侧断路器。

4. 过励磁保护

为降低材料消耗，现代大型变压器额定磁密接近于饱和磁密，在过电压或低频率情况下容易引起过励磁，应装设过励磁保护。过励磁保护宜由定时限和反时限两部分组成，与被保护变压器的过励磁特性相配合，定时限部分低定值段动作于发信，定时限部分高定值段和反时限过励磁保护动作于断开主变压器各侧断路器并停机。

5. 过负荷保护

主变压器过负荷保护反映可能出现的过负荷情况，通常带时限动作于信号。

6. 零序电流保护

当变压器的中性点直接接地运行时，高压侧单相接地故障时会产生较大的过电流，应装设零序电流保护作为接地后备保护，动作于断开主变压器各侧断路器并停机。

7. 间隙零序电流电压保护

主变压器中性点经放电间隙接地时，应装设变压器间隙零序电流电压保护，断开主变压器各侧断路器并停机。

8. 低压侧零序电压保护

对于有倒送电运行要求的机组，应装设低压侧零序电压保护，反映主变压器低压侧绕组及相连设备的单相接地故障，动作于发信或断开主变压器各侧断路器。

9. 非电量保护

主变压器非电量保护，反映主变压器瓦斯、油温、绕组温度及油箱内压力升高超过允许值、冷却系统故障、油位异常等，动作于发信或断开主变压器各侧断路器并停机。

（1）主变压器应装设瓦斯保护，当壳内故障产生轻微瓦斯或油面下降时，瓦斯保护应瞬时动作于信号；当壳内故障产生大量瓦斯时，应瞬时动作于断开变压器各侧断路器。气体继电器的引线故障、振动等情况容易引起瓦斯保护误动作，应采取措施防止此类情况发生。

（2）主变压器应装设温度保护，反映变压器油温及绕组温度升高的故障，与变压器油箱结合的高压电缆终端盒也应单独装设反映油温的温度继电器，以反映终端盒的油温过热故障。油温保护分为温度升高和温度过高两级，动作于信号或断开变压器各侧断路器并停机。

（3）主变压器应装设变压器油位升高和降低保护，与变压器油箱结合的高压电缆盒、有载调压装置也应装设油位异常保护。所有油位升高和降低保护应瞬时动作于信号，必要时也可动作于断开变压器各侧断路器并停机。

（4）冷却系统全停后，保护动作于信号；冷却系统全停持续时间超过允许时间后，保护动作于断开变压器各侧断路器并停机。

（5）针对主变压器油箱内压力升高故障，变压器应装设压力释放保护，保护瞬时动作于信号，必要时也可动作于断开变压器各侧断路器并停机。

四、励磁变压器保护配置及要求

1. 保护配置

励磁变压器可装设保护功能：①励磁变压器相间短路主保护；②励磁变压器过电流保护；③励磁绕组过负荷保护；④温度保护（绕组温度或铁芯温度过高）。

2. 励磁变压器相间短路主保护

一般来说，抽水蓄能机组的励磁变压器采用高压侧电流速断保护作为变压器绕组及高压侧引出线相间短路故障的主保护，动作于断开主变压器各侧断路器并停机。当励磁变压器高、低压侧均装设了电流互感器时，也可采用纵联差动保护作为主保护。

3. 励磁变压器过电流保护

励磁变压器应装设高压侧过电流保护，作为励磁变压器绕组及引出线和相邻元件相间短路故障的后备保护，带时限动作于断开主变压器各侧断路器并停机。

4. 温度保护

励磁变压器应装设温度保护，反映变压器绕组温度和铁芯温度的升高故障，分为温度升高和温度过高两级，动作于信号或断开变压器各侧断路器并停机。

五、高压厂用变压器保护配置及要求

1. 保护配置

高压厂用变压器可装设保护功能：①相间短路主保护；②过电流保护；③过负荷保护；④接地保护；⑤非电量保护。

2. 相间短路主保护

高压厂用变压器容量为 6.3MVA 及以上时应装设纵联差动保护，纵联差动保护作为变压器内部故障和引出线相间短路故障的主保护，保护瞬时动作于断开变压器各侧断路器。

对于 6.3MVA 以下的高压厂用变压器，可在电源侧装设电流速断保护作为变压器绕组及高压侧引出线的相间短路故障的主保护，保护瞬时动作于断开变压器各侧断路器。当电流速断保护灵敏度不满足要求时，变压器也可装设纵联差动保护。

3. 过电流保护

高压厂用变压器应装设过电流保护作为变压器及相邻元件的相间短路故障的后备保护。

4. 过负荷保护

高压厂用变压器应根据过负荷情况装设过负荷保护，带时限动作于信号。

5. 接地保护

高压厂用变压器的高压侧绕组为不接地系统，可与引接电气设备共用单相接地保护，不另设单相接地保护；变压器低压侧应装设接地保护或接地检测装置，可与低压侧母线单相接地保护或接地检测装置共用。

6. 非电量保护

（1）瓦斯保护。容量为 0.4MVA 及以上的油浸式变压器均应装设瓦斯保护。当壳内故障产生轻微瓦斯或油面下降时，应瞬时动作于信号；当壳内故障产生大量瓦斯时，应瞬时动作于断开变压器各侧断路器。

（2）温度保护。高压厂用变压器应装设温度保护反映变压器油温及绕组温度升高故障。

1）油浸式变压器绕组温度保护动作于信号，油温保护分为温度升高和温度过高两级，温度升高保护动作于信号，温度过高保护动作于断开变压器各侧断路器。

2）干式变压器绕组温度保护分为温度升高和温度过高两级，温度升高保护动作于信号，温度过高保护动作于断开变压器各侧断路器。

六、静止变频器输入和输出变压器保护配置及要求

1. 输入变压器保护

静止变频器的输入变压器可装设差动保护、过电流保护和非电量保护。

（1）差动保护。对于输入变压器，采用差动保护作为变压器内部故障和引出线相间短路故障的主保护，保护动作于断开输入变压器高压侧断路器，并通知 SFC 控制器作用于闭锁 SFC 脉冲、跳开输出变压器低压侧断路器，并联跳被拖动机组灭磁开关。

（2）过电流保护。输入变压器应装设过电流保护，作为变压器绕组及引出线和相邻元件的相间短路故障的后备保护，保护的出口方式与差动保护相同。

（3）非电量保护。对于油浸式输入变压器，当壳内故障产生轻微瓦斯或油面下降时，瓦斯保护应瞬时动作于信号；当壳内故障产生大量瓦斯时，应瞬时动作跳闸，出口方式与差动保护相同。油浸式变压器绕组温度保护动作于信号，油温保护分为温度升高和温度过高两级，温度升高保护动作于信号，温度过高保护动作于跳闸。

对于干式变压器，配置绕组温度保护，分为温度升高和温度过高两级，温度升高保护动作于信号，温度过高保护动作于跳闸，出口方式与差动保护相同。

2. 输出变压器保护

常见的做法是将输出变压器保护集成于 SFC 控制器，不配置独立保护装置。当保护动作于跳闸时，直接断开输入变压器高压侧断路器，通知 SFC 控制器作用于闭锁 SFC 脉冲、跳开输出变压器低压侧断路器，并联跳被拖动机组灭磁开关。输出变压器两侧电气频率非工频，对应的保护装置应有良好低频特性，不因电气量频率波动变化而误动。

七、开关站电气设备保护配置及要求

1. 保护配置

针对开关站的电气设备，根据实际一次系统设计，装设以下全部或部分保护：①母线保护；②线路保护；③断路器保护；④短引线保护；⑤高压电缆保护（主变压器至开关站的高压电缆）。

2. 母线保护

对于单母接线方式的蓄能电站，开关站内应装设母线保护装置，配置母线差动保护、断路器失灵保护等保护功能。双母接线方式的电站除了上述保护功能外，还应根据需要配置母联保护功能，包括充电保护、过流保护、死区保护、失灵保护等保护功能。

3. 线路保护

根据电站输出线路的具体设计配置保护，具体来说：

（1）纵联差动保护，作为相间短路故障和接地故障的主保护。

（2）相间和接地距离保护，作为开关站出线相间短路故障和接地故障的后备保护。

（3）零序过流保护，作为开关站出线接地短路故障的后备保护。

4. 断路器保护

根据开关站的具体主接线设计配置断路器保护功能，具体保护功能包括失灵保护、三相不一致保护、充电保护、死区保护等。

5. 短引线保护

对于输出线路装设隔离开关的角形接线或 3/2 接线的蓄能电站，开关站内两个断路器之间的输出线路退出运行或检修时（该线路保护已退出运行），为保证供电的可靠性，需要该串恢复环网运行。短引线保护就是在这一特定运行方式下用于保护两个断路器之间连线的这段短引线而装设的保护。通常配置差动保护功能，瞬时动作于断开两侧断路器。

6. 高压电缆保护

抽水蓄能电站主变压器与开关站之间距离较远时，常采用高压电缆连接，对该段高压电缆常单独配置保护设备。一般来说，仅配置反映相间短路故障的主保护，即纵联差动保护，考虑到电磁式互感器二次回路电缆不能过长，宜装设光纤纵联差动保护装置。

八、厂用电系统保护配置及要求

抽水蓄能电站的厂用电系统包括厂用电的全部电力网络、厂用电配置装置和厂用电的交直流电源等。厂用电系统的任何故障都可能影响电能的正常生产，严重的还会导致电厂出力的降低，甚至迫使全厂停电。厂用电是发电厂内最重要的负荷，厂用电工作的可靠性在很大程度上决定着整个电厂的安全发电，因此保证厂用电供电的可靠性和不间断性具有十分重要的意义。

为保证厂用电系统的安全，可装设下列保护：①厂用变压器保护；②厂用馈线保护；③厂用电动机保护；④厂用母线保护。

九、100MW 及以上容量抽水蓄能机组保护配置示例

1. 单元机组主接线示例

图 2-1 为某抽水蓄能电站 300MW 单元机组主接线示意图，采用联合单元接线方式、发电电动机接地变压器接地方式，励磁变压器接于主变压器低压侧。

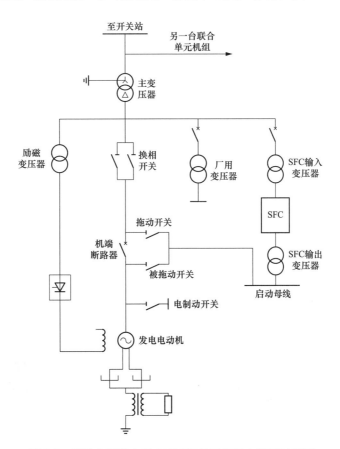

图 2-1　某抽水蓄能电站 300MW 单元机组主接线示意图

2. 保护配置及特点描述

根据图 2-1 的主接线图，并参考相关标准和规范，推荐抽水蓄能机组保护功能配置见表 2-2 和表 2-3。表中保护功能编码参照 IEEE C37.2 标准。

表 2-2　　　　　　　　　　　大型抽水蓄能机组发电电动机保护配置示例

序号	保护功能编码	保护名称
1	87G-1	纵差保护（小差）①
2	87G-2	纵差保护（大差）②
3	87STG	裂相横差保护
4	51GN	单元件横差保护
5	51/27G	复合电压过电流保护
6	59GN	零序电压定子接地保护
7	27/59GN	三次谐波电压定子接地保护
8	64S	注入式定子接地保护
9	64R	转子接地保护
10	59/81G	过励磁保护
11	59G	过电压保护
12	27G	低电压保护
13	81O	过频保护
14	81U	低频保护
15	40G	失磁保护
16	78G	失步保护
17	49G	定子过负荷保护
18	46G	转子表层（负序）过负荷保护
19	32G	发电机逆功率保护
20	37M	电动机低功率保护
21	50/27G	误上电保护
22	51/81G	启动过程保护
23	47G	电压相序保护
24	46EB	电流不平衡保护
25	38G	轴电流保护或轴承绝缘保护
26	50BF	断路器失灵保护

① 纵差保护（小差）是指保护范围仅包含发电电动机的纵差保护，后续章节相同。
② 纵差保护（大差）是指保护范围包含发电电动机，以及换相开关或发电电动机断路器的纵差保护，后续章节相同。

表 2-3   大型抽水蓄能机组主变压器和励磁变压器保护配置示例

序号	保护功能编码	保护名称
1	87T-1	主变压器纵差保护（小差）①
2	87T-2	主变压器纵差保护（大差）②
3	87TN	主变压器零序差动保护
4	51/27T	主变压器复合电压过电流保护
5	59/81T	主变压器过励磁保护
6	49T	主变压器过负荷保护
7	51TN	主变压器接地零序保护
8	51/59TNG	主变压器间隙零序电流电压保护
9	64T	主变压器低压侧零序电压保护
10	87ET	励磁变压器差动保护
11	51ET	励磁变压器过电流保护
12	49E	励磁绕组过负荷保护
13	MR	非电量保护

① 主变压器纵差保护（小差）是指保护范围仅包含主变压器的纵差保护，后续章节相同。
② 主变压器纵差保护（大差）是指保护范围包含主变压器，以及换相开关或发电电动机断路器的纵差保护，后续章节相同。

3. 发电电动机变压器组保护组屏方案示例

根据主接线及相关保护功能配置要求，单台发电电动机变压器组推荐 5 面屏配置方案：

（1）发电电动机电气量保护按照双重化配置，即 2 面屏配置。

（2）主变压器及励磁变压器电气量保护按照双重化配置，即 2 面屏配置。

（3）主变压器及励磁变压器非电量保护按照单重化配置，即 1 面屏配置。

发电电动机变压器组保护组屏方案示意图如图 2-2 所示。

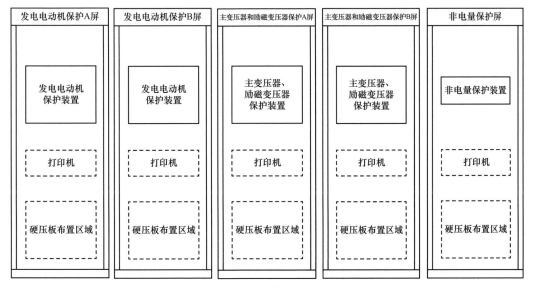

图 2-2   发电电动机变压器组保护组屏方案示意图

若配置了注入式定子接地保护，注入电源装置可考虑放置于其中一面发电电动机保护屏内，或集成于非电量保护柜内，也可以在上述五面屏外单独布置。

十、100MW 以下抽水蓄能机组保护配置

100MW 以下容量抽水蓄能机组可采用单重化保护配置方案，此时应遵循主保护、后备保护独立配置的原则。保护功能配置与大容量机组保护功能大体相似，部分功能根据规程规范可简化或取消。

十一、发电电动机和主变压器差动保护配置优化

抽水蓄能机组的发电电动机和主变压器之间有换相开关和发电电动机断路器等设备，还连接有拖动支路、被拖动支路、电气制动回路等电气设备，不同位置装设电流互感器构成差动保护时，保护闭锁逻辑和保护性能有较大差异，再加上国外各设备厂家的保护设计理念和所遵循的标准不同，导致了国内现有抽水蓄能机组差动保护配置的做法各异，甚至每个电站的配置都不尽相同，下面针对现有方案进行分析，提出优化方案。

1. 现有差动保护交叉配置分析

现有抽水蓄能机组差动保护配置有多种方案，一种较为常见的做法如图 2-3 所示。主变压器小差（87T-1）范围为 1TA、2TA 以及高压厂用变压器高压侧、静止变频器输入变压器高压侧，不受工况影响，可全程投入，发电电动机小差（87G-1）范围为 5TA 和 6TA，可全程投入，这两套小差重点保护主变压器和发电电动机本体。主变压器大差（87T-2）范围则为 1TA、4TA 以及高压厂用变压器高压侧、静止变频器输入变压器高压侧，包含了换相开关和发电电动机断路器部分，发电电动机大差（87G-2）范围为 3TA 和 6TA，包含了发电电动机断路器部分，均受到工况影响。

主变压器小差和发电电动机小差全程投入，不受任何工况影响。主变压器大差和发电电动机大差在发电电动机断路器两侧交叉，并网后不存在保护死区。但是，在机组并网前，主变压器大差机端侧电流（4TA）不属于流过主变压器的电流，将会影响主变压器差动动作行为。以往有两种应对办法，一种是直接闭锁，但 2TA 至发电电动机断路器部分将失去差动保护，一旦发生故障只能依靠后备保护动作，可能严重损坏设备；另一种做法是差动正常投入，正常运行时差动定值一般会高于发电电动机启动电流，保护不会动作，但在抽水启动过程中发电电动机侧任意位置发生故障时，主变压器差动保护都可能动作，将会大大扩大动作范围，相邻机组也会停机。

对于发电电动机大差，在机组并网前 3TA 无电流流过，进而影响发电电动机大差的动作行为，以往大多采用抬高定值的办法，启动过程中也能正常投入。但仔细分析后发现，发电电动机大差在机组并网前作用很小，发电电动机启动电流不流过 3TA，大差仅依靠发电电动机中性点电流互感器（6TA）单侧电流动作，大差的实际动作行为和保护效果与低频电流速断保护无任何区别。因此发电电动机大差在并网前可以取消，仅保留并网后与主变压器大差交叉的作用，这个交叉点实际上也可以根据需要调整。

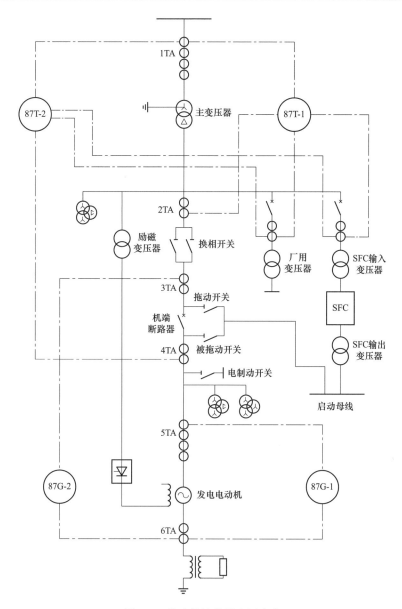

图 2-3 差动保护常见配置方案

2. 差动保护交叉配置优化

通过上述分析，差动保护配置方案存在优化空间，一种可行的优化方案如图 2-4 所示。发电电动机小差和主变压器小差保持不变；主变压器大差机端侧电流差至发电电动机出口处（5TA），差动范围略有扩大，包含了电气制动开关；发电电动机大差则取消，减少一套差动保护。这样 3TA 和 4TA 可以省去 4 个保护电流互感器，5TA 增加 2 个保护电流互感器，总共可以节省 2 个保护电流互感器。

对于这一差动保护配置方案，发电电动机小差和主变压器小差各自保护发电电动机和主变压器，全程投入，不受闭锁方式影响。并网后，主变压器大差和发电电动机小差

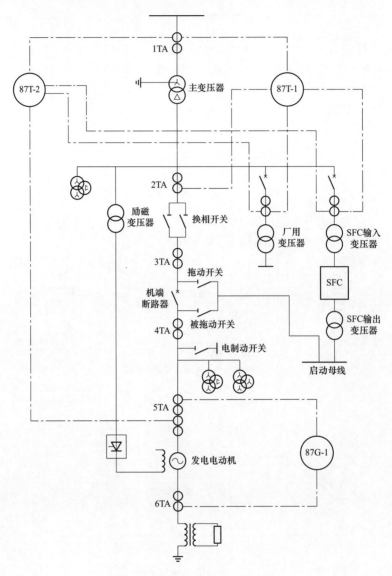

图 2-4 差动保护优化配置方案

在机端交叉，不存在保护死区。并网前，主变压器大差全程投入，但不计入机端电流，保护范围涵盖了 2TA 至发电电动机断路器部分，主变压器侧也不存在保护死区，发电电动机侧故障也不会导致主变压器大差误动，发电电动机小差保护发电电动机本身，对于 5TA 以上位置，依靠电流速断保护，与以往保护性能相同。

另外，主变压器大差和发电电动机小差的交叉位置也可以选在 4TA 位置，主变压器大差与原来保护范围一致，发电电动机小差则包含了电气制动开关部分，需要在电气制动时闭锁。

综合以上分析，这一方案既保证了保护性能，又简化了保护配置，同时减少了电流互感器总台数，是一种比较合理的差动保护配置方案。

⊕ 第二节 互感器选型与布置

一、概述

为保证电力系统的安全和经济运行，需要对电力系统各电力设备的状态或参数进行测量，以便对其进行必要的计量、监控和保护。通常，测量和保护装置不能直接连接到一次回路上，而需将高电压、大电流的电力信号变换成低电压、小电流信号，以供给测量仪器、仪表、继电保护等设备使用。进行这种变换的变压器，一般称为互感器或仪用变压器。

互感器按测量信号类别通常分两大类：电流互感器将一次回路的大电流信号变换为二次小电流信号；电压互感器（简称 TV）将一次回路的高电压信号变换为二次低电压信号。

为了满足抽水蓄能机组继电保护的要求，必须合理进行电流、电压互感器的选型和配置。

二、电流互感器的选型和配置要求

1. 保护用电流互感器特点和类型

保护用电流互感器主要在电力系统非正常运行和故障状态下，用于相应电路的电流变换供给继电保护装置和其他类似设备，以便启动有关保护清除故障，也可用于实现故障监视和故障记录等。保护用电流互感器性能的基本要求是在规定使用条件下的误差应在规定限度内，应用中的突出问题是系统故障时短路电流过大引起铁芯饱和，导致互感器的传变误差显著增大。特别是故障开始时短路电流中有直流分量或电流互感器铁芯中残存有剩磁，这些暂态情况将大大加重电流互感器的饱和。在工程设计中选用电流互感器时，需要恰当地选取有关参数，以满足保护装置和故障记录的需要。

依据保护用电流互感器的准确级可将其分为反映稳态短路电流准确级的 P 类和反映短路暂态电流准确级的 TP 类电流互感器，二者有如下特点：

（1）P 类电流互感器。采用 P 类电流互感器时不特殊考虑暂态饱和问题，仅按通过互感器的最大稳态短路电流选用电流互感器，由继电保护装置采取必要的措施防止互感器暂态饱和引起保护装置的不正确动作（包括误动和拒动）。在保证保护正确动作的前提下，也可允许互感器在稳态下出现一定程度饱和。常见的 P 类互感器包括 P 级、PR 级和 PX 级三种类型，该类电流互感器的准确限值是由一次电流为稳态对称电流时的复合误差或励磁特性拐点来确定的，这是当前最广泛采用的电流互感器。

（2）TP 类电流互感器。采用 TP 类电流互感器时要求电流互感器在最严重的暂态条件下不饱和，且二次电流的误差在规定范围内。TP 类互感器包括 TPS、TPX、TPY 和 TPZ 等类型，该类互感器的准确限值是考虑一次电流中同时具有周期分量和非周期分量，并按某种规定的暂态工作循环时的峰值误差来确定的。因此该类电流互感器适用于考虑短路电流中非周期分量暂态影响的情况。为此需要显著增大电流互感器的尺寸，

25

相应增加造价，保证在使用条件下不致饱和，这类互感器广泛用于超高压系统和大容量发电机组。

2. 保护用电流互感器选型

（1）电流互感器的额定一次电流应根据其所属一次设备的额定电流或最大工作电流选择，并应能承受该回路的额定连续热电流、额定短时热电流及动稳定电流。同时额定一次电流的选择，应使得在额定变流比条件下的二次电流在正常运行和短路情况下，满足该回路保护的选择性和准确性要求。

（2）大型机组厂用分支的额定电流远小于主变压器额定电流，厂用分支的电流互感器一般以厂用分支额定工作电流为基础进行选择，但应满足该回路的动稳定要求。用于主变压器差动保护的厂用分支侧电流互感器，原则上应与主回路互感器变比一致。

（3）电流互感器应具备足够的低频传变特性，当电流频率大于10Hz时应保证可靠传变。

（4）电流互感器额定二次电流有1A和5A两类。对于新建厂站，有条件时电流互感器额定二次电流宜选用1A。

（5）一个厂站内的电流互感器额定二次电流允许同时采用1A和5A。

3. 保护用电流互感器性能要求

（1）保护用电流互感器性能基本要求如下：

1）保证继电保护动作的可靠性，要求保护区内故障时电流互感器误差不致影响保护可靠动作。

2）保证继电保护动作的安全性，要求保护区外最严重故障时电流互感器误差不会导致继电保护误动作或无选择性动作。

（2）电流互感器所带实际二次负荷在稳态短路电流下的准确限值系数或励磁特性（含饱和拐点）应能满足所接保护装置动作可靠性的要求。

4. 保护用电流互感器配置

（1）双重化配置的每套保护电流应分别取自不同的电流互感器，保护用电流互感器的配置及二次绕组的分配应尽量避免主保护出现死区。

（2）考虑到母线保护的重要性和可靠性，母线保护应接入电流互感器的一组专用二次绕组，该二次绕组一般不再接入其他保护装置或测量表计。

（3）电流互感器在短路电流含有非周期分量的暂态过程中和存在剩磁的情况下，容易因饱和而产生很大的暂态误差，在选择保护用电流互感器时，应慎重考虑互感器暂态特性对保护的影响，必要时应选择能适应暂态要求的 TP 类电流互感器，其特性应符合 GB 20840.2—2014《互感器　第 2 部分：电流互感器的补充技术要求》。如保护装置具有减轻互感器暂态饱和影响的功能，可按保护装置的要求选用适当的电流互感器。

（4）对于 330kV 及以上系统保护、容量为 300MW 及以上的发电电动机变压器组，差动保护用电流互感器宜采用 TPY 电流互感器。互感器在短路暂态过程中误差应不超过规定值。

（5）对于 220kV 系统保护、容量为 100～200MW 级的发电电动机变压器组，差动保护用电流互感器可采用 P 类、PR 类或 PX 类电流互感器。互感器可按稳态短路条件进行计算选择，为减轻可能发生的暂态饱和的影响，宜具有适当暂态系数，其中 220kV 系统的暂态系数不宜低于 2，100～200MW 级机组外部故障的暂态系数不宜低于 10。

（6）110kV 及以下系统保护用电流互感器可采用 P 类电流互感器。

（7）发电电动机相间短路后备保护宜采用中性点侧的电流互感器。

（8）断路器失灵保护的电流判别元件宜采用能够反映断路器上实际流过电流的互感器，且应独立于其他保护电流输入回路，宜采用 P 类电流互感器。

三、电压互感器的选型和配置要求

1. 电压互感器类型

电压互感器按构成原理可分为电磁式和电容式两类。

电磁式电压互感器的原理与一般变压器类似，电容式电压互感器由电容分压器及电磁单元组成，其中电磁单元由中压变压器和电抗器组成。电压互感器的接地回路有时还接有电力线载波耦合装置，对于工频电流，载波耦合装置阻抗很小，但对于载波电流则呈现较高的阻抗。

2. 电压互感器配置

电压互感器的配置与系统电压等级、主接线方式及所实现的功能相关。

（1）电压互感器及其二次绕组数量、准确等级等应满足测量、保护和同期等装置的要求，电压互感器的配置应能保证在运行方式改变时，保护装置不得失去电压，且同步点的两侧都能提取到电压。

（2）对双母线接线的抽水蓄能电站，宜在主母线三相装设电压互感器，旁路母线是否装设电压互感器应视具体情况和需要确定。对于采用桥型等特殊接线方式的抽水蓄能电站，通过技术经济比较，也可按线路或变压器单元配置三相电压互感器。

（3）双重化配置的每套保护电压应分别取自电压互感器的不同绕组。

（4）发电电动机中性点采用接地变压器接地时，二次侧负载电阻不宜小于 1Ω，最小不应低于 0.5Ω，为注入式定子接地保护的应用创造条件。

（5）发电电动机中性点采用接地变压器时，应提供定子接地保护用的二次绕组抽头。

（6）电压互感器的二次回路只允许有一点接地，接地点宜设在控制室内，与其他互感器无电联系的电压互感器也可在就地实现一点接地。为保证接地可靠，各电压互感器的中性线不得接有可能断开的熔断器等开关电气设备。

（7）已在控制室一点接地的电压互感器二次绕组，必要时可就地将二次绕组中性点经放电间隙或氧化锌阀片接地，应经常维护检查防止出现多点接地的情况。

（8）电压互感器二次的四根星形引出线中的中性线和电压互感器开口三角的两根引出线中的 N 线应分开，不得共用。

四、互感器配置示例

（一）机组保护互感器配置

结合电流互感器及电压互感器的配置要求，图 2-5 和图 2-6 分别给出国内 500kV 和 220kV 抽水蓄能发电电动机变压器组互感器配置设计示例。

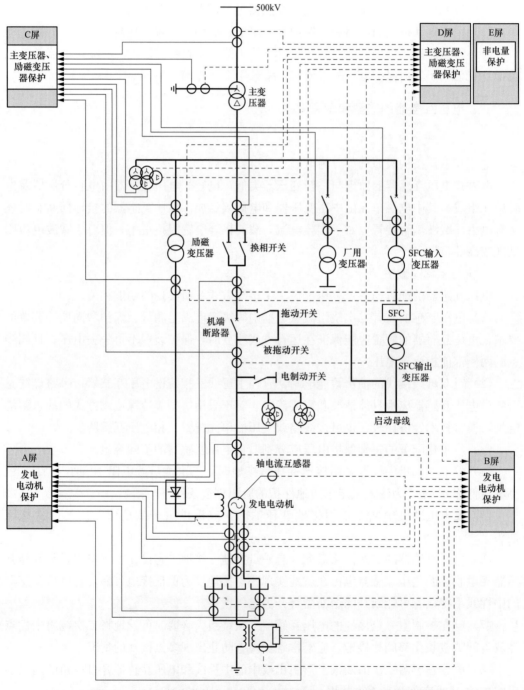

图 2-5　500kV 抽水蓄能发电电动机变压器组互感器配置设计示例图

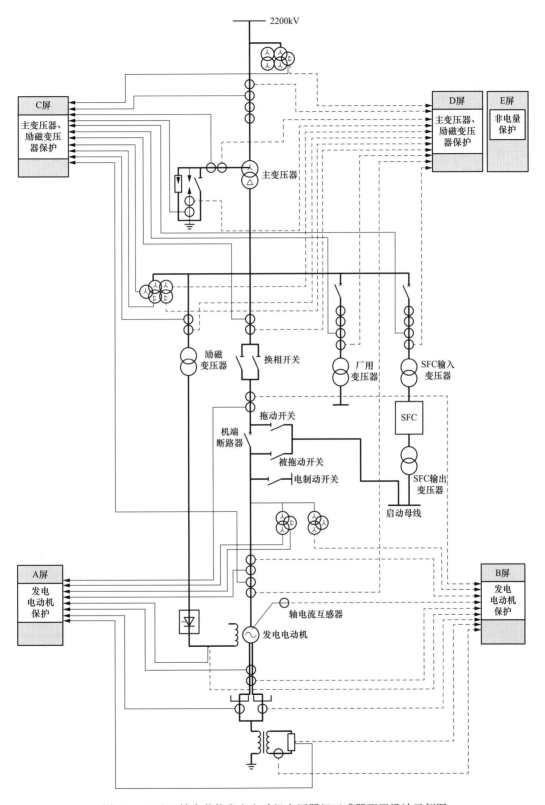

图 2-6 220kV 抽水蓄能发电电动机变压器组互感器配置设计示例图

抽水蓄能机组互感器配置与常规的水电机组大体相同，主要差异是由于差动保护不同而导致的机端电流互感器数量及布置不同。发电电动机以及变压器差动保护均包括大差差动和小差差动，大差差动和小差差动保护范围不同，因此所配置的机端电流互感器的位置也不同。

（二）开关站保护互感器配置示例

下面以常见的 4 台机组、两回出线的桥型接线方式为例，开关站保护互感器配置和保护配置如图 2-7 所示。对于桥型接线，开关站保护主要包括断路器保护、线路保护等。

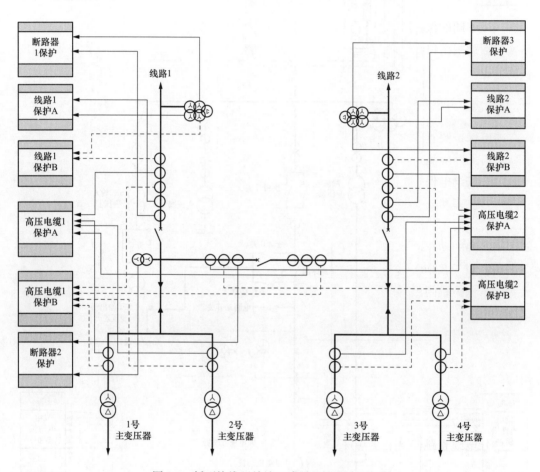

图 2-7　桥型接线开关站互感器配置设计示例图

◆ 第三节　二次回路设计

一、交直流回路的设计及要求

继电保护装置的交直流回路包括测量回路和电源供电回路，其中测量回路与电压互感器互感器、电流互感器的二次回路连接，一般为交流量，电源供电回路用于装置供电，一般为直流量。装置通过与电压互感器、电流互感器连接的二次回路测量一次设备的状态和参数，交流测量回路的完整可靠直接影响保护装置的逻辑判别结果，应满足如下要求：

（1）互感器二次回路连接的负荷，不应超过继电保护装置工作准确等级所规定的负荷范围。

（2）电流互感器的二次回路不宜进行切换，当需要切换时，应采取防止开路的措施。

（3）双重化配置的两套保护与断路器的两组跳闸线圈一一对应。

（4）控制电源与保护电源直流供电回路必须分开。

（5）不同的保护装置应采用各自独立的直流电源空气开关。一套保护的全部直流回路（包括跳闸出口继电器的线圈回路）都必须且只能从这一路直流电源空气开关下获取直流电源。

二、出口回路的设计及要求

继电保护装置的出口回路设计合理性直接关系到继电保护装置的可靠性。继电保护装置出口回路应满足以下要求：

（1）按继电保护配置的要求，不同的出口要分别设独立的出口继电器。

（2）出口继电器的触点数量与切断容量应满足断路器跳闸回路可靠动作的要求。

（3）当要求出口继电器具有自保持性能时，该继电器的自保持线圈的参数应按断路器跳闸线圈的动作电流选择，灵敏系数要求大于2。

（4）用于220kV及以上电压等级的断路器应具有双跳闸线圈。

（5）保护跳闸出口宜采用软件跳闸矩阵方式，保护装置的出口回路应设置有保护出口压板，用于出口回路投退。

（6）断路器跳闸回路宜具有断线监视功能。

（7）背靠背启动时，拖动机组或被拖动机组保护动作时应联跳背靠背机组，两台机组同时灭磁，待机组停稳后跳开拖动机组断路器。

（8）对于双重化配置的保护装置，两套保护的跳闸回路应与断路器的两个跳闸线圈分别一一对应。

（9）电缆直跳回路应满足如下要求：

1）对于可能导致多个断路器同时跳闸的直跳开入，应采取措施防止保护误动作。例如：在开入回路中装设大功率抗干扰继电器，或者采取软件防误措施。

2）大功率抗干扰继电器的启动功率应大于5W，动作电压应在额定直流电源电压的55%～70%范围内，继电器在额定直流电源电压下动作时间为10～35ms，且应具有抗220V工频电压干扰的能力。

3）当传输距离较远时，可采用光纤传输跳闸信号。

三、信号回路的设计及要求

当继电保护装置放置于就地或控制室的后排时，信号回路一般均设就地信号和远方信号，其中远方信号包括监控信号。信号回路应满足如下要求：

（1）动作可靠、准确，不因外界干扰而误动作。

（2）信号触点数量和切断容量应满足中央信号回路要求，接线力求简单。

（3）信号回路动作后，应能自保持，待运行人员处理后，通过人工手动复归。

（4）保护装置的跳闸信号一般可配置两组不保持触点和一组保持触点。

（5）保护装置的过负荷、运行异常、装置故障等告警信号一般至少应配置 2 组不保持触点。

四、继电保护装置电源设计要求

为保证继电保护装置供电可靠，保护用电源装置应满足以下要求：

（1）由逆变电源供电，也可由蓄电池直流电源供电，但需经逆变稳压等回路转换，应有较好的抗干扰性能。当采用蓄电池组作为直流电源时，由浮充电设备引起的纹波系数应不大于 2%，电压波动范围不应超过 ±5%。当采用交流整流电源作为保护用直流电源时，直流母线的电压在最大负荷情况下保护动作时不应低于额定电压的 80%，最高电压不应超过额定电压的 10%，电压波动和纹波系数要求同所采用的蓄电池组一样。如果采用复式整流电源，应保证各种运行方式下，在不同故障点和不同相别短路时，保护均能可靠动作并跳闸。

（2）成套装置一般消耗功率较大，可采用由直流母线单独供电方式，对供电回路应设电源监视。

（3）对大容量机组的保护，为满足双重化要求，电厂应设有两组蓄电池，保护装置应由两组蓄电池按 A、B 套分别供电。

五、控制和信号电缆的设计及要求

控制和信号电缆可选用聚氯乙烯或聚乙烯绝缘聚氯乙烯护套铜芯电缆，也可选用橡皮绝缘聚氯乙烯护套或氯丁护套控制电缆（KXV、KXF 型）。当有特殊要求时，也可选用其他绝缘的铜芯电缆。

（1）按机械强度要求，强电控制回路的控制电缆或绝缘导线的芯线最小截面积不应小于 1.5mm^2，屏、柜内导线的芯线截面积不应小于 1.0mm^2；弱电控制回路的芯线截面积不应小于 0.5mm^2。电缆芯线截面的选择还应符合下列要求：

1）电流回路。应保证电流互感器的工作准确等级符合继电保护装置的要求，无可靠依据时，可按断路器的断流容量确定最大短路电流。

2）电压回路。当全部继电保护装置动作时（考虑到电网发展，电压互感器的负荷最大时），电压互感器到继电保护装置屏的电缆压降不应超过额定电压的 3%。

3）操作回路。在最大负荷下，电源引出端到断路器分、合闸线圈的电压降不应超过额定电压的 10%。

（2）控制电缆宜采用多芯电缆，应尽可能减少电缆根数，当芯线截面积为 1.5mm^2 时，电缆芯数不宜超过 37 芯；当芯线截面积为 2.5mm^2 时，电缆芯数不宜超过 24 芯；

当芯线截面积为 4～6mm^2 时，电缆芯数不宜超过 10 芯。

（3）控制电缆应留有适当备用芯线，备用芯线应结合电缆长度、芯线的截面及电缆敷设条件等因素综合考虑：

1）较长的控制电缆在 7 芯以上，截面积小于 4mm^2 时，应当留有必要的备用芯线，但同一安装单位的同一起止点的控制电缆中不必每根电缆都留有备用芯线，可在同类性质的一根电缆中预留。

2）应尽量避免一根电缆同时接至屏上两侧的端子排，若芯数为 6 芯及以上时，应采用单独的电缆。

3）对较长的控制电缆应尽量减少电缆根数，同时也应避免电缆芯的多次转接。

（4）在同一根电缆中不宜有不同安装单位的电缆芯，在一个安装单位内的交、直流回路的电缆截面相同，必要时可以共用一根电缆。

（5）对双重化保护的电流回路、电压回路、直流电源回路、双跳闸绕组的控制回路等，两套系统不应合用一根多芯电缆。

（6）保护和控制设备的直流电源、交流电流、交流电压及信号引入回路采用屏蔽电缆。

六、电站等电位接地网的设计及要求

1. 二次系统等电位接地网的敷设

在 220kV 及以上变压器中性点直接接地的大型抽水蓄能电站中，当系统发生单相接地短路时，由于站内的接地电阻不可能为零，而流过接地点的短路电流可达几千安培，从而在短路点上产生数百伏的电压。如果电站二次系统的接地直接接入此一次系统接地网，会对二次设备及相应控制电缆的正常运行产生严重影响。为保护二次设备的安全和可靠运行，专门敷设电站的二次系统等电位接地网。

发电厂等电位接地网敷设的位置应包括控制室、继电保护室、机旁屏（含继电保护屏、自动控制屏、励磁屏、调速器电调屏、测量屏、故障录波屏等）、电流互感器和电压互感器端子箱、GIS 汇控柜等。等电位接地网采用截面积不小于 100mm^2 的专用铜排（缆），按屏柜方向布置。屏柜内等电位接地网专用铜排至屏柜下的专用铜排（缆）采用截面积不小于 50mm^2 的铜排（缆）可靠连接。二次等电位网独立组网，但又与主接地网一点相连。若不与主接地网相连，等电位接地网接地电阻不能满足设计要求；若与主接地网多点相连，当主接地网电位不平衡时，不平衡电压也会被引入到等电位接地网中，从而对二次设备产生干扰。

2. 室内二次屏柜的接地连接

二次屏柜内均应装设两根截面积不小于 100mm^2 的接地铜排。一根为主接地网铜排。它直接与柜体焊接在一起，与电站主接地网相连。铜排上应均匀排列多个 M6 连接孔，每个连接孔均配有垫圈、垫片和螺帽。继电保护装置或其他二次装置机箱外壳接地线和二次屏柜门接地线采用专用黄绿相间 4mm^2 多股软线连接至该接地铜排上。另一根为二次设备等电位接地网专用铜排，该铜排两端经小绝缘子架起与柜体绝缘，使用截

面积不小于 $50mm^2$ 的铜缆与室内目字形等电位接地网连接。在该接地铜排上也应均匀排列多个 M6 连接孔和一个 M10 连接孔。电流互感器二次回路的 N 线采用专用黄绿相间 $4mm^2$ 多股软铜线连接至该接地铜排上；电缆屏蔽线编成辫状，压接上铜鼻子后，连接到该接地钢排上。

二次屏柜下部电缆桥架或电缆沟内，应按屏柜布置的方向敷设截面积不小于 $100mm^2$ 的专用铜排，并且将该专用铜排首尾两端焊接好，形成目字形闭环回路，构成控制室、保护室内的等电位接地网。二次屏柜内接地铜排连接完毕后，使用截面积不小于 $50mm^2$ 的软铜线，将其一端用相应的铜鼻子压接后与保护屏内二次等电位接地铜排上 M10 连接孔用螺栓固定。将其另一端在二次屏柜下部电缆桥架或电缆沟内与二次等电位接地网铜排用 M10 螺栓连接或放热焊接。等电位接地网必须用至少 4 根以上、截面积不小于 $50mm^2$ 的铜排或铜缆与主接地网在电缆竖井处（或电缆沟道入口处）一点连接，连接方式最好采用放热焊连接，或者采用 M10 螺栓与主接地网可靠压接。这 4 根铜排或铜缆应取自目字形结构等电位接地网与主接地网靠近的位置。

需要注意的是，二次屏柜内的交流供电电源（照明、打印机和调制解调器）的中性线（零线）不能接入等电位接地网。

3. 室外现地柜的接地连接

室外等电位接地网与主地网连接时，应尽可能远离并联电容器、电容式电压互感器、结合电容及电容式套管等可能被高电压击穿的设备，以及高压母线、避雷器和避击针的接地点，距离不宜小于 15m。合理规划二次电缆的路径，避免和减少迂回，缩短二次电缆的长度，与运行设备无关的电缆应拆除。

户外端子箱和设备的本体端子箱内应设置截面积不小于 $100mm^2$ 的接地铜排，并使用截面积不小于 $100mm^2$ 的铜缆与电缆沟道内的等电位接地网连接。端子箱的接地铜排应使用小绝缘子固定在箱体的下部或侧部，小绝缘子与铜排的连接应使用螺栓可靠连接。并且铜排上应均匀排列若干个接线柱，方便电缆屏蔽线、电流或电压互感器二次回路接地线以及端子箱内其他接地线等与之相连。由于箱体下面的槽钢支架都是与主接地网相连的，因此，除将箱门与箱体用专用连接线相连外，无须将箱体再与接地铜排相连。

4. 电缆屏蔽层接地

所有二次回路的电缆均应使用屏蔽电缆，严禁使用电缆内的空线替代屏蔽层接地。应按照相应标准和规程的具体要求，将电缆的屏蔽层两端接地，或在电缆的某端一点接地。

5. 交流二次回路接地

出于人身及设备安全考虑，电流、电压互感器二次回路都要求一点接地。公用电流互感器二次绕组中性线只允许且必须在保护屏柜内一点接至等电位接地铜排上。独立的、与其他电压互感器和电流互感器的二次回路没有电气联系的二次回路应在电流互感器端子箱内一点接至等电位接地网。也有一些厂站为便于统一管理和检修时实施安全措施的方便，统一将电流互感器在保护屏柜内一点接地。

电压互感器二次绕组中性线也只允许有一点接地。因为电压互感器一般为公用，因而必须在其端子箱内设等电位接地网铜排，将电压互感器二次绕组中性线与其电缆屏蔽线均接在该等电位接地铜排上。各电压互感器的中性线不得接有可能断开的开关或熔断器等。

◈ 第四节 保 护 出 口 方 式

抽水蓄能机组的各保护功能根据故障和异常运行的性质，可选择动作于以下出口方式：

(1) 停机：断开发电电动机断路器、灭磁、关闭导水叶、停机，也常称"全停"。

(2) 程序跳闸：首先将导水叶关到空载位置，再跳开发电电动机断路器并灭磁。

(3) 缩小故障影响范围：断开预定的断路器，如双母线系统中断开母线联络断路器。

(4) 灭磁：跳开灭磁开关。

(5) 发报警信号。

对于反映发电电动机变压器组范围以内短路故障的保护，应动作于停机（全停）；对于反映发电电动机变压器组范围以外短路故障的保护，宜动作于缩小故障范围或解列灭磁（以较短时限动作于缩小故障范围，较长时限动作于解列灭磁）；对于反映发电电动机变压器组范围以内的非短路性故障，且允许较长时间延时动作的保护，宜动作于程序跳闸。发电电动机保护出口方式见表 2-4。

表 2-4　　　　　　　　　　　　发电电动机保护出口方式

保护名称		保护出口方式										
		发信	灭磁	跳发电电动机断路器	停机	程序跳闸	跳主变压器高压侧断路器	跳相邻机组	跳背靠背机组	跳静止变频器	启动消防	启动断路器失灵保护
纵差保护		X	X	X	X				X	X	X	X
裂相横差保护		X	X	X	X				X	X		X
单元件横差保护		X	X	X	X				X	X		X
复合电压过电流保护		X	X	X	X				X	X		X
定子过负荷保护	定时限	X										
	反时限	X	X	X	X							X
转子表层（负序）过负荷保护	定时限	X										
	反时限	X	X	X	X						,	X
失磁保护		X	X	X	X							X
失步保护		X	X	X	X							X
过电压保护	低定值	X										
	高定值	X	X	X	X				X	X		X
低电压保护		X	X	X	X							X
频率异常保护	过频	X				X			X	X		X
	低频	X	X	X	X							X

续表

保护名称		保护出口方式										
		发信	灭磁	跳发电电动机断路器	停机	程序跳闸	跳主变压器高压侧断路器	跳相邻机组	跳背靠背机组	跳静止变频器	启动消防	启动断路器失灵保护
过励磁保护	定时限低定值	X										
	定时限高定值	X	X	X	X				X	X		X
	反时限	X	X	X	X				X	X		X
电动机低功率保护		X	X	X	X							X
发电机逆功率保护		X	X	X	X							X
低频过电流保护	低定值	X	X		X				X	X		
	高定值	X	X		X				X	X		
零序电压定子接地保护		X	X	X	X				X	X		X
三次谐波电压定子接地保护		X										
注入式定子接地保护		X	X	X	X							
转子接地保护		X				X			X	X		
电压相序保护		X	X	X	X				X	X		
电流不平衡保护		X	X	X	X							
误上电保护		X	X	X	X				X	X		X
断路器失灵保护		X	X	X	X		X	X				
轴电流保护或轴承绝缘保护		X										

　注　1. X 表示保护具有该出口方式。
　　　2. 本出口方式可根据实际情况执行。

抽水蓄能机组启动过程中，若内部故障或异常时，保护除动作于灭磁外，还应联跳静止变频器（静止变频器启动时）或背靠背机组（背靠背启动时）。主变压器和励磁变压器保护出口方式见表 2-5。

表 2-5　　　　　　　　　　　主变压器和励磁变压器保护出口方式

保护名称		保护出口方式											
		发信	灭磁	跳发电电动机断路器	停机	程序跳闸	跳主变压器高压侧断路器	启动主变压器高压侧断路器失灵	跳相邻机组	跳高压厂用变压器高压侧断路器	跳静止变频器	启动消防	跳高压侧联络断路器
纵差保护		X	X	X	X		X	X	X	X	X	X	
复合电压过电流保护		X	X	X	X		X	X	X	X	X		
过励磁保护	定时限	X											
	反时限	X	X	X	X		X	X	X	X	X		
零序电流保护	Ⅰ时限	X											X
	Ⅱ时限	X	X	X	X		X	X	X	X	X		
间隙零序电流电压保护	Ⅰ时限												X
	Ⅱ时限	X	X	X	X		X	X	X	X	X		
低压侧零序电压保护		X	X	X	X		X	X	X	X	X		
励磁变压器过电流保护		X	X	X	X		X	X	X	X	X		
励磁绕组过负荷保护		X				X							

　注　1. X 表示保护具有该出口方式。
　　　2. 本出口方式可根据实际情况执行。

对于联合单元接线机组，两台主变压器高压侧直接相连，当其中一台主变压器内部故障或异常导致保护动作时，需联跳相邻机组。部分抽水蓄能机组两台机组共用一台高压厂用变压器，且每台机组与高压厂用变压器之间均设置有断路器，正常运行时，由其中一台机组给厂用变压器供电，若该机组内部出现故障或异常运行，应跳开相应供电断路器，并启动自动装置合上相邻机组与高压厂用变压器之间的断路器，保证厂用电的正常运行。

第三章

发电电动机保护

发电电动机是既可以作发电机运行，又可作为电动机运行的电机设备。当抽水蓄能机组抽水运行时，发电电动机为电动机状态，利用系统多余电能带动水泵水轮机将下库的水抽到上库；当抽水蓄能机组发电运行时，发电电动机为发电机状态，上库的水推动水泵水轮机旋转，带动发电机向系统输出电能。

为实现上述功能，现代抽水蓄能电站在机组形式、电气主接线、启动方式、运行工况方面都与常规水电机组有很大不同。首先，抽水蓄能机组基本为可逆式机组，即可逆式水泵水轮机和发电电动机，当机组向某一方向旋转时，表现为电动抽水，向相反方向旋转时则表现为水力发电。其次，抽水蓄能电站的电气主接线比常规水电站复杂许多，为实现抽水方向启动增加了静止变频器（SFC）、启动母线、拖动开关和被拖动开关等设备，为实现同步电机双向运转时均能够在电气相序上与系统一致，在发电电动机与电力系统的连接回路上设置了换相开关等。国内天荒坪抽水蓄能电站联合单元机组接线如图 3-1 所示。

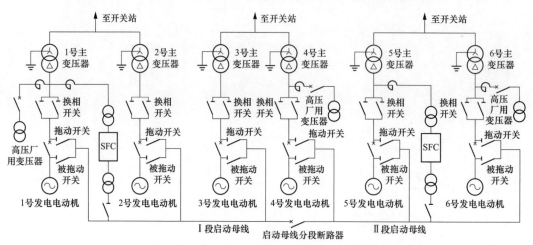

图 3-1　国内天荒坪抽水蓄能电站联合单元机组接线

然后，当抽水蓄能机组抽水运行时，不能像发电运行时利用水泵水轮机启动，必须采用专门的静止变频器启动方式或背靠背启动方式。最后，抽水蓄能机组工况众多、转换频繁，各工况电气特征各异，所配置保护应能适应工况运行及转换过程的要求，做到不误动、不拒动。

基于抽水蓄能机组的上述特点，其继电保护原理及保护功能配置与常规机组存在较大差异。本章针对抽水蓄能机组特点，介绍发电电动机保护的基本原理、实现方式和整定原则。首先说明了抽水蓄能机组运行工况特点及对保护的影响，然后分别针对发电电动机可能出现的短路故障和不正常运行状态，介绍了内部故障主保护、后备保护、异常运行保护等内容。内部短路故障类型主要有定子绕组相间短路、定子绕组匝间故障、定子绕组单相接地和转子绕组接地故障；不正常运行状态较多，例如由于外部短路引起的定子绕组过电流，由于负荷超过发电电动机额定容量而引起的三相对称过负荷，由外部不对称短路或不对称负荷而引起的发电电动机负序过电流和过负荷，由于励磁回路故障或强励时间过长而引起的转子绕组过负荷，发电工况时由于导水叶突然关闭而引起的逆功率等。

▦ 第一节 运行工况特点及对保护影响

一、抽水蓄能机组运行工况及其转换

常规水电机组只有三种基本工况，即静止、发电和调相，工况转换也是在三种工况之间相互进行。而抽水蓄能机组则至少具有五种基本工况，即静止（或停机）、发电、发电调相、抽水和抽水调相，这五种不同工况之间的转换，若按任意排列组合则有 20 种，实际上常用的有静止↔发电、静止↔抽水、静止↔发电调相、静止↔抽水调相、发电↔发电调相、抽水↔抽水调相等 12 种基本工况转换，以及应急情况下的抽水工况向发电工况的直接转换。如果再加上抽水方向启动、黑启动等其他工况，抽水蓄能机组的工况转换就更加复杂。某抽水蓄能机组的工况转换如图 3-2 所示。

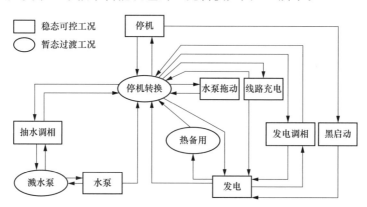

图 3-2 某抽水蓄能机组工况转换

抽水蓄能电站主要承担系统负荷的调峰填谷任务，在不同的运行工况下，抽水蓄能机组电气量特征差异较大，且不同运行工况下可能存在的故障或异常运行状态也不相同，需针对性的配置保护功能。即使是相同类型的短路故障，由于故障电气特征的不同也使得保护算法和逻辑判据有所区别。因此，抽水蓄能机组的继电保护应满足以下两个基本要求：

（1）可靠的判别机组当前所处运行工况。

（2）根据机组当前所处运行工况，将需配置的保护功能投入运行，并将可能误动的保护功能退出运行。

上述第一点是第二点的基础，下面分别针对上述两点，介绍目前采用的解决方案。

二、抽水蓄能机组运行工况判别方法

抽水蓄能电站机组运行工况众多、转换频繁，每种运行工况都有特殊的保护功能需投入或可能导致误动作的保护功能需闭锁，错误判别运行工况可能导致相关保护的误动作或者拒动作，因此运行工况的准确判别是抽水蓄能机组保护可靠运行的前提。

（一）引入监控系统的工况判别方法

电站监控系统控制着抽水蓄能机组的开停、发电、抽水和调相等工况的转换，机组实时的运行工况可以由顺序控制流程逻辑输出，经硬布线方式由机组 LCU 直接传输到机组保护或控制设备，输入触点与运行工况一一对应。国内较早建设的抽水蓄能电站，其机组保护装置多采用该方法，例如西门子公司的 SIPROTEC-4 数字化保护装置。该方法回路简单，易于实现，但高度依赖信号回路的可靠性，在一些要求较高的应用场景，需采取提高回路可靠性的措施，如信号电缆单独敷设、采用强电开入回路、三取二方式等。另外，由于监控系统的通信延迟等原因，在机组工况转换过程中，可能出现短时无工况或多工况信号叠加的情况，需考虑该情况对保护或控制设备的影响。

值得一提的是，一些保护或控制设备由于硬件开入数量不足，在信号传输回路中增加编码器等中间环节的做法是不可取的，可能大大降低回路的可靠性。国内某抽水蓄能电站就出现过中间编码器故障或编码逻辑设计不合理导致工况传输错误，最终引起机组保护误动的事故。

（二）引入断路器等开关设备状态信号的工况判别方法

机组运行过程中，一次设备（包括发电电动机断路器、换相开关、拖动开关等）状态与机组所处运行工况存在确定的对应关系，例如对于图 3-3 所示主接线的抽水蓄能机组，其运行工况与开关设备状态的对应关系见表 3-1。如果引入这些一次设备的状态信号，即可根据该对应关系来判别机组所处的运行工况。

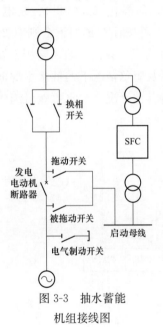

图 3-3　抽水蓄能机组接线图

表 3-1　　　　　　　　　　　运行工况与开关设备位置对应关系表

运行工况 ＼ 开关设备	换相开关发电位置	换相开关电动位置	拖动开关	被拖动开关	发电电动机断路器	电气制动开关
静止	分	分	分	分	分	分
静止变频器启动	分	合	分	合	分	分
背靠背启动	分	合	分	合	分	分
背靠背拖动	分	分	合	分	合	分
抽水调相	分	合	分	分	合	分
抽水工况	分	合	分	分	合	分
电气制动工况	—	—	分	分	分	合
发电空载	合	分	分	分	合	分
发电工况	合	分	分	分	合	分
发电调相	合	分	分	分	合	分

除表 3-1 中所示一次设备外，还可以增加导水叶位置等其他设备状态进行工况综合判别。该方法基于机组一次设备分合状态完成工况判别，不依赖于监控系统，一定程度上提高了工况判别的可靠性。但是，任一开关设备的机械式辅助触点闭合不到位，或者中间二次回路断线，均可能造成该开入的误变位，进而导致工况错判。

另外，抽水蓄能机组具有发电调相工况和抽水调相工况，与发电工况和抽水工况相比，仅仅是无功功率大小不同，开关设备的位置状态完全一致。通过检测导水叶是否全关来区分发电调相工况和发电工况是行不通的，因为发电工况下若导水叶误关闭，发电机逆功率保护应动作，但导水叶全关后保护装置认为机组处于发电调相工况，会闭锁发电机逆功率保护。可行的做法是，由监控系统送出信号，通知保护装置机组处于调相模式。需要注意的是：在机组由发电工况向发电调相工况转换过程中，在导水叶接近全关位置之前，机组即由输出有功转变为吸收有功状态，为防止发电机逆功率保护误动，监控系统最迟应于此时向保护装置发出调相信号，闭锁发电机逆功率保护功能。

（三）提高抽水蓄能机组运行工况判别可靠性的措施

目前，国内抽水蓄能电站机组保护设备多基于一次设备状态信号来判别工况。尽管如此，仍应采取一些措施来提高工况判别的可靠性。国内某抽水蓄能电站机组保护虽然根据机组开关设备位置、导叶位置等信号来确定，但是所有工况判别均经过中间编码逻辑继电器进行输出，曾多次发生因中间继电器异常导致的工况误判。因此，工况判别回路应尽量减少中间环节设备，由保护装置获取相关开关设备位置信息后直接进行判别。另外，为防止单一触点回路异常导致的工况误判，需采取措施提高运行工况判别的可靠性。

1. 动合或动断触点引入

通过深入的利害分析来确定取用断路器等开关设备的动断触点，还是动合触点。例如，对于发电电动机断路器，在机组运行的绝大多数时间里均为合闸状态，只在机组启停过程中短时处于分位，即使在此期间触点回路出现异常使得装置开入识别错误，产生的影响也较小，因此建议取用动断触点。而对于电气制动开关，只在机组停机过程的后半程合上，其余时间均处于分位，建议取用动合触点。取用优选的触点类型，可提高工况判别的可靠性，但在触点回路异常时不能及时报警，也无法定位异常回路。

2. 同时引入动合和动断触点

同时引入断路器等开关设备的动合和动断触点，正常情况下，二者状态应相反，一旦发现其状态相同，则认为触点回路出现异常，发出报警信号。例如，对于发电电动机断路器，引入动断触点识别断路器状态，引入动合触点对动断触点回路进行校验，其判别逻辑如图 3-4 所示。该方法能够及时发现触点回路异常，但有时候受限于辅助触点数量有限而无法实现。另外，该方法还不能识别是动合还是动断触点故障，也无法进行冗余修正。

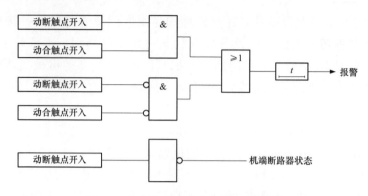

图 3-4　发电电动机断路器位置判别逻辑

3. 引入分相位置触点

将断路器等开关设备的三相位置触点均引入，采用"三取二"方式判别其状态。若三相辅助触点有两相及以上为合闸状态，则认为处于合位，否则认为处于分位状态。例如，对于拖动开关，其状态判别逻辑如图 3-5 所示。该方法的优点在于：一方面，当三相辅助触点开入状态不完全一致时可及时发出报警信号；另一方面，"三取二"判别逻辑具有冗余修正功能，当某相位置触点回路异常时，仍能正确识别其真实状态，保证运行工况判别的准确性。

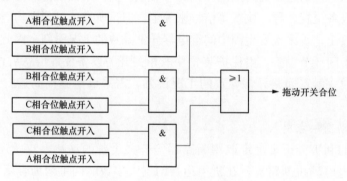

图 3-5　拖动开关状态判别逻辑

上述工况判别可靠性的措施可综合运用。在工程应用中，应根据现场实际情况，权衡利弊后确定最佳方案。

三、不同运行工况下保护功能投退与切换

国内早期投运的一些抽水蓄能机组，其保护设备常随主机一起引进，保护屏柜内由多台保护装置共同构成完整的发电电动机保护或主变压器保护。例如国内某抽水蓄能电站使用的西门子公司保护产品，发电电动机保护由两面保护屏构成，第一面屏装设7UT512、7UM511、7UM512、7UM515、7SJ511 和 RARIC 轴电流保护装置（ABB 公司）共 6 台保护装置，第二面屏装设 7UT512、7SJ511、7UM516 共 3 台保护装置，两面屏共计 9 台保护装置构成一套完整的发电电动机电气量保护，除差动保护为双重化配置外，其他保护均为单套配置，见表 3-2。

表 3-2 国内某抽水蓄能机组保护配置表

发电电动机保护第一面屏		发电电动机保护第二面屏	
7UT512	机组差动保护	7UT512	机组差动保护
7UM511	失磁保护	7UM516	低阻抗保护
	过电压保护		失步保护
	低频保护		负序电流保护（发电方向）
	定子过负荷保护		电动机低功率保护
	发电机逆功率保护	7SJ511	定子过负荷保护（热保护）
7UM512	定子95％接地保护		
	负序电流保护（抽水方向）		
	低频过电流保护		
	18kV断路器失灵保护		
	静止变频器接地保护		
7UM515	过励磁保护		
	定子100％接地保护		
	转子接地保护		
7SJ511	定子匝间故障保护		
RARIC	轴电流保护		

在不同运行工况下，由外部开入信号判别当前运行工况后，依据保护闭锁逻辑表，通过闭锁保护逻辑或切换定值来实现保护功能的投退。该闭锁表包含了基本运行工况和工况转换过程，保护投退的实现方式也包含了逻辑闭锁和定值切换两种，整体实现方式较为复杂。

近几年来，随着保护装置硬软件性能的提升，保护功能集成度越来越高。新建抽水蓄能机组的保护配置一般按照国内相关标准和规程要求的"主后一体、完全双重化"原则配置，一套完整的发电电动机保护功能可集成在一台微机保护装置内，保护功能投退也仅采用内部闭锁逻辑即可实现。例如安徽响水涧抽水蓄能电站，保护配置及保护功能闭锁逻辑可参见本书第九章"工程应用案例"第一节"响水涧抽水蓄能电站继电保护"的第四部分。

四、机组换相对保护的影响

抽水蓄能机组在发电和抽水两种运行工况，机组旋转方向是相反的。为使得不论是发电或抽水状态，发电电动机相序与系统侧始终保持一致，通常在定子绕组出口一次回路中设置换相开关，使A相与C相切换（B相不动），或A相与B相切换（C相不动），实现相序的转换。抽水蓄能机组所特有的换相运行，对纵差保护、功率型保护、阻抗型保护、方向元件、序分量计算等直接产生影响。

换相对纵差保护的影响取决于差动保护范围是否包含换相开关。一般情况下，发电机纵差保护的动作区不包括换相开关，无须进行换相切换。主变压器纵差保护的动作区可能包含换相开关，在抽水工况下构成差动保护的主变压器高、低压侧的电流相序不一致，必须进行二次电流的换相切换。对于阻抗型保护，例如失磁保护阻抗判据或失步保护，采用正序阻抗构成判据，均需进行换相切换。

发电运行时，三相电压和电流呈正序，负序滤过器无输出；抽水运行时，转子旋转方向与发电工况相反，三相电压和电流呈负序，即抽水工况正常运行时负序滤过器即有输出，因此运行工况转换时必须作相应的电气量相序切换。在正常发电运行时，负序功率方向元件中既无负序电压，又无负序电流，它不会误动。在正常抽水运行时，负序滤过器有输出，而且不同的负序滤过器将有不同的输出，因此负序功率方向元件在机组进行发电↔抽水工况转换时，电气量相序均应作换相切换，方能保证保护的原有性能。

换相对保护影响的解决办法，一般情况下是利用微机保护装置强大计算性能和灵活性，通过软件来实现自动换相。通过换相开关的辅助触点状态，判断机组处于发电还是抽水工作状态，当判断出机组转为抽水工况时，变换为对 A、C 换相或 A、B 换相后的相序（保持正序性质）进行相量计算和保护逻辑判别。

另外，现场还有一种避免换相切换的办法，对于受到换相影响的保护功能，可配置两套，一套在发电工况下投入，采用常规相序电气量进行判别，另一套在抽水工况下投入使用，采用换相后相序进行电气量特征判别，通过换相开关辅助触点进行保护功能的联闭锁。

▓ 第二节　发电电动机相间短路主保护

一、相间短路故障及其保护

发电电动机相间短路是发电电动机内部最严重的故障，故障发生后，短路回路中电流急剧增加，其数值可能超过额定电流许多倍；在短路点处产生的电弧可能会烧坏铁芯、绕组，而且短路电流流过导体时所产生的热量可能会引起导体或绝缘损坏；导体还可能受到很大的电动力冲击，致使其变形甚至损坏。另外，短路将引起系统电网中的电压降低，特别是靠近短路点处的电压下降最多，近端负荷的正常供电也可能会受到影响，甚至可能引起系统稳定性的破坏；厂用电常常取自发电电动机，其电压下降将导致厂用电设备的不正常运行。例如厂用电系统中的异步电动机，由于其电磁转矩与电压的平方成正比，当电压降低时，电磁转矩将显著减小，使电动机转速变慢甚至完全停转，造成设备损坏等严重后果。

发电电动机应装设快速动作的差动保护功能，以应对定子绕组相间短路故障。差动保护是比较被保护设备各引出端电流大小和相位的一种保护，其基本概念来源于基尔霍夫电流定律，当被保护设备完好时，不管外部系统发生何种短路或扰动，理论上恒有

$$\sum_{j=1}^{m} \dot{I}_j = 0 \tag{3-1}$$

式中　m——被保护设备总支路数；

$\dot{I}_j$——被保护设备同一相的第 j 支路流入的电流相量，A。

对于发电电动机这种被保护设备，正常运行时，机端侧和中性点侧定子绕组上流过电流的相量和理论上为 0，即无差动电流。当被保护设备内部发生相间短路时，很大的

短路电流全部输入被保护设备，保护灵敏动作。

抽水蓄能机组定子绕组一般有多个分支，除了在机端侧安装电流互感器外，中性点侧依据保护性能最优化原则将机组分支分成 2～3 组，并在分支组上安装电流互感器。按照引入差动保护的电流不同，可将发电电动机纵差保护分为完全纵差保护和不完全纵差保护，如图 3-6 所示。

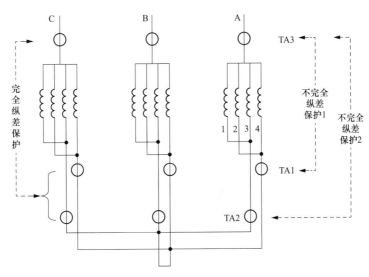

图 3-6　每相 6 个并联分支的发电电动机纵差保护类型及构成

完全纵差保护由发电电动机每相首尾两端定子绕组的全电流构成，即中性点侧所有分支组电流做"和"运算后，再与机端电流构成差动保护。完全纵差保护可以应对定子绕组的相间故障，但是不反映定子匝间短路或分支开焊故障。

不完全纵差保护由发电电动机机端全电流与中性点侧部分分支（或分支组）电流构成，例如中性点 2、4 分支电流（图 3-6 中的 TA1）与机端电流互感器全电流（图 3-6 中的 TA3）实现差动保护。由于二者之间并非平衡电流，可由软件依据分支系数和电流互感器变比调节平衡，使得无故障运行时，基本无差动电流。不完全纵差保护既反映相间和匝间故障，又兼顾分支开焊故障。其原因是：三相定子绕组分布在同一定子铁芯上，不同相、不同分支之间均存在紧密的互感联系，电流未接入不完全纵差保护的定子分支绕组发生故障时，通过互感磁通可以在非故障定子分支绕组中感受到故障的发生，使不完全纵差保护动作。

二、完全纵差保护

差动保护比较不同侧电流之间的差异，与两侧电流的幅值和相位均有关系。由于发电电动机两侧电流互感器传变特性不可能完全一样，存在比差和角差，由电流互感器二次电流构成的差动保护，在机组正常运行时也会出现一定的不平衡电流。区外故障时，由于电流中的衰减直流分量可能导致电流互感器较大的暂态误差，也可能出现较大的差动电流，如图 3-7 所示。

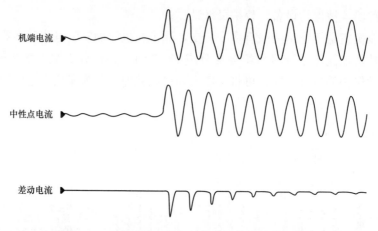

图 3-7　区外故障电流互感器饱和后差动电流波形

此时，如果抬高差动电流定值，就会降低保护的灵敏性；如果不抬高，则有可能在外部短路时造成差动保护误动。为了解决这一矛盾，引入了比率制动的动作特性。为便于陈述，将发电电动机两端流过方向相同、大小相等的电流称为穿越性电流，剩余电流分量称为非穿越性电流。作为主保护，比率制动式差动保护是以非穿越性电流作为动作量、以穿越性电流作为制动量，来区分被保护设备的正常状态、故障状态和非正常运行状态的，区别如下：

（1）正常运行时，穿越性电流即为负荷电流，非穿越性电流理论为零。

（2）内部故障时，非穿越性电流剧增。

（3）区外故障时，穿越性电流剧增。

在上述三个状态中，保护能灵敏反映内部故障状态而动作出口，从而达到保护设备的目的，而在正常运行和区外故障时可靠不动作。

常见的差动保护比率制动特性有折线式和变斜率两种，下面分别进行介绍。

（一）折线式比率差动保护

1. 基本原理

假设 $\dot{I}_{\mathrm{II}}$ 为流出发电电动机的机端电流（相应的电流互感器二次三相电流为 $\dot{I}_{\mathrm{IIa}}$、$\dot{I}_{\mathrm{IIb}}$、$\dot{I}_{\mathrm{IIc}}$），$\dot{I}_{\mathrm{I}}$ 为从中性点 N 流入发电电动机的中性点电流（相应的电流互感器二次三相电流为 $\dot{I}_{\mathrm{Ia}}$、$\dot{I}_{\mathrm{Ib}}$、$\dot{I}_{\mathrm{Ic}}$）。当电流互感器的变比为 n_{a} 时，则纵差保护的差动电流 I_{d} 和制动电流 I_{res} 分别为

$$\begin{cases} I_{\mathrm{d}} = \dfrac{1}{n_{\mathrm{a}}} \, | \, \dot{I}_{\mathrm{I}} - \dot{I}_{\mathrm{II}} \, | \\[2mm] I_{\mathrm{res}} = \dfrac{1}{n_{\mathrm{a}}} \dfrac{| \, \dot{I}_{\mathrm{I}} + \dot{I}_{\mathrm{II}} \, |}{2} \end{cases} \tag{3-2}$$

图 3-8 为发电电动机完全纵差保护的比率制动特性，其中 $I_{\mathrm{op,min}}$ 为最小动作电流，I_{t} 为拐点电流，S 为比率制动特性斜率（$S = \tan\alpha$）。制动特性上方为动作区、下方为不动作区（也称制动区）。

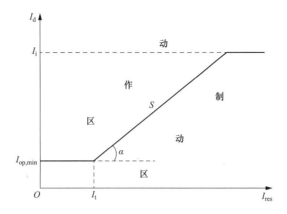

图 3-8 完全纵差保护比率制动特性

制动特性用动作方程来描述时，动作区的表示式为

$$
\begin{cases}
I_d \geqslant I_{op,min} & (I_{res} \leqslant I_t \ \text{时}) \\
I_d \geqslant I_{op,min} + S(I_{res} - I_t) & (I_{res} > I_t \ \text{时}) \\
I_d \geqslant I_i
\end{cases}
\tag{3-3}
$$

图 3-8 中，I_i 为差动速断动作电流。为了防止区内严重故障较高短路电流水平时，由于电流互感器饱和时产生的高次谐波量增加，制动特性显著增强而使比率差动保护拒动或延缓动作，设置差动速断保护功能。不带比率制动特性，当差动电流达到 4～10 倍额定电流时，动作于保护出口。

2. 定值整定计算

比率制动特性中的参数 $I_{op,min}$、I_t、S 可根据实际进行整定，其整定方法如下。

（1）计算发电电动机二次额定电流。一次额定电流 I_{GN1}、二次额定电流 I_{GN2} 的表示式为

$$
\begin{cases}
I_{GN1} = \dfrac{P_N}{\sqrt{3}U_N \cos\varphi} \\[2mm]
I_{GN2} = \dfrac{I_{GN1}}{n_a}
\end{cases}
\tag{3-4}
$$

式中　P_N——发电电动机的额定功率，MW；

　　　U_N——发电电动机的额定相间电压，kV；

　　$\cos\varphi$——发电电动机的额定功率因数。

（2）确定最小动作电流 $I_{op,min}$。按躲过正常额定负载时的最大不平衡电流整定，即

$$
I_{op,min} \geqslant K_{rel}(K_{er} + \Delta m)I_{GN2}
\tag{3-5}
$$

式中　K_{rel}——可靠系数，取 1.5～2.0；

　　　K_{er}——电流互感器综合误差，取 0.1；

　　　Δm——装置通道调整误差引起的不平衡电流系数，可取 0.02。

当取 $K_{rel}=2.0$ 时，得 $I_{op,min} \geqslant 0.24 I_{GN2}$。

在工程上，一般可取 $I_{op,min} \geqslant (0.2 \sim 0.3) I_{GN2}$。对于正常工作情况下回路不平衡电流较大的情况，应查明原因。

（3）确定拐点电流 I_t。拐点电流取

$$I_t = (0.7 \sim 1.0) I_{GN2} \qquad (3-6)$$

（4）确定制动特性斜率 S。按区外短路故障最大穿越性短路电流作用下可靠不误动条件整定，计算步骤如下：

1）先计算机端保护区外三相短路时通过发电电动机的最大三相短路电流 $I_{k,max}^{(3)}$，表示式如下

$$I_{k,max}^{(3)} = \frac{1}{X_d''} \frac{S_B}{\sqrt{3} U_N} \qquad (3-7)$$

式中 X_d''——折算到 S_B 容量的直轴饱和次暂态同步电抗，标幺值；

S_B——基准容量，通常取 $S_B=100MVA$ 或 $1000MVA$。

2）再计算差动回路最大不平衡电流 $I_{unb,max}$，其表示式为

$$I_{unb,max} = (K_{ap} K_{cc} K_{er} + \Delta m) \frac{I_{k,max}^{(3)}}{n_a} \qquad (3-8)$$

式中 K_{ap}——非周期分量系数，取 $1.5 \sim 2.0$，TP 级电流互感器取 1；

K_{cc}——电流互感器同型系数，取 0.5。

因最大制动电流 $I_{res,max}=\dfrac{I_{k,max}^{(3)}}{n_a}$，所以制动特性斜率 S 应满足

$$S \geqslant \frac{K_{rel} I_{unb,max} - I_{op,min}}{I_{res,max} - I_t} \qquad (3-9)$$

式中 K_{rel}——可靠系数，可取 $K_{rel}=2$。

一般取 $S=0.3 \sim 0.5$。

（5）差动速断动作电流 I_i。按躲过机组非同期合闸产生的最大不平衡电流整定。对大型机组，一般取 $I_i=(3 \sim 5) I_{GN2}$，建议取 $4 I_{GN2}$。

（二）变斜率比率差动保护

1. 基本原理

图 3-9 为变斜率制动特性，差动电流 I_d、制动电流 I_{res} 见式（3-2）。$I_{op,min}$ 为最小动作电流。当制动电流 $I_{res} \leqslant n I_{GN2}$ 时，制动特性斜率随 I_{res} 的增大而逐渐增大（称变斜率），其中 S_1 为起始斜率。当制动电流 $I_{res} > n I_{GN2}$ 时，制动特性斜率固定为最大斜率 S_2，n 为常数，一般取 4。

制动特性上方为动作区，下方为制动区，I_i 为差动速断动作电流。制动特

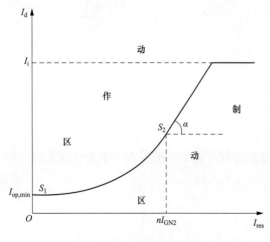

图 3-9 变斜率制动特性

性的动作区可用如下方程式表示

$$
\begin{cases}
I_d \geqslant I_{op,min} + \left(S_1 + S_\Delta \dfrac{I_{res}}{I_{GN2}}\right) I_{res} & (I_{res} \leqslant n I_{GN2} \text{ 时}) \\[2mm]
I_d \geqslant I_{op,min} + (S_1 + n S_\Delta) n I_{GN2} + S_2 (I_{res} - n I_{GN2}) & (I_{res} > n I_{GN2} \text{ 时}) \\[2mm]
I_d \geqslant I_{op,min} \\[2mm]
S_\Delta = \dfrac{S_2 - S_1}{2n}
\end{cases}
\tag{3-10}
$$

式中 S_Δ——比率制动系数增量。

2. 定值整定计算

变斜率比率制动特性中的参数 $I_{op,min}$、S_1、S_2 整定计算方法如下：

（1）确定起始斜率 S_1。因不平衡电流由电流互感器相对误差确定，所以 S_1 应为

$$S_1 = K_{rel} K_{cc} K_{er} \tag{3-11}$$

当 $K_{rel}=2$、$K_{cc}=0.5$、$K_{er}=0.1$ 时，$S_1=0.1$。工程上可取 $S_1=0.05\sim0.10$。

（2）确定最小动作电流 $I_{op,min}$。按躲过正常额定负载时的最大不平衡电流整定。在工程上，可取 $I_{op,min}=(0.2\sim0.3)I_{GN2}$。对于正常工作情况下回路不平衡电流较大的情况，应查明原因。

（3）确定最大斜率 S_2。按区外短路故障最大穿越性短路电流作用下可靠不误动条件整定，在工程上，一般取 $S_2=0.3\sim0.7$。

三、不完全纵差保护

不完全纵差保护的制动特性、动作方程与完全纵差保护相同，但差动电流 I_d、制动电流 I_{res} 有所区别。I_d、I_{res} 的表示式为

$$
\begin{cases}
I_d = |K_{br} \dot{I}_n - \dot{I}_t| \\[2mm]
I_{res} = \dfrac{1}{2} |K_{br} \dot{I}_n + \dot{I}_t|
\end{cases}
\tag{3-12}
$$

$$K_{br} = \frac{N}{a} \frac{n_{TA1}}{n_{TA3}} \tag{3-13}$$

式中 K_{br}——中性点侧电流平衡系数（也称分支系数），等于机组正常运行时进入差动回路的机端电流互感器、中性点电流互感器二次电流之比；

$\dot{I}_n$——接入不完全纵差保护的中性点侧分支组电流互感器的二次电流，A；

$\dot{I}_t$——机端电流互感器的二次电流，A；

N——每相并联总分支数；

a——中性点侧分支组包含的分支数；

n_{TA1}——图 3-6 中性点 TA1 的变比；

n_{TA3}——图 3-6 中机端 TA3 的变比。

不完全纵差保护的整定计算与出口方式与完全纵差保护相同，当中性点 TA1、机端 TA3 不同型时，互感器的同型系数 K_{cc} 应取 1，最小动作电流取

$$I_{op,min} = (0.3 \sim 0.4) I_{GN2} \tag{3-14}$$

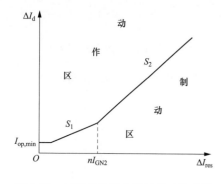

图 3-10　工频变化量比率差动动作特性

四、工频变化量差动保护

发电电动机内部轻微故障时，由于负荷电流的影响，稳态差动保护灵敏度较低。工频变化量差动保护只与发生短路后的故障分量（或称增量）有关，与短路前的穿越性负荷电流无关，可以提高发电电动机内部轻微故障的检测灵敏度。

工频变化量比率差动动作特性如图 3-10 所示。

工频变化量比率差动保护的动作方程如下

$$\begin{cases} \Delta I_\mathrm{d} > S_1 \Delta I_\mathrm{res} & \Delta I_\mathrm{res} < n I_\mathrm{GN2} \\ \Delta I_\mathrm{d} > S_2 \Delta I_\mathrm{res} - (S_2 - S_1) \cdot n I_\mathrm{GN2} & \Delta I_\mathrm{res} > n I_\mathrm{GN2} \\ \Delta I_\mathrm{d} > I_\mathrm{op,min} \\ \Delta I_\mathrm{res} = |\Delta \dot{I}_\mathrm{t}| + |\Delta \dot{I}_\mathrm{n}| \\ \Delta I_\mathrm{d} = |\Delta \dot{I}_\mathrm{t} + \Delta \dot{I}_\mathrm{n}| \end{cases} \tag{3-15}$$

式中　ΔI_d——差动电流的工频变化量，A；

S_1——比率制动特性的斜率 1；

ΔI_res——制动电流的工频变化量，A；

n——比率制动特性的拐点对应的制动电流（标幺值）；

S_2——比率制动特性的斜率 2；

$\Delta \dot{I}_\mathrm{t}$——机端电流互感器二次电流的工频变化量，A；

$\Delta \dot{I}_\mathrm{n}$——中性点电流互感器二次电流的工频变化量，A。

简单分析工频变化量差动保护的灵敏度，图 3-11 为最简单的两侧电源单相系统，F 点为故障发生处，Z_f 为故障点的过渡阻抗，故障点 F 的开关 S 接通表示故障发生。

正常运行时，回路中流过负荷电流 $\dot{I}_\mathrm{p}$，该电流是穿越性电流。故障发生后，流过回路的电流发生变化

$$\begin{cases} \dot{I}_1 = \dot{I}_\mathrm{p} + \dot{I}_{1\Delta} \\ \dot{I}_2 = \dot{I}_\mathrm{p} + \dot{I}_{2\Delta} \end{cases} \tag{3-16}$$

式中　$\dot{I}_1$、$\dot{I}_2$——分别为两侧电流，A；

$\dot{I}_{1\Delta}$、$\dot{I}_{2\Delta}$——分别为故障前后两侧电流的突变量，A。

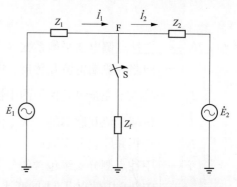

图 3-11　两侧电源单相系统故障分析图

比率制动式纵差保护比较的是 $\dot{I}_1$ 和 $\dot{I}_2$，其中的负荷电流 $\dot{I}_\mathrm{p}$ 表现为穿越性制动电流，只有故障分量电流 $\dot{I}_{1\Delta} - \dot{I}_{2\Delta}$ 才是纵差保护的动作电流，而工频变化量差动保护可以在不改变差动电流情况下，在制动电流中去除负荷电流 $\dot{I}_\mathrm{p}$，可以提高差动保护的灵敏度。

五、电流互感器饱和影响及对策

电流互感器的简化等效电路如图 3-12 所示。其中 Z_m 为励磁阻抗，R_2、L_2 为二次电阻和电感。在正常情况下，电流互感器的铁芯工作在低磁密条件下，励磁阻抗很大，流入励磁回路的励磁电流 I_m 很小，二次电流能够真实传变一次电流。当系统发生故障时，由于短路电流往往含有一定幅值的非周期分量而使电流互感器铁芯磁密很快达到饱和值，此时励磁阻抗值降低，流入励磁回路的励磁电流增

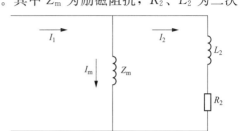

图 3-12 电流互感器的简化等效电路

大，二次电流的波形可能出现严重的畸变现象。极端情况，当电流互感器严重饱和时，Z_m 值变为零，一次电流 I_1 将全部流入励磁回路，二次电流 I_2 变为零，此时差动回路将产生很大的不平衡电流，这是导致差动保护误动的根本原因。另外，不同侧电流互感器的饱和速度和饱和程度的差异，也是产生差流的原因。

为防止在区外故障时电流互感器的暂态与稳态饱和导致比率差动保护误动作，采用差电流的波形特征作为电流互感器饱和的判据。大型机组保护由于定子回路时间常数增大、故障电流非周期分量衰减时间长，更易引起差动保护各侧电流互感器传变暂态特性不一致或饱和。判别电流互感器饱和的办法很多，如采用附加额外的电路来检测电流互感器饱和、改进时差法的电流互感器饱和检测、利用一次电流采样值过零点时的线性传变区实现基于采样值的电流互感器饱和检测方法等，在抽水蓄能机组保护上应用较多的是异步法电流互感器饱和判据。

电流互感器饱和时，二次电流中含有较大的谐波分量，波形明显不对称，区外故障时利用谐波含量或波形特征来判断电流互感器饱和，以防止差动保护误动。因此，抗电流互感器饱和判据的关键在于准确判断出区外故障。图 3-13（a）和图 3-13（b）分别为区内和区外故障时差动电流和制动电流变化过程。区内故障时，制动电流和差动电流工频变化量同步出现。区外故障时，制动电流与差动电流工频变化量异步先后出现。

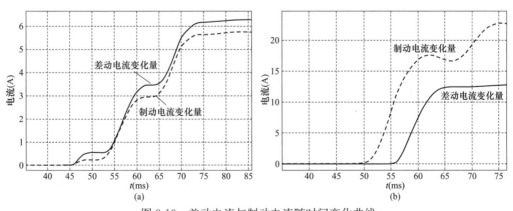

图 3-13 差动电流与制动电流随时间变化曲线
(a) 区内故障；(b) 区外故障

因此，利用差动电流和制动电流出现的先后次序，可以判别是否为区外故障。该异步法电流互感器饱和判据，在区内故障时快速动作，区外故障时投入谐波或波形特征闭锁判据，可靠不动作。

⊞ 第三节　发电电动机定子匝间故障保护

一、定子匝间故障及其保护

因发电电动机定子绕组同槽上下层线棒存在同相的可能性，由于定子线棒变形、振动而使绝缘受到机械磨损、污染腐蚀、长期受热老化使匝间绝缘逐步劣化，存在发生匝间短路的可能；机内密封性差，端部引线积油、积尘以及振动，也可能在端部引发匝间短路；此外还存在分支开焊的可能。匝间短路发生后，短路环中的电流可能很大，严重时可能烧毁铁芯。而且，若不及时处理，将导致定子单相接地或发展成为严重的相间故障。定子绕组匝间短路分为两种，如图 3-14 所示。k1 为同一分支绕组的匝间短路，k2 为同相不同分支绕组的匝间短路。

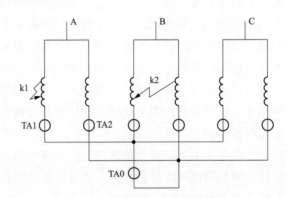

图 3-14　定子绕组的匝间短路

发电电动机每相绕组被分为两个或多个分支组，每个分支组的三相构成一个中性点，在这些中性点的连线上安装电流互感器（即图 3-14 中的 TA0），反映该电流互感器二次电流的保护就称作单元件横差保护。正常运行或发电电动机区外发生短路时，各个分支电动势相同。两个中性点等电位，两中性点连线上的电流为零，或者仅有较小的不平衡电流，保护不会动作。当发生某一分支内部匝间短路、不同分支间短路或某一分支绕组开焊时，两中性点连线上出现电流。所以单元件横差保护可以反映匝间短路、相间短路和分支开焊故障。

另外，中性点侧不同分支组电流（图 3-14 中的 TA1 和 TA2）之间构成裂相横差保护。定子绕组分成两个分支组时，其裂相横差保护为完全裂相横差保护。将定子绕组分成多个分支组时，任意两个分支组电流之间构成的裂相横差保护称为不完全裂相横差保护。依据分支分组方式的不同，正常运行时不同分支组之间电流可能是不平衡的，由软件调整它们的平衡。裂相横差保护能够灵敏反映同一分支匝间短路、同相不同分支匝间短路和相间短路故障，也能反映较大负荷时的分支开焊故障，因此裂相横差保护是发电电动机定子绕组所有内部故障的主保护。但是，裂相横差保护对于机端外部引线短路无保护作用。

二、裂相横差保护

（一）基本原理

裂相横差保护的制动特性、动作方程与相应的完全纵差保护相同，但动作电流 I_{op}、制动电流 I_{res} 有所区别。I_{op}、I_{res} 的表示式为

$$\begin{cases} I_{op} = \mid K_{br1}\dot{I}_{n1} - K_{br2}\dot{I}_{n2} \mid \\ I_{res} = \dfrac{1}{2}\mid K_{br1}\dot{I}_{n1} + K_{br2}\dot{I}_{n2}\mid \end{cases} \tag{3-17}$$

$$\begin{cases} K_{br1} = \dfrac{N}{a_1}\dfrac{n_{TA1}}{n_{TA3}} \\ K_{br2} = \dfrac{N}{a_2}\dfrac{n_{TA2}}{n_{TA3}} \end{cases} \tag{3-18}$$

式中　　K_{br1}、K_{br2}——中性点侧两个分支组电流的平衡系数（也称分支系数），等于机组正常运行时进入差动回路的中性点两个分支或分支组电流互感器二次电流之比；

　　　　$\dot{I}_{n1}$、$\dot{I}_{n2}$——裂相横差保护中性点两个分支或分支组电流互感器的二次电流；

　　　　N、a_1、a_2——每相并联总分支数、第一分支组的分支数、第二分支组的分支数；

　　n_{TA1}、n_{TA2}、n_{TA3}——图 3-6 中性点 TA1、中性点 TA2、机端 TA3 的变比。

　　类似于纵差保护，电流互感器饱和对裂相横差保护的动作特性产生影响，具体参见本章第二节。

（二）定值整定计算

裂相横差保护的整定计算与比率制动式纵差保护相似，但最小动作电流 $I_{op,min}$ 和制动系数 S 均较大。$I_{op,min}$ 由负荷工况下最大不平衡电流决定，它由两部分组成：①两组互感器在负荷工况下的比误差所造成的不平衡电流；②由于定子与转子间气隙不同，使各分支定子绕组电流分布不均衡，产生不平衡电流。因此，裂相横差保护的 $I_{op,min}$ 比完全纵差保护大。一般按如下进行整定

$$I_{op,min} = (0.2 \sim 0.4)I_{GN2} \tag{3-19}$$

$$S = 0.3 \sim 0.6 \tag{3-20}$$

$$I_t = (0.7 \sim 1.0)I_{GN2} \tag{3-21}$$

式中　$I_{op,min}$——最小动作电流，A；

　　　I_{GN2}——发电电动机二次额定电流，A；

　　　　S——比率制动特性的制动系数；

　　　　I_t——比率制动特性的拐点电流，A。

三、单元件横差保护

(一) 基本原理

正常运行时，单元件横差电流含有较高的三次谐波，为防止横差电流中的三次谐波影响保护可靠性，应采用高滤过比的数字滤波器。横差保护只反映基波分量。以往单元件横差保护采用纯过流元件，需考虑区外故障最大不平衡电流，定值较高。为提高保护灵敏度，可采用经机端相电流比率制动的横差保护原理，其动作方程为

$$\begin{cases} I_d > I_{hczd} & I_{max} \leqslant I_{GN} \\ I_d > \left(1 + K_{hcres} \times \dfrac{I_{max} - I_{GN}}{I_{GN}}\right) \times I_{hczd} & I_{max} > I_{GN} \end{cases} \tag{3-22}$$

式中　I_{hczd}——横差电流定值，A；

I_{max}——机端三相电流中最大相电流，A；

I_{GN}——发电电动机额定电流，A；

K_{hcres}——制动系数。

相电流比率制动特性能保证外部故障时不误动，内部故障时灵敏动作，由于采用了相电流比率制动，横差保护最小动作电流定值只需按躲过正常运行时不平衡电流整定，比传统单元件横差保护定值大为减小，因而提高了发电电动机定子匝间故障时的灵敏度。

当转子绕组两点接地故障时，励磁磁场畸变，横差保护可能动作。当转子绕组两点接地保护投入时，为防止转子绕组两点接地时，单元件横差保护抢先动作，在出现转子绕组一点接地故障后单元件横差保护经短延时跳闸停机。由于目前尚无成熟可靠的转子两点接地保护原理，一般情况下，横差保护不必在转子绕组一点接地保护动作后增加短动作延时，若继发转子绕组两点接地故障，横差保护动作跳闸是合理的。

(二) 定值整定计算

1. 单元件横差保护高定值段

动作电流按躲过外部不对称短路故障或转子偏心产生的最大不平衡电流来整定。高定值段动作电流 $I_{op,H}$ 表示式为

$$I_{op,H} = (0.2 \sim 0.3) \frac{I_{GN1}}{n_a} \tag{3-23}$$

式中　I_{GN1}——发电电动机一次额定电流，A；

n_a——中性点连线上电流互感器变比。

2. 单元件横差保护低定值段

若具有防外部短路引起误动的技术措施，则低定值段动作电流 $I_{op,L}$ 只需躲过正常运行时最大不平衡电流 $I_{unb,max}$，可初设

$$I_{op,L} = 0.05 \frac{I_{GN1}}{n_a} \tag{3-24}$$

然后根据实测值进行校正，$I_{op,L} = K_{rel} I_{unb,max}$，可靠系数一般取 1.5～2.0。

⇉ 第四节　发电电动机相间后备保护

（一）基本原理

随着继电保护技术发展，差动保护等主保护的性能进一步提升，主保护配置进一步加强，继电保护的快速性和选择性大为提高。在此基础上，为降低保护复杂性，应适当简化后备保护。目前电力系统继电保护设计基本都遵循"强化主保护、简化后备保护"的原则。对于大型抽水蓄能电站，一般接入 220kV 及以上电网，发电电动机、变压器等电气主设备已配备完善的双重或多重主保护（例如，发电电动机纵差、变压器纵差、高灵敏零序电流型横差等），强化了主保护配置，因此后备保护宜适当简化。

发电电动机相间后备保护主要用作发电电动机外部相间短路及内部故障时的后备保护，一般采用复合电压过电流保护，由负序电压及低电压启动的过电流元件组成，可作为发电电动机、变压器、高压母线和相邻线路故障的后备。发电电动机外部故障时，流过发电电动机的稳态短路电流不大，有时甚至接近发电电动机的额定负荷电流，所以发电电动机的过电流保护一般采用低电压启动或复合电压启动提高灵敏度。其电流一般取自发电电动机中性点侧电流互感器，电压取自机端电压互感器。在发电电动机发生过负荷时，过电流元件可能动作，但因这时低电压元件不动作，保护被闭锁。

发电电动机的后备保护主要有低电压启动的过电流保护、复合电压启动的过电流保护等。

（1）低电压启动的过电流保护。在过电流保护基础上，增加低电压判据，只有当电流元件和电压元件同时动作后，才能启动时间计数，经过预定的延时后，动作于跳闸。保护逻辑框图如图 3-15 所示。

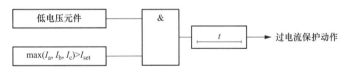

图 3-15　低电压启动的过电流保护逻辑框图

（2）复合电压启动的过电流保护。该保护是低电压启动过电流保护的发展，将原来的低电压判据改由负序过电压判据和相间低电压判据共同组成。保护逻辑如图 3-16 所示。

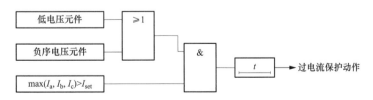

图 3-16　复合电压启动的过电流保护逻辑框图

与低电压启动的过电流保护相比，复合电压过电流保护的负序过电压判据整定值小，在不对称短路时电压元件的灵敏系数更高。因此，复合电压过电流保护已经代替了低电压启动的过电流保护，而得到比较广泛的应用。

对于自并励的发电电动机，由于励磁变压器接在发电电动机出口，当外部故障而主保护拒动时，正常后备保护应动作，可由于发电电动机出口电压降低，会造成励磁系统强励能力下降，使得定子电流减少，进而导致保护返回。因此，低电压或复合电压过电流保护启动后，过流元件需带记忆功能，记忆故障初始时刻的电流。记忆过电流保护作为发电电动机内部短路故障和区外短路故障的后备保护。需要注意的是，若后备过电流保护功能未投入复合电压条件时，不能使用电流记忆功能，以防止区外故障时保护误动。

（二）定值整定计算

（1）动作电流 I_{op} 按额定负荷下可靠返回的条件整定。

$$I_{op} = \frac{K_{rel}}{K_r} \frac{I_{GN1}}{n_a} \tag{3-25}$$

式中　K_{rel}——可靠系数，取 1.3～1.5；

　　　K_r——返回系数，取 0.9～0.95；

　　　I_{GN1}——发电电动机一次额定电流，A；

　　　n_a——中性点连线上电流互感器变比。

（2）灵敏系数校验。灵敏系数按主变压器高压侧母线两相短路的条件校验。

$$K_{sen} = \frac{I_{k,min}^{(2)}}{I_{op} n_a} \tag{3-26}$$

式中　$I_{k,min}^{(2)}$——主变压器高压侧母线金属性两相短路时，流过保护的最小短路电流。

要求灵敏系数 $K_{sen} \geqslant 1.3$。

（3）动作时限及出口方式。与主变压器后备保护的动作时间配合，动作于停机。

第五节　发电电动机定子接地保护

（一）定子绕组单相接地危害

定子绕组对地（铁芯）绝缘的损坏引起单相接地故障，这是定子绕组最常见的电气故障，如图 3-17（a）所示。定子绕组对地存在电容，当定子绕组发生单相接地时，接地故障回路与发电电动机中性点、定子绕组、系统对地电容构成回路，接地故障点流过

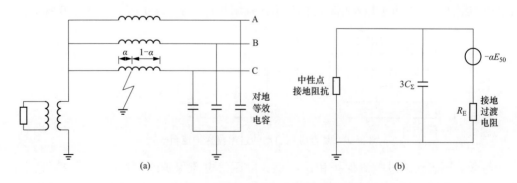

图 3-17　单相接地时的等效电路示意图
(a) 单相接地示意图；(b) 等效电路

的故障电流为全系统（定子绕组，发电电动机机端连接元件）电容电流与中性点对地电流的总和，如图 3-17（b）所示。图中，C_Σ 为定子绕组单相对地电容，α 表示由中心点到故障点的绕组占全部定子绕组匝数的百分数；E_{50} 为故障前接地点基波电动势，R_E 为接地过渡电阻。

接地短路电流较大时不但会烧伤定子绕组的绝缘，还会烧损铁芯，甚至会将多层铁芯叠片烧接在一起在故障点形成涡流，使铁芯进一步加速熔化，导致铁芯严重损伤。

根据国内外研究和我国规定，水轮发电机定子绕组单相接地故障电流允许值见表 3-3。

表 3-3　　　　　　　　　水轮发电机定子绕组单相接地故障电流允许值

发电机额定电压（kV）	发电机额定容量（MW）		故障电流允许值（A）
6.3	$\leqslant 50$		4
10.5	水轮发电机	$10\sim100$	3
$13.8\sim15.75$	水轮发电机	$40\sim225$	2①
18 及以上	300 及以上		1

①　对于氢冷发电机为 2.5A。

国内抽水蓄能机组常见的中性点接地方式为经接地变压器高阻接地，单相接地时，流过故障点的电流可能超过允许值，因此，应配置定子绕组单相接地保护。另外，发电电动机中性点虽然处于低电压下运行，但是国内外的运行实践表明，发电电动机中性点附近发生单相接地的可能性是存在的，因此大型发电电动机应装设 100％ 定子接地保护，全部定子绕组的接地故障均有相应保护功能来反映。

（二）基波零序电压保护

1. 基本原理

当发电电动机内部单相接地时，故障点的零序电压将随发电电动机内部接地点的位置而改变。假设 C 相金属性接地发生在定子绕组距中心点 α 处，A、B、C 三相定子绕组电势分别为 $\dot{E}_A$、$\dot{E}_B$、$\dot{E}_C$，则对应于故障点的各相绕组对应位置 M、N、L 的电动势为 $\alpha\dot{E}_A$、$\alpha\dot{E}_B$、$\alpha\dot{E}_C$，如图 3-18 所示。

而 M、N、L 对地（k 点）的电压 $\dot{U}_{Mk}$、$\dot{U}_{Nk}$、$\dot{U}_{Lk}$ 分别为

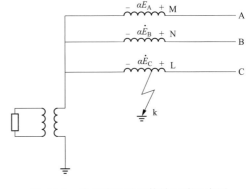

$$\begin{cases} \dot{U}_{Mk} = \alpha\dot{E}_A - \alpha\dot{E}_C \\ \dot{U}_{Nk} = \alpha\dot{E}_B - \alpha\dot{E}_C \\ \dot{U}_{Lk} = 0 \end{cases} \quad (3\text{-}27)$$

图 3-18　单相接地时的等效电路示意图

因此，故障点位置对应的零序电压为

$$\dot{U}_{d0(\alpha)} = \frac{1}{3}(\dot{U}_{Mk} + \dot{U}_{Nk} + \dot{U}_{Lk}) = -\alpha\dot{E}_C \quad (3\text{-}28)$$

式（3-28）表明，三相绕组对应于故障点位置的零序电压等于故障相电动势的 α 倍，再反一个方向。说明发电电动机定子绕组单相接地时，故障点的零序电压将随着

故障点位置的不同而改变。当发电电动机内部单相接地时，实际上无法直接获得故障
点的零序电压 $\dot{U}_{d0(\alpha)}$，而只能借助于机端的电压互感器来进行测量。机端各相的对地
电压分别为

$$\begin{cases} \dot{U}_{Ak} = E_A - \alpha\dot{E}_C \\ \dot{U}_{Bk} = \dot{E}_B - \alpha\dot{E}_C \\ \dot{U}_{Ck} = (1-\alpha)\dot{E}_C \end{cases} \tag{3-29}$$

由此可求得机端的零序电压为

$$\dot{U}_{d0} = \frac{1}{3}(\dot{U}_{Ak} + \dot{U}_{Bk} + \dot{U}_{Ck}) = -\alpha\dot{E}_C = \dot{U}_{d0(\alpha)} \tag{3-30}$$

由于取得了零序电压，因此我们可以利用零序电压构成定子接地保护。C 相金属性
接地时机组电压相量图如图 3-19（a）所示，零序电压值随短路点位置 α 的变化而变化
的关系如图 3-19（b）所示。在机端单相接地时零序电压最大，在中性点处接地时零序
电压为零。

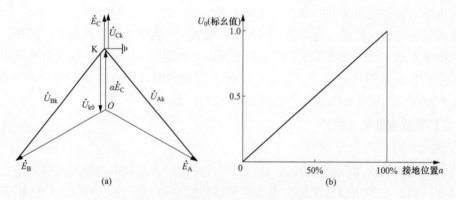

图 3-19 在不同 α 处发生单相接地时的 $3U_0$

（a）单相接地机组电压相量图；（b）零序电压值随短路点位置 α 的变化

基波零序电压保护构成

$$U_{n0} > U_{0zd} \tag{3-31}$$

式中 U_{n0}——基波零序电压，V；

U_{0zd}——零序电压保护定值，V。

基波零序电压保护范围为距离发电电动机出口处 85%～95% 的定子绕组单相接地，
不能保护到机组中性点附近的接地故障。

2. 定值整定计算

基波零序过电压保护定值可设低定值段和高定值段。

（1）低定值段的动作电压 $U_{0,op}$ 应按躲过正常运行时的最大不平衡基波零序电压
$U_{0,max}$ 整定，即

$$U_{0,op} = K_{rel}U_{0,max} \tag{3-32}$$

式中 K_{rel}——可靠系数，取 1.2～1.3；

$U_{0,\max}$——机端或中性点实测不平衡基波零序电压，实测之前，可初设 $U_{0,\mathrm{op}}=(5\%\sim$
10%$)U_{0\mathrm{n}}$，$U_{0\mathrm{n}}$ 为机端单相金属性接地时中性点或机端的零序电压（二
次值）。

需要注意的是，当主变压器高压侧发生接地故障时，高压侧有基波零序电压 E_0，
经主变压器高、低压绕组间的耦合电容 C_{M} 传递到发电电动机机端，使得机端出现零序
电压。因此，零序电压保护定值整定时，应校核系统高压侧接地短路时，通过升压变压
器高低压绕组间的每相耦合电容 C_{M} 传递到发电电动机侧的零序电压 $U_{\mathrm{g}0}$ 大小。传递电
压计算用的电路如图 3-20 所示。

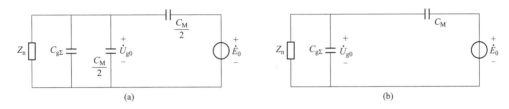

图 3-20　传递电压计算用近似简化电路

（a）主变压器高压侧中性点直接接地时；（b）主变压器高压侧中性点不接地时

图 3-20 中，E_0 为系统侧接地短路时产生的基波零序电压，由系统实际情况确定，
一般可取 $E_0\approx0.6U_{\mathrm{Hl}}/\sqrt{3}$，$U_{\mathrm{Hl}}$ 为系统额定线电压。$C_{\mathrm{g}\Sigma}$ 为发电电动机及机端外接元件每
相对地总电容。C_{M} 为主变压器高低压绕组间的每相耦合电容（由变压器制造厂在设备
手册或出厂试验报告中提供）。Z_{n} 为 3 倍发电电动机中性点对地基波阻抗。

由图 3-20（a）可得

$$\dot{U}_{\mathrm{g}0}=\frac{Z_{\mathrm{n}}/\!/\dfrac{1}{\mathrm{j}\omega\left(C_{\mathrm{g}\Sigma}+\dfrac{C_{\mathrm{M}}}{2}\right)}}{Z_{\mathrm{n}}/\!/\dfrac{1}{\mathrm{j}\omega\left(C_{\mathrm{g}\Sigma}+\dfrac{C_{\mathrm{M}}}{2}\right)}+\dfrac{1}{\mathrm{j}\omega\dfrac{C_{\mathrm{M}}}{2}}}\dot{E}_0 \tag{3-33}$$

由图 3-20（b）可得

$$\dot{U}_{\mathrm{g}0}=\frac{Z_{\mathrm{n}}/\!/\dfrac{1}{\mathrm{j}\omega C_{\mathrm{g}\Sigma}}}{Z_{\mathrm{n}}/\!/\dfrac{1}{\mathrm{j}\omega C_{\mathrm{g}\Sigma}}+\dfrac{1}{\mathrm{j}\omega C_{\mathrm{M}}}}\dot{E}_0 \tag{3-34}$$

$U_{\mathrm{g}0}$ 可能引起基波零序过电压保护误动作。因此，定子单相接地保护动作电压定
值或延时定值应与系统接地保护配合，可分三种情况：①动作电压若已躲过主变压器
高压侧耦合到机端的零序电压，在可能的情况下延时应尽量取短，可取 0.3~1.0s；
②具有高压侧系统接地故障传递过电压防误动措施的保护装置，延时可取 0.3~
1.0s；③动作电压若低于主变压器高压侧耦合到机端的零序电压，延时应与高压侧接
地保护配合。这种情况下需要增设一段高定值段，其动作电压应可靠躲过传递过电压，

延时可取 $0.3\sim1.0\mathrm{s}$。

（2）高定值段的动作电压应可靠躲过传递过电压，可取（15％～25％）$U_{0\mathrm{n}}$，延时可取 $0.3\sim1.0\mathrm{s}$。

（三）三次谐波电压保护

1. 基本原理

基波零序电压接地保护对定子绕组不能达到 100％ 的保护范围。对于大容量的机组而言，由于振动较大而产生的机械损伤或冷却水泄漏等原因，都可能使靠近中性点附近的绕组发生接地故障。如果这种故障不能及时发现或消除，则一种可能是进一步发展成匝间或相间短路，另一种可能是在绕组其他位置再次接地后形成两点接地短路。这两种结果都会造成发电电动机的严重损坏。因此，对于 100MW 及以上的大型抽水蓄能机组，应装设能反映 100％ 定子绕组的接地保护。

100％ 定子接地保护由基波零序电压保护和三次谐波电压保护共同构成。其中，基波零序电压保护可反映距离定子绕组中性点 5％～10％ 以上范围的单相接地故障，且当故障点越接近于发电电动机出线端时，保护的灵敏性越高；而由机端和中性点侧三次谐波电压构成的接地保护可反映距离定子绕组中性点 20％～30％ 范围以内的单相接地故障，且当故障点越接近于中性点时，保护的灵敏性越高。二者结合即构成了 100％ 的定子接地保护。

正常运行时，发电电动机每相对地电容 C_{g} 可等效为各一半分接在机端和中性点处，发电电动机外接元件的每相对地电容 C_{t} 接于机端，发电电动机三次谐波的相电动势为 E_3。由于正常运行时三相的三次谐波电压的幅值和相位相同，所以在三次谐波等值电路图中机端处三相可连在一起，中性点处三相本来就连在一起，构成如图 3-21 所示的三相三次谐波等值电路图。各处的电容是单相电容的三倍。发电电动机的电阻、电抗、电导相对于电纳来说很小，可忽略不计。

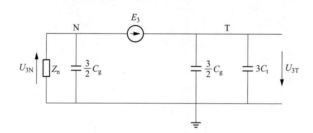

图 3-21　正常运行情况下三相三次谐波等值电路图

计算得到发电电动机正常运行时机端和中性点三次谐波电压之比

$$\frac{U_{3\mathrm{T}}}{U_{3\mathrm{N}}} = \frac{C_{\mathrm{g}}}{C_{\mathrm{g}}+2C_{\mathrm{t}}} < 1 \tag{3-35}$$

定子绕组单相接地短路时，机端与中性点处的三次谐波电压的分布发生了变化，其等效电路图如图 3-22 所示。

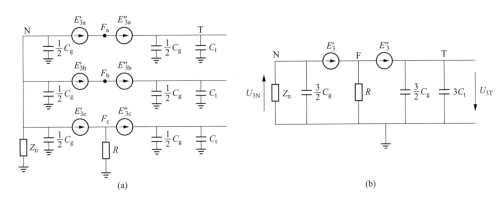

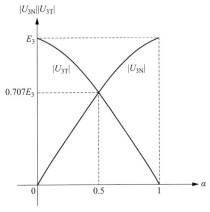

图 3-22 单相接地时的接线图与三次谐波等值电路图

(a) 单相接地时的接线图；(b) 三次谐波等值电路图

据此可画出 U_{3T}、U_{3N} 与 α 的关系曲线如图 3-23 所示。

所以如果以 $|\dot{U}_{3T}| > |\dot{U}_{3N}|$ 作为动作方程的话，该继电器在金属性短路情况下可保护从中性点起 50% 的绕组上的单相接地短路。且短路点越近中性点保护越灵敏。根据上述分析，三次谐波电压单相接地保护可采用以下两种原理：

（1）三次谐波电压比率定子接地保护，其保护动作判据为

$$\frac{|\dot{U}_{3T}|}{|\dot{U}_{3N}|} > K_{3wset} \qquad (3\text{-}36)$$

图 3-23 金属性短路时 U_{3T}、U_{3N} 与 α 的关系曲线

式中 $|\dot{U}_{3T}|$、$|\dot{U}_{3N}|$——机端、中性点三次谐波电压相量，V；

K_{3wset}——三次谐波电压比值整定值。

机组并网前后，机端侧的等值容抗有较大的变化，因此三次谐波电压比率关系也随之变化，故在机组并网前后各设一段定值，随机组出口断路器位置触点变化自动切换。由于三次谐波电压分布受工况影响较大，三次谐波电压比率保护一般投信号。在抽水启动过程中，频率不断升高，三次谐波频率也始终在变化，难以精确计算，一般需在抽水启动过程中闭锁该保护。

（2）三次谐波电压差动定子接地保护，其保护动作判据为

$$|\dot{U}_{3T} - \dot{k}_t \cdot \dot{U}_{3N}| > K_{res}U_{3N} \qquad (3\text{-}37)$$

式中 $\dot{U}_{3T}$、$\dot{U}_{3N}$——机端、中性点三次谐波电压相量，V；

$\dot{k}_t$——自动跟踪调整系数相量；

K_{res}——制动系数。

三次谐波电压比率定子接地保护原理，可视作以 U_{3T} 为动作量，以 $K_{3wset}U_{3N}$ 为制动量的差动保护，该原理的制动量较大，灵敏度不够高，一般在发电电动机中性点经数千

欧姆过渡电阻接地故障时已不能灵敏动作。三次谐波电压差动定子接地保护的制动量为 $K_{res}U_{3N}$，由于 $K_{res} \ll 1.0$，大大减小了保护制动量，提高了保护灵敏度。该原理理论上可以检测整个发电电动机定子绕组接地故障，无论故障点在机端还是中性点，灵敏度均很高。

2. 定值整定原则

发电电动机机端和中性点侧三次谐波电压的幅值和相位受机组运行工况影响较大，发电工况时功率流向系统，抽水工况时功率反向，三次谐波电压的分布情况会出现较大变化。应按躲过所有工况下最大三次谐波电压比率整定动作门槛。实测发电电动机正常运行时的最大三次谐波电压比值设为 α_0，则可取 $K_{3wset} = (1.2 \sim 1.5)\alpha_0$。

三次谐波电压差动定子接地保护制动系数的取值参见各厂家保护说明书。

考虑到发电电动机中性点附近接地故障时，故障电流小，零序电压低，三次谐波电压定子接地保护一般仅投信号，不投跳闸。

（四）注入式定子接地保护

1. 基本原理

外加电源注入式定子接地保护通过中性点接地变压器二次绕组向定子绕组施加低频信号构成保护。当发电电动机定子绕组对地绝缘正常时，注入定子绕组的低频电流主要是流过定子绕组对地电容的电容电流；当对地绝缘受到破坏、出现接地故障时，注入的电流将流过接地故障点，出现一部分电阻性电流。保护装置检测注入的低频电压、电流，计算出接地故障的过渡电阻阻值，该电阻值与定子绕组的接地故障位置无关，可以反映发电电动机 100% 的定子绕组单相接地。

外加电源式定子绕组单相接地保护的注入电源频率主要有 12.5Hz 和 20Hz，目前在抽水蓄能机组上应用较多的是注入电源频率为 20Hz 的外加电源式定子接地保护，外加电源一般加在中性点接地变压器的负载电阻上。其原理接线如图 3-24 所示。

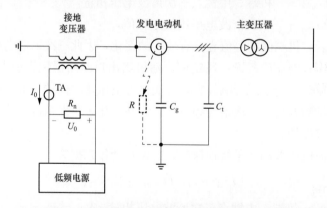

图 3-24　外加 20Hz 电源式定子接地保护原理图

图 3-24 中，R 为故障点的接地过渡电阻；C_g 为发电电动机定子绕组对地总电容；C_t 为发电电动机定子绕组外部连接设备对地总电容；R_n 为接地变压器负载电阻；U_0 为负载电阻两端电压；I_0 为电流互感器测量的电流。保护装置通过测量 U_0 和 I_0，计算接

地过渡电阻 R，从而实现 100% 的定子接地保护。

注入式定子接地保护电阻判据的逻辑框图如图 3-25 所示。

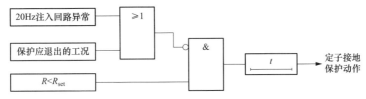

图 3-25　注入式定子接地保护电阻判据的逻辑图

图 3-25 中，f_{set} 为频率闭锁门槛，当机组运行频率较低时，与保护注入的 20Hz 信号相互影响，此时保护应闭锁。R_{set} 为电阻门槛定值。

考虑到当接地点靠近发电电动机机端时，检测量中的基波分量会明显增加，导致监测量中低频故障分量的检测灵敏度受到影响。为了提高此种情况下保护的灵敏度，可设置接地零序电流保护，反映靠近机端 $80\%\sim90\%$ 的定子绕组单相接地故障。而且，接地故障点越机端，灵敏度越高。接地零序电流保护反映的是流过发电电动机中性点接地连线上的电流，作为电阻判据的补充，其判据为

$$I_0 > I_{set} \tag{3-38}$$

式中　I_0——发电电动机中性点接地变压器二次侧零序电流，A；

　　　I_{set}——零序电流保护整定值，A。

注入式定子接地保护的保护范围为 100%，灵敏度一致，不受接地位置影响。可监视定子绕组绝缘的缓慢老化。不受发电电动机运行工况的影响，在发电电动机静止、发电空载运行、并网运行、甩负荷等各种工况下，均能可靠工作。

2. 定值整定原则

（1）注入式定子接地保护电阻判据。采用外加交流电源式 100% 定子绕组单相接地保护，可在发电电动机静止状态下模拟中性点位置经过渡电阻的接地故障，根据实测结果确定电阻判据的定值。定值整定的原则是：能够可靠地反映接地过渡电阻值。一般可设置高定值段和低定值段，高定值段一般延时 $1\sim5s$，发告警信号；低定值段的接地电阻定值可取 $1\sim5k\Omega$，延时可取 $0.3\sim1.0s$，动作于停机。

（2）零序电流定子接地保护。零序电流定子接地保护反映的是流过发电电动机中性点接地连线上的电流，其动作值按保护距发电电动机机端 $80\%\sim90\%$ 范围的定子绕组接地故障的原则整定。动作电流为

$$I_{0,op} > I_{set} = \left(\frac{\alpha U_{Rn}}{R_n}\right)/n_a \tag{3-39}$$

式中　α——取 $10\%\sim20\%$；

　　　U_{Rn}——发电电动机额定运行时机端发生金属性接地故障，负载电阻 R_n 上的电压，V；

　　　R_n——发电电动机中性点接地变压器二次侧负载电阻，Ω；

　　　n_a——零序电流互感器的变比。

另外，零序电流定子接地保护的定值，还需要校核系统接地故障传递过电压对零序电流判据的影响。

接地零序电流判据动作时限取 0.3～1.0s，动作于停机。

（五）大型抽水蓄能机组定子接地保护配置方案及分析

对于大型抽水蓄能机组，应配置完善的定子绕组单相接地保护。建议按如下方案配置：一套采用传统基波零序电压型＋三次谐波电压型 100％定子接地保护方案，另一套采用注入式定子接地保护原理，如图 3-26 所示。

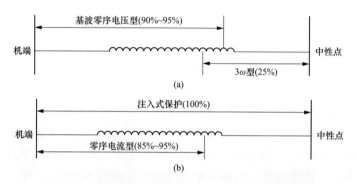

图 3-26　定子接地保护优化配置方案保护范围示意图
（a）第一套 100％定子接地保护；（b）第二套 100％定子接地保护

该配置方案具有明显的优点：

（1）即使定子绕组对地电容较大或定子绕组本体三次谐波电压极小，使三次谐波型保护灵敏度受到影响时，另一套外加电源式定子接地保护不受影响，仍能够可靠保障机组安全运行。

（2）定子绕组距离机端 85％左右的范围实现了三重化接地保护，即使在外加电源式定子接地保护的信号注入电源出现异常退出运行时，定子绕组仍然有 85％左右的范围有双重接地保护。

（3）外加电源式定子接地保护无须与主变压器高压侧接地后备保护配合，延时可缩短。

需要注意的是，对于大型抽水蓄能机组，当发电电动机抽水方向启动过程中定子电压频率或其谐波（特别是三次谐波）在外加电源信号频率点附近时，会影响保护计算结果，一般需在抽水方向启动过程中闭锁注入式定子接地保护电阻判据。

⚛ 第六节　发电电动机转子接地保护

（一）励磁回路接地故障危害

励磁回路接地故障是发电电动机比较常见的故障。正常运行时，发电电动机励磁回路为不接地系统，所以励磁回路发生一点接地故障时，不会形成故障电流的通路，对发电电动机不会产生直接危险。但是，当一点接地之后，如果又发生第二点接地时，就形成了短路电流的通路，可能烧伤转子本体，振动加剧，使机组修复困难、延长停机时间。为了机组安全，在转子接地保护动作发出信号后，应立即转移负荷，实现平稳停机检修。

转子两点接地故障或匝间短路时，在定、转子气隙磁场作用下，定子侧不同分支（或分支组）中性点的连线上会流过不平衡电流，若抽水蓄能机组配置有单元件横差保护，当电流超过定值时，单元件横差保护能够动作。

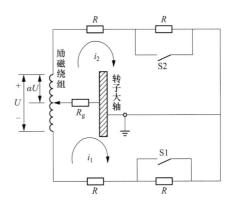

图 3-27　乒乓式转子接地保护原理示意图

（二）乒乓式转子接地保护

乒乓式转子接地保护通过切换转子绕组对地附加回路，检测转子绕组正、负对地电压变化，进而得到转子绕组对地绝缘电阻和接地位置，其系统结构如图 3-27 所示。

接地故障点将励磁绕组分为两部分，α 为故障点位置至励磁绕组负端的短路百分数，R_g 为故障点过渡电阻。测量回路由 4 个电阻 R 组成，两个电子开关 S1 和 S2 轮流接通。当 S1 接通、S2 断开时，基于回路电流法可得到一组回路方程

$$\begin{cases} (1-\alpha) \cdot U - i_1 \cdot R - (i_1 - i_2) \cdot R_g = 0 \\ \alpha \cdot U + (i_1 - i_2) \cdot R_g - 2R \cdot i_2 = 0 \end{cases} \tag{3-40}$$

当 S1 断开、S2 接通时，可得到另一组回路方程

$$\begin{cases} (1-\alpha) \cdot U' - 2R \cdot i_1' - (i_1' - i_2') \cdot R_g = 0 \\ \alpha \cdot U' + (i_1' - i_2') \cdot R_g - R \cdot i_2' = 0 \end{cases} \tag{3-41}$$

联立上述两式，即可得到接地电阻值 R_g 和接地位置 α。

$$R_g = \frac{(2i_1' + i_2') \cdot \dfrac{U}{U'} - (i_1 + 2i_2)}{(i_1 + i_2) - (i_1' + i_2') \cdot \dfrac{U}{U'}} \times \frac{R}{2} \tag{3-42}$$

$$\alpha = 0.5 - \frac{(i_1 + 2i_2 + 2i_1' + i_2') \cdot \dfrac{R}{2} + (i_1 + i_2 + i_1' + i_2') \cdot R_g}{U + U'} \tag{3-43}$$

乒乓式转子接地保护可计算接地位置，为故障排查提供了方便。值得注意的是，电子开关切换过程中，由于励磁绕组对地电容影响，存在电路暂态过程，测量回路注意躲过此暂态过程影响，确保测量结果的准确性。

（三）注入式转子接地保护

发电电动机正常运行时转子绕组回路对地（大轴）是绝缘的，发生转子绕组接地故障后，对地绝缘被破坏。保护装置将低频方波电压加在转子回路与地之间，通过测得的电流变化来判断转子回路与地之间的绝缘阻抗，可区分正常运行和接地故障。注入式转子接地保护原理如图 3-28 所示。

注入方波电压式转子接地保护根据注入方式的不同可分为两种原理，双端注入式原理和单独注入式原理。单端注入式原理一般用于无法同时引入转子绕组正、负两端的情况。目前，抽水蓄能机组一般采用自并励励磁方式，可引出转子绕组的正、负两端，因此下面以双端注入式原理为例进行阐述，其等效电路图如图 3-29 所示。

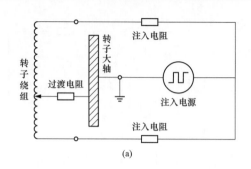 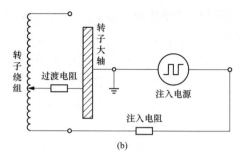

(a) (b)

图 3-28　注入式转子接地保护

（a）双端注入式原理；（b）单端注入式原理

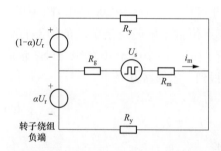

图 3-29　双端注入式保护等效电路图

图 3-29 中，U_r 为转子电压，U_s 为注入方波电源，R_y 为注入大功率耦合电阻，R_m 为注入回路测量电阻，i_m 为转子绕组接地故障泄漏电流，$α$ 为以百分比表示的转子绕组故障接地位置（负端为 0），R_g 为转子绕组接地故障过渡电阻。

注入式转子接地保护方波电源有正负半波两种状态，对应测量电流为 i_{m1}、i_{m2}，对应方波电压为 U_{s1}、U_{s2}。为方便分析，可假定方波电源两种状态下转子电压不变，根据等效电路，最终可推导出转子绕组接地故障过渡电阻 R_g 和接地位置 $α$

$$R_g = \frac{\Delta U_s}{i_{m1} - i_{m2}} - \left(R_m + \frac{R_y}{2}\right) \tag{3-44}$$

$$α = 0.5 + \frac{(i_{m1} + i_{m2}) \cdot [R_y + 2(R_m + R_g)] - 2\Delta U_s}{4U_r} \tag{3-45}$$

其中，令 $\Delta U_s = U_{s1} - U_{s2}$，为方波正负半波电势差。

对于单端注入式原理，同样可以推导出转子接地故障过渡电阻值。但是由于没有同时引出转子绕组的正、负两端，无法测量转子电压，故无法计算励磁回路接地故障位置。

注入式转子接地保护应用方式灵活，已在国内得到广泛应用。该原理保护灵敏度与励磁回路接地位置无关，保护范围 100%，且不受转子绕组对地电容的影响，接地电阻测量精度高。在未加励磁电压的情况下，也能监视转子绝缘情况，还具有故障定位功能，可以为故障排查提供指导。

（四）定值整定计算

根据水轮发电机通用技术条件规定：励磁绕组的绝缘电阻在任何情况下不得低于 0.5MΩ。

（1）转子接地保护高定值段定值：一般整定为 10～30kΩ，动作于信号。

（2）转子接地保护低定值段定值：一般整定 0.5～10kΩ，动作于信号或停机。

（3）动作时限：一般可整定为 5～10s。

另外，转子接地保护还有一些需要现场整定的定值，例如，切换周期时间，该定值应躲过励磁绕组对地电容的最大充放电时间。

⚡ 第七节　发电电动机过负荷保护

一、定子过负荷保护

（一）基本原理

大型发电机的材料利用率高，其热容量和铜损的比值较小，因而热时间常数也较小，相对过负荷能力就较低，易因过负荷而温升过高，影响机组正常寿命，应装设反映其定子绕组过负荷的保护。

对于发电电动机因定子绕组过负荷或区外短路引起定子绕组过电流应装设的定子绕组三相过电流保护，由定时限和反时限两部分组成。

（1）定时限过负荷保护。当发电电动机的电流满足式（3-46）时，经定时限过负荷保护延时动作

$$I_g \geqslant I_{op,set} \qquad (3\text{-}46)$$

式中　I_g——发电电动机定子绕组机端或中性点侧电流互感器二次电流，A；

$I_{op,set}$——定时限过负荷保护动作电流整定值，A。

（2）反时限过负荷保护。反时限过负荷保护的动作特性，即过电流倍数与相应的允许持续时间的关系，由制造厂家提供的定子绕组允许的过负荷能力确定。反时限过负荷保护的动作特性为

$$\left[I_*^2 - (1+\alpha) \right] \cdot t \geqslant K_{tc} \qquad (3\text{-}47)$$

式中　I_*——以定子额定电流为基准的标幺值；

α——散热常数，与定子绕组温升特性和温度裕度有关，一般可取为 $0.02 \sim 0.05$；

t——允许的持续时间，s；

K_{tc}——定子绕组热容量常数。

定子绕组反时限过负荷的动作特性曲线如图 3-30 所示。

图 3-30 中，$I_{op,min*}$ 为反时限动作特性的下限电流标幺值，$I_{op,max*}$ 为反时限动作特性的上限电流标幺值，均以发电电动机额定电流为基准。

当定子电流超过下限整定值时，反时限部分启动，并进行累积。反时限保护热积累值大于热积累定值，保护发出跳闸信号。反时限保护模拟发电电动机的发热过程，并能模拟散热，若定子电流小于额定电流时，热积累值通过散热慢慢减小。当定子电流超过上限整定值时，则固定按照

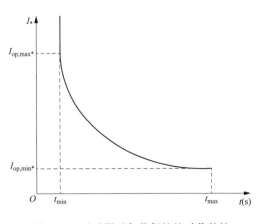

图 3-30　反时限过负荷保护的动作特性

上限动作延时 $t_{\min}$ 动作。

（二）定值整定计算

定子过负荷保护整定方法如下：

（1）定时限过负荷保护。动作电流按发电电动机长期允许的负荷电流下能可靠返回的条件整定

$$I_{\text{op}} = \frac{K_{\text{rel}} I_{\text{GN1}}}{K_{\text{r}} n_{\text{a}}} \tag{3-48}$$

式中　K_{rel}——可靠系数，取 1.05；

　　　I_{GN1}——发电电动机一次额定电流，A；

　　　K_{r}——返回系数，取 0.9～0.95，条件允许应取较大值；

　　　n_{a}——电流互感器变比。

保护延时（躲过后备保护的最大延时）动作于信号。

（2）反时限过负荷保护。反时限过负荷保护的动作特性，即过电流倍数与相应的允许持续时间的关系，由制造厂家提供的定子绕组允许的过负荷能力确定。反时限过负荷保护的跳闸特性按定子绕组允许过电流曲线进行整定。反时限跳闸特性的上限电流 $I_{\text{op,max}}$ 按机端金属性三相短路的条件整定。

$$I_{\text{op,max}} = \frac{I_{\text{GN1}}}{X_{\text{d}}'' n_{\text{a}}} \tag{3-49}$$

式中　X_{d}''——发电电动机次暂态电抗（饱和值），标幺值。

当短路电流小于上限电流时，保护按反时限动作特性动作。上限最小延时应与出线快速保护动作时限配合。反时限动作特性的下限电流 $I_{\text{op,min}}$ 按与过负荷保护配合的条件整定。

$$I_{\text{op,min}} = K_{\text{co}} I_{\text{op}} = K_{\text{co}} K_{\text{rel}} \frac{I_{\text{GN1}}}{K_{\text{r}} n_{\text{a}}} \tag{3-50}$$

式中　K_{co}——配合系数，取 1.0～1.05。

二、转子表层（负序）过负荷保护

（一）基本原理

当电力系统发生不对称短路或在正常运行情况下三相负荷不平衡时，在发电电动机定子绕组中将出现负序电流，此电流在机组气隙中建立的负序旋转磁场相对于转子为两倍的同步转速，因此将在转子表层感应出两倍频电流，该电流在转子槽楔与槽壁之间的接触面上、槽楔连接区等部位形成局部高温，将转子灼伤，造成机组严重破坏。

发电电动机具有一定的承受负序电流的能力，只要三相负序电流不超过规定的限度，转子就不会遭到损伤。抽水蓄能机组承受负序电流在转子中所引起的发热量，正比于负序电流的平方及所需时间的乘积。因此，针对上述情况而装设的发电电动机负序过电流保护实际上是对定子绕组电流不平衡而引起转子过热的一种保护。负序过负荷反映发电电动机转子过热状况，也可反映负序电流引起的其他异常。

发电电动机负序过负荷保护分为定时限和反时限两种。

（1）负序定时限过负荷保护。当发电电动机负序电流满足式（3-51）时，经固定延时 $t_{2,\text{op,set}}$ 保护动作。

$$I_2 \geqslant I_{2.\text{op,set}} \tag{3-51}$$

式中　I_2——定子绕组的负序电流二次值，A；

　　　$I_{2,\text{op,set}}$——定时限转子表层（负序）过负荷保护动作电流整定值，A。

（2）负序反时限过负荷保护。负序反时限过负荷保护的动作特性，由制造厂家提供的转子表层负序过负荷能力确定。反时限保护由三部分组成：①下限启动；②反时限部分；③上限定时限部分。当负序电流超过下限整定值时，反时限部分启动，并进行累积。反时限保护热积累值大于热积累定值保护发出跳闸信号。负序反时限保护能模拟转子的热积累过程，并能模拟散热。其动作特性为

$$(I_{2*}^2 - I_{2\infty}^2) \cdot t = A \tag{3-52}$$

式中　I_{2*}——发电电动机负序电流标幺值；

　　　$I_{2\infty}$——发电电动机长期允许负序电流标幺值；

　　　t——负序电流持续出现的时间；

　　　A——转子承受负序电流能力的常数。

负序反时限过负荷保护的动作特性曲线如图 3-31 所示。

图 3-31 中，$I_{2\text{op,min}*}$ 为负序反时限动作特性的下限电流标幺值，$I_{2\text{op,max}*}$ 为负序反时限动作特性的上限电流标幺值，均以发电电动机额定电流为基准。

上限定时限部分设最小动作时间定值，当负序电流持续超过上限电流时，保护按最小动作延时定值累计动作。

值得注意的是，当电流互感器二次回路发生一相或两相断线时，三相二次

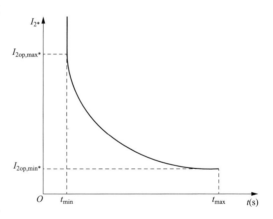

图 3-31　负序反时限过负荷特性曲线

电流不平衡，出现虚假的负序电流，引起保护误动。可以有两种处理办法，一种是快速判别电流互感器二次回路断线后，闭锁负序过负荷保护；另一种方法是取两个电流互感器的电流计算负序电流，任一个电流互感器的二次回路断线时，另一个电流互感器无负序电流，不会造成保护误动。

（二）定值整定计算

负序过负荷保护的整定计算方法如下：

（1）负序定时限过负荷保护。保护的动作电流按发电电动机长期允许的负序电流 $I_{2\infty}$ 下能可靠返回的条件整定

$$I_{2,\text{op}} = \frac{K_{\text{rel}} I_{2\infty} I_{\text{GN1}}}{K_r n_a} \tag{3-53}$$

式中　K_{rel}——可靠系数，取 1.2；

$\quad I_{2\infty}$——发电电动机长期允许的负序电流，标幺值；

$\quad I_{GN1}$——发电电动机一次额定电流，A；

$\quad K_r$——返回系数，取 0.9～0.95，条件允许应取较大值；

$\quad n_a$——电流互感器变比。

保护延时需躲过机组后备保护最长动作时限，动作于信号。

（2）负序反时限过负荷保护。负序反时限过负荷保护的动作特性，由制造厂家提供的转子允许的负序过负荷能力确定。负序反时限过负荷保护的动作特性按发电电动机允许的负序电流特性进行整定。

反时限保护动作特性的上限电流，按主变压器高压侧两相短路的条件计算。

$$I_{2op,max} = \frac{I_{GN1}}{(X''_d + X_2 + 2X_t)n_a} \tag{3-54}$$

式中　X''_d——发电电动机超瞬变电抗，标幺值；

$\quad X_2$——发电电动机负序电抗，标幺值；

$\quad X_t$——主变压器电抗，标幺值。

负序电流小于上限电流时，按反时限特性动作。上限最小延时应与快速主保护配合。

反时限动作特性的下限电流 $I_{2op,min}$，按照与定时限动作电流配合的原则整定。

$$I_{2op,min} = K_{co}I_{2,op} \tag{3-55}$$

式中　K_{co}——配合系数，可取 1.05～1.10。

在灵敏度和动作时限方面不必与相邻元件或线路的相间短路保护配合，保护动作于解列或程序跳闸。

⊞ 第八节　发电电动机失磁保护

一、失磁故障危害

失磁故障是指发电电动机的励磁突然全部消失或部分消失。引起失磁的原因有转子绕组故障、励磁系统电源故障、灭磁开关误跳、半导体励磁系统中某些元件损坏或回路发生故障以及误操作等。机组作发电运行时，其感应电动势随着励磁电流的减小而下降，电磁转矩也将减小，从而引起转子加速，功角增大；机组作抽水运行时若发生失磁故障，则会引起转子减速，功角随之发生变化。当发电电动机功角超过静态稳定极限角度时，发电电动机与系统失去同步。

对电力系统来讲，发电电动机发生失磁后所产生的危险，主要表现在以下几个方面：

（1）失磁机组从电力系统中吸取无功功率，引起电力系统的电压下降。在极端情况下，如果电力系统中无功功率储备不足，将使电力系统中邻近的某些点的电压低于允许值，破坏了负荷与各电源间的稳定运行，电力系统可能因电压崩溃而瓦解。

（2）当一台发电电动机失磁后，由于电压下降，电力系统中的其他发电机，在自动调节励磁装置的作用下，将增加其无功输出，从而可能使某些发电机、变压器或线路过电流，其后备保护可能因过电流而动作，使故障的波及范围增大。

（3）一台发电电动机失磁后，由于该机组有功功率的摆动，以及系统电压的下降将可能导致相邻的正常运行机组与系统之间，或者电力系统各部分之间发生失步，使系统产生振荡。

发电电动机的额定容量越大，在失磁时，引起的无功功率缺额越大。电力系统的容量越小，则补偿这一无功功率缺额的能力越小。因此，发电电动机的单机容量与电力系统总容量之比越大时，对电力系统的不利影响就越严重。

对发电电动机本身来说，不利影响主要表现在以下几个方面：

（1）由于发电电动机吸收了大量无功，为了防止定子绕组过电流，发电电动机所能输出（或吸收）的有功将较同步运行时有不同程度的降低，吸收无功越多，有功降低越多。

（2）失磁后发电电动机转速超过同步转速，在转子回路中产生滑差电流，形成附加损耗，使励磁回路过热，转差率越大，过热越严重。重负荷运行时发生失磁故障后，定子侧电流也可能因为吸收大量无功功率而出现过电流，引起定子过热。

（3）抽水蓄能机组转子纵、横轴不对称，在重负荷运行时发生失磁故障，发电机的转矩、有功功率会发生剧烈的周期性摆动，可能导致机组超速和振动越限，威胁机组安全。

由于发电电动机失磁对电力系统和发电电动机本身的上述危害，为保证电力系统和发电电动机的安全，必须装设失磁保护，以便及时发现失磁故障并及时采取必要的措施。

二、失磁后机端测量阻抗变化

以发电电动机经一联络线与无穷大系统并列运行为例，其等值电路和正常运行时的相量图如图 3-32 所示。图中 $\dot{E}$ 为发电电动机的同步电动势，$\dot{U}_f$ 为发电电动机的机端相电压，$\dot{U}_s$ 为无穷大系统的相电压，$\dot{I}$ 为发电电动机的定子电流，X_d 和 X_q 分别为发电电动机的直轴和交轴同步电抗，X_s 为发电电动机与系统之间的联系电抗，$X_{d\Sigma}=X_d+X_s$，$X_{q\Sigma}=X_q+X_s$，φ 为受端的功率因数角，δ 为 $\dot{E}$ 和 $\dot{U}_f$ 之间的夹角（即功角）。

对于发电电动机，$X_d \neq X_q$，根据电机学中的分析，发电电动机送到受端的功率 $S=P_s-jQ_s$ 分别为

$$P_s=\frac{E_q U_s}{x_{d\Sigma}}\sin\delta+\frac{U_s^2}{2}\left(\frac{1}{x_{q\Sigma}}-\frac{1}{x_{d\Sigma}}\right)\sin2\delta \tag{3-56}$$

$$Q_s=\frac{E_q U_s}{x_{d\Sigma}}\cos\delta-\frac{U_s^2}{x_{d\Sigma}}-U_s^2\left(\frac{1}{x_{q\Sigma}}-\frac{1}{x_{d\Sigma}}\right)\sin^2\delta \tag{3-57}$$

受端的功率因数角为

$$\varphi = \arctan^{-1} \frac{Q_s}{P_s} \tag{3-58}$$

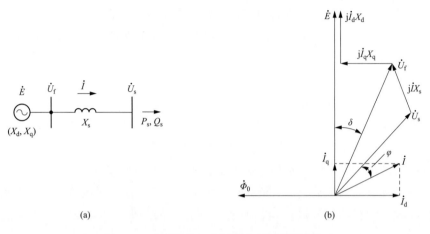

图 3-32　发电电动机与无限大系统并列运行

(a) 等值电路；(b) 相量图

在正常运行时，$\delta < 90°$。一般当不考虑励磁调节器的影响时，发电电动机失步后 $\delta > 90°$。以发电工况为例，对机组失磁后过程进行分析，一般可分为三个阶段。

1. 失步前（$\delta \leqslant 90°$）

机组失磁后，转子电流减小，$\dot{E}$ 随之下降，电磁功率开始减小，由于水轮机所供给的机械功率还来不及减小，于是转子逐渐加速，使 $\dot{E}$ 与 $\dot{U}_s$ 之间的功角 δ 随之增大，电磁功率又要回升。功角 δ 的增大和 $\dot{E}$ 的减小对电磁功率的影响相互补偿，基本上保持了电磁功率不变，所以我们又称这个阶段为等有功圆阶段。其阻抗轨迹经过推导可得到

$$Z = \left(\frac{U_s^2}{2P_s} + jX_s \right) + \frac{U_s^2}{2P_s} e^{j2\varphi} \tag{3-59}$$

式中　P_s——失磁前机组输出无穷大系统的有功功率，W。

其他变量 U_s、X_s、φ 与前述定义相同。

式（3-59）表明，机端阻抗的轨迹是一个阻抗圆，该圆的圆心是（$U_s^2/2P_s$，X_s），

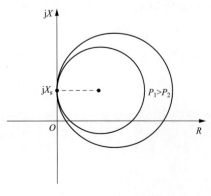

图 3-33　等有功阻抗圆

半径为 $U_s^2/2P_s$，即等有功阻抗圆，该圆必与阻抗平面纵轴相切于 jX_s。失磁前机组所带有功越大，等有功阻抗圆越小，如图 3-33 所示。

与此同时，无功功率 Q 将随着 $\dot{E}$ 的减小和 δ 的增大而迅速减小，并很快由正变为负值，即变为吸收感性的无功功率。

从等有功阻抗圆可以看出，失磁前机组向系统送出无功功率，功率因数角 φ 为正值，测量阻抗位于第一象限。失磁后，随着无功功率的变化，φ 由正值变为负值，因此测量阻抗也沿着圆

周随之由第一象限过渡到第四象限。

2. 失步阶段（$90° < \delta \leqslant 180°$）

当发电电动机处于失去静态稳定的临界状态，称为临界失步点。由输入系统的有功、无功和静稳极限边界条件求出机端测量阻抗，它的变化轨迹就是静稳极限阻抗圆。从物理概念出发，因为静稳极限点存在 $\frac{\partial P_s}{\partial \delta} = 0$，由此可求出发电电动机的静稳极限功角 δ_{sb}，进而求得机端测量阻抗轨迹

$$Z = R + jX = \frac{1}{Y_s} + jx_s \tag{3-60}$$

最终得到的静稳极限边界曲线为滴状曲线，如图 3-34 所示，称之为静稳极限阻抗圆。

3. 失步后（$\delta > 80°$）

当抽水蓄能机组失磁前处于发电工况时，其机端测量阻抗位于复数平面的第一象限（如图 3-34 中的 a 或 a' 点），失磁以后，测量阻抗沿等有功阻抗圆向第四象限移动。当它与临界失步圆相交时（b 或 b' 点），表明机组运行处于静稳定的极限。越过 b（或 b'）点以后，转入异步运行，最后稳定运行于 c（或 c'）点，此时，平均异步功率与调节后的原动机输入功率相平衡。

为了检测机组失磁后的异步运行状态，国内外习惯在机端装设异步边界阻抗圆元件，其阻抗特性圆如图 3-35 所示。它以 $-jX_d'/2$ 和 $-jX_d$ 两点为直径做圆，进入圆内表明发电电动机已进入异步运行。

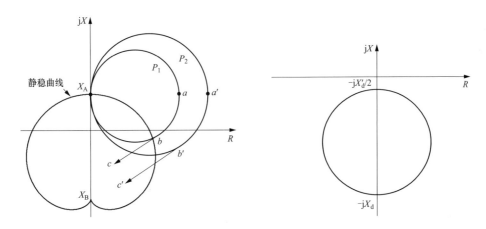

图 3-34　发电电动机失磁后机端测量阻抗变化轨迹　　图 3-35　异步阻抗圆

综上所述，发电电动机发生失磁故障后，其阻抗轨迹与正常运行、机组区外故障等情况下均不同，为失磁保护判据的设计提供了理论依据。

三、失磁保护判据

失磁保护的主判据包括：定子侧阻抗判据、无功反向判据、系统低电压判据（或机端低电压判据）和转子低电压判据（或变励磁电压判据），以下分别进行介绍。

1. 定子侧阻抗判据

（1）静稳阻抗圆。依据前述分析，抽水蓄能机组的 $X_d \neq X_q$，在失磁故障时，其静稳极限的机端阻抗轨迹是图 3-36 中的滴状曲线。根据机端正序电压和机端正序电流计算机端阻抗，当阻抗进入静稳极限阻抗圆，阻抗保护启动。

上边界 X_A 整定值为

$$X_A = X_{con} \frac{U_{GN}^2}{S_{GN}} \frac{n_a}{n_v} \tag{3-61}$$

式中　X_{con}——发电电动机与系统间的联系电抗（包括升压变压器阻抗，系统处于最小运行方式），标幺值（以发电电动机额定容量为基准）；

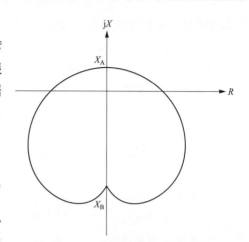

图 3-36　失磁保护滴状曲线静稳极限阻抗图

U_{GN}、S_{GN}——发电电动机额定电压，kV 和额定视在功率，MVA；

n_a、n_v——电流互感器、电压互感器的变比。

其下边界 X_B 整定值为

$$X_B = -X_q \frac{U_N^2}{S_N} \frac{n_a}{n_v} \tag{3-62}$$

式中　X_q——发电电动机 q 轴同步电抗（不饱和值），标幺值。

（2）异步阻抗圆。异步阻抗继电器的动作方程为

$$270° \geqslant \arg \frac{Z + jX_B}{Z - jX_A} \geqslant 90° \tag{3-63}$$

其动作特性如图 3-37 所示。

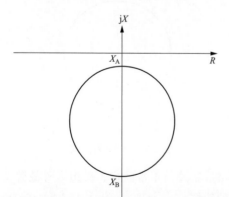

图 3-37　失磁保护异步阻抗圆

其整定值为

$$X_A = -\frac{X_d'}{2} \cdot \frac{U_{GN}^2 n_a}{S_{GN} n_v} \tag{3-64}$$

$$X_B = -X_d \cdot \frac{U_{GN}^2 n_a}{S_{GN} n_v} \tag{3-65}$$

式中　X_d'、X_d——发电电动机暂态电抗和同步电抗标幺值（取不饱和值）；

U_{GN}、S_{GN}——发电电动机额定电压，kV 和额定视在功率，MVA；

n_a、n_v——电流互感器和电压互感器变比。

该阻抗圆在第三、第四象限，其阻抗动作圆比静稳极限阻抗圆小，所以对于同一台发电电动机，若失磁保护采用静稳极限阻抗圆，在失磁故障时比采用异步阻抗圆的动作要早。

2. 无功反向判据

当发电电动机失磁后而异步运行时，需要从电网中吸收很大的无功功率以建立发电电动机的磁场。所需无功功率的大小主要取决于发电电动机的参数以及实际运行时的转差率。因此，常常将阻抗判据与无功反向判据相结合，躲开发电电动机的正常进相运行，以提高可靠性。无功反向判据如下

$$Q < -Q_{zd} \tag{3-66}$$

式中　Q——发电电动机无功功率，var；

　　　Q_{zd}——无功功率反向定值，var。

该判据常与静稳边界圆配合，一般按额定功率的 10%～20% 整定。

3. 机端或系统低电压判据

由于从电力系统中吸收无功功率将引起电力系统的电压下降，如果电力系统的容量较小或无功功率的储备不足，则可能使失磁机组的机端电压、升压变压器高压侧的母线电压或其他邻近点的电压低于允许值，从而破坏了负荷与各电源间的稳定运行，甚至可能因电压崩溃而使系统瓦解。

系统低电压判据主要用于防止由发电电动机失磁故障引发无功储备不足的系统电压崩溃，造成大面积停电，三相同时低电压的动作电压 $U_{op,3ph}$ 为

$$U_{op,3ph} = kU_{H,min} \tag{3-67}$$

式中　$U_{H,min}$——高压母线最低正常运行电压；

　　　k——裕度系数，一般取 0.85～0.95。

机端低电压主要用于防止发电电动机机端电压过低而危及厂用系统安全，机端三相同时低电压的门槛应按不破坏厂用电安全和躲过强励启动电压条件整定，一般取 0.85～0.9 倍额定电压。

4. 转子低电压判据

失磁保护的阻抗判据，在非失磁故障的某些异常工况下可能发生误动现象，为此补充采用了励磁电压判据，以提高选择性，防止在短路、振荡、电压回路断线时保护误动。失磁故障时，转子电压降低，将转子电压引入保护装置构成转子低电压判据。即

$$U_r < U_{rzd} \tag{3-68}$$

式中　U_r——转子电压，V；

　　　U_{rzd}——转子低电压定值门槛，V。

转子低电压定值按可靠躲过空载励磁电压，可取 0.8 倍空载励磁电压。

5. 变励磁电压判据

发电电动机不同出力情况下，机组维持静态稳定所需的转子电压是不同的，因此，将当前有功对应的维持静态、稳定所需的最低励磁电压，作为转子低电压判据的动作门槛，可以提高灵敏度，习惯上称它为变励磁电压判据或变励磁电压元件。

对于抽水蓄能机组，$X_d \neq X_q$，发电电动机没有励磁仍能送出凸极功率 P_t，且维持同步运行，只有在机组有功功率 P 大于 P_t 时才有为维持静态稳定所必须的最低励磁电压要求。

$$P_t = \frac{U_s^2}{2} \cdot \frac{X_d - X_q}{X_{d\Sigma} X_{q\Sigma}} \tag{3-69}$$

因此，变励磁电压动作判据为

$$U_{fd,op} \leqslant K_{set} \cdot (P - P_t) \tag{3-70}$$

式中：K_{set} 为整定系数，即图 3-38 中的变励磁电压判据的动作特性直线斜率，计算式为

$$K_{set} = \frac{P_n}{P_n - P_t} \cdot \frac{C_n(X_d + X_{con})U_{fd0}}{U_s E_{d0}} \tag{3-71}$$

$$P_t = \frac{U_s^2(X_d - X_q)}{2(X_d + X_{con})(X_q + X_{con})} \tag{3-72}$$

式中　P_n——发电电动机额定功率，MW；

P_t——发电电动机凸极功率，MW；

C_n——修正系数，以 $K_n = P_n/P_t$ 值查 C_n — K_n 曲线得到，如图 3-39 所示；

X_d、X_{con}——分别为发电电动机同步电抗、系统联络阻抗值，Ω；

U_{fd0}——发电电动机空载励磁电压，kV；

U_s——归算到发电电动机机端的无穷大系统母线电压值，kV；

E_{d0}——发电电动机空载电动势，kV；

X_q——发电电动机 q 轴同步电抗，Ω。

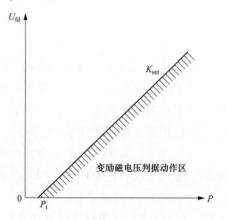

图 3-38　发电电动机变励磁电压动作特性

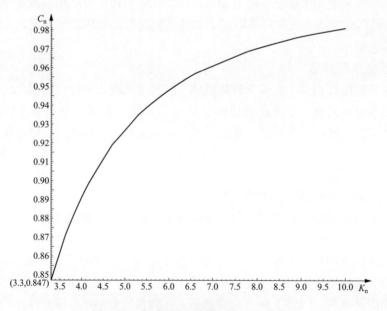

图 3-39　变励磁电压判据 C_n—K_n 曲线

6. 其他辅助判据

当主变压器高压侧单相接地短路时，可能使得失磁阻抗继电器误动作，应采用负序

电压或负序电流闭锁等判据防止此种情况下误动的发生。当负序电压或电流大于动作门槛时，瞬时启动闭锁失磁保护，经延时自动返回，解除闭锁。

电压互感器一次或二次回路断线时，阻抗元件可能满足，因此，一般应增设电压断线闭锁条件。若已有负序电压闭锁环节或类似辅助判据，电压互感器回路断线不再造成失磁保护的误动，则不必另设电压断线闭锁条件。

这些辅助判据元件与主判据元件与门输出，防止非失磁故障状态下主判据元件误出口。

四、失磁保护判据组合及出口方式

失磁保护根据不同判据的组合，可有不同的出口方式。阻抗判据作为失磁保护的主判据应固定投入，常见的失磁保护判据组合及出口方式如下：

（1）阻抗判据＋转子电压判据＋机端低电压判据：停机。

（2）阻抗判据＋转子电压判据＋系统低电压判据：停机。

（3）阻抗判据＋转子电压判据：短延时发信或较长延时动作于停机。

现场应用中，也有电厂将判据组合（1）和判据组合（2）合并，但取机端低电压还是系统低电压可以根据实际情况进行选择。若转子电压未引入保护，也可不投入转子低电压判据。

常见的失磁保护的保护逻辑框图如图 3-40 所示。

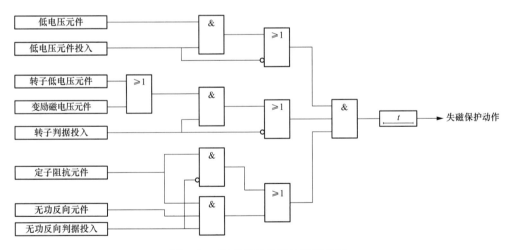

图 3-40　失磁保护的保护逻辑框图

五、失磁保护与励磁系统低励限制及保护的配合原则

自动励磁调节器按电压偏差调节，放大倍数越大，维持机端电压的能力越强，自动励磁调节装置对提高静态稳定有显著作用，在新型的 AVR 中，基本都具备欠励限制功能。其原理为：装置实时检测机组有功和无功，根据计算公式，判断实际运行点离欠

励限制曲线的远近，当运行点越过欠励曲线，装置以无功作为被调节量，保证机组运行点回到安全运行区域。并且，机组进相运行范围与机端电压的平方成一定比例关系，欠励限制曲线可以根据机组电压的变化而进行调整，保证足够的安全裕度。欠励限制是励磁系统的保护，起到使机组在进相运行时不超过静稳极限范围的作用，而失磁保护在机组失磁后及时跳闸，保护机组和系统不受异步运行的危害，二者应相互配合。其配合原则应遵循欠励限制先于失磁保护动作的原则，欠励限制线应与静稳极限边界配合，且留有一定裕度。将抽水蓄能机组的静稳阻抗边界映射到 $P\text{-}Q$ 平面，进相运行需要与励磁系统欠励限制以及静稳边界进行配合，应满足如图 3-41 所示的配合关系。

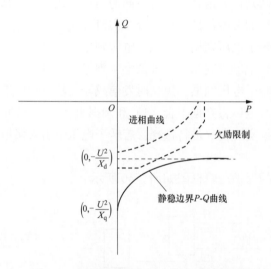

图 3-41　抽水蓄能机组进相运行配合原则

⽊ 第九节　发电电动机失步保护

一、失步振荡成因及危害

对于大型机组，当出现小的扰动或调节失误，发电电动机与系统间的功角可能大于静稳极限角，机组静态稳定条件将被破坏而失步；当出现大的扰动（如短路时安全自动装置处理不当或不及时等）时，发电电动机与系统间的功角大于动态稳定极限角时，发电电动机因不能保持动态稳定而失步。发电电动机发生失步时，均会伴随出现机组机械量和电气量与电力系统间的振荡，持续的振荡将对发电电动机和电力系统产生具有破坏性的影响，具体包括：

（1）大型发电电动机变压器组的电抗较大，如果外接系统是一个大系统，在振荡时振荡中心往往在机端或变压器内。振荡中机端电压周期性、大幅度的上下变化，将导致厂用辅机的工作遭到严重的破坏，甚至导致全厂停机、停炉和停电。

（2）当振荡中心在机端附近时，流过发电电动机的最大振荡电流接近于机端三相短路电流。如果此电流较长时间的反复出现将使发电电动机定子绕组发热，电磁力使发电电动机的端部机械损伤。

（3）振荡时轴系周期性的扭转力矩将使大轴受到严重扭伤，缩短运行寿命。

（4）滑差周期性的变化使转子绕组中产生差频感应电流，将造成转子发热。

（5）大型机组与系统的振荡可能导致系统解列甚至崩溃。

基于上述原因，大型机组需要装设失步保护，以保障机组和系统的安全运行。

众所周知，电力系统中发生短路故障或故障被切除时，在两并列运行系统之间可能出现电力系统振荡。如果两个部分的系统等效电动势 $\dot{E}_A$ 和 $\dot{E}_B$ 之间的夹角 δ 摆动范围没有超过 $180°$，经过几次摇摆之后可能恢复同步运行，该工况称稳定振荡或同步振荡。反之，若功角 δ 的摆动范围超过 $180°$，则称为非稳定振荡或非同步振荡。

失步保护应能够正确区分短路与振荡、稳定振荡与失步振荡，且只有在失步振荡时动作。另外，失步保护动作后的行为应由系统安全稳定运行的要求决定，不应立即动作于跳闸，只是在振荡次数或持续时间超过规定时，才使发电电动机组与系统解列。

现有失步保护原理一般采用发电电动机的机端阻抗轨迹进行判别，常见的有三阻抗元件失步保护和双遮挡器原理失步保护。

二、三阻抗元件失步保护

（一）基本原理

其中，三阻抗元件失步保护的动作特性如图 3-42 所示。

三阻抗元件失步保护由三个阻抗元件构成：

第一是透镜特性的阻抗元件，即图中①，它把阻抗平面分成透镜内的部分 I 和透镜外的部分 O。

第二是遮挡器特性的阻抗元件，即图中②，它把阻抗平面分成左半部分 L 和右半部分 R。

两种特性的结合，把阻抗平面分成四个区 OL、IL、IR、OR，阻抗轨迹顺序穿过四个区（OL→IL→IR→OR 或 OR→IR→IL→OL），并在每个区停留时间大于一时

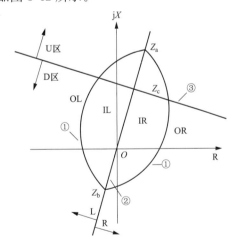

图 3-42　三阻抗元件失步保护的动作特性

限，则保护判为发电电动机失步振荡。每顺序穿过一次，保护的滑极计数加 1，到达整定次数，保护动作。

第三是电抗线特性的阻抗元件，即图中③，它把动作区一分为二，电抗线以上为 U 区，电抗线以下为 D 区。阻抗轨迹顺序穿过四个区时位于电抗线以下，则认为振荡中心位于发电电动机变压器组内，位于电抗线以上，则认为振荡中心位于发电电动机变压

器组外，两种情况下滑极次数可分别整定。保护可动作于报警信号，也可动作于跳闸。

常见的失步保护逻辑框图如图 3-43 所示。

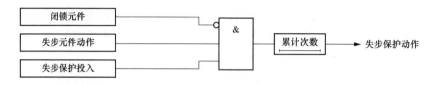

图 3-43　失步保护逻辑框图

（二）定值整定计算

以下阻抗全部折算到发电电动机额定容量下，保护整定计算的主要内容为：

（1）遮挡器特性整定。决定遮挡器特性的参数是 Z_a、Z_b、φ。如果失步保护装在机端，则

$$Z_a = X_{con} = X_s + X_T \tag{3-73}$$

$$Z_b = - X'_d \tag{3-74}$$

$$\varphi = 80° \sim 85° \tag{3-75}$$

式中　X_s——最大运行方式下的系统电抗，Ω；

　　　X_T——主变压器电抗，Ω；

　　　φ——系统阻抗角。

（2）α 角的整定及透镜结构的确定如图 3-44 所示。对于某一给定的 $Z_a - Z_b$，透镜内角 α（即两侧电动势摆开角）决定了透镜在复平面上横轴方向的宽度。确定透镜结构的步骤如下：

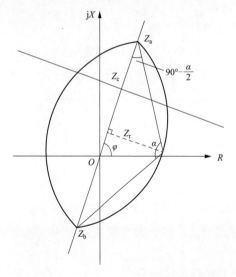

图 3-44　三元件失步保护特性的整定

1）确定发电电动机最小负荷阻抗，一般取

$$R_{L,min} = 0.9 \times \frac{U_N / n_v}{\sqrt{3} I_{GN2}} \tag{3-76}$$

2）确定 Z_r

$$Z_r \leqslant \frac{1}{1.3} R_{L,min} \tag{3-77}$$

3）确定内角 α。

由 $Z_r = \frac{Z_a - Z_b}{2} \tan\left(90° - \frac{\alpha}{2}\right)$ 得

$$\alpha = 180° - 2\arctan\frac{2Z_r}{Z_a - Z_b} \tag{3-78}$$

α 值一般可取 $90° \sim 120°$。

（3）电抗线 Z_c 的整定。一般 Z_c 选定为变压器阻抗 Z_t 的 90%，即 $Z_c = 0.9 Z_t$。图 3-44 中过 Z_c 作 $Z_a Z_b$ 的垂线，即为失步保护的电抗线。

（4）滑极次数整定，振荡中心在发电电动机变压器组区外时，滑极次数整定 2～15 次，动作于信号。振荡中心在发电电动机变压器组区内时，滑极次数整定 1～2 次，动作于跳闸或发信。

（5）跳闸允许电流整定。发电电动机与系统失步振荡后，为避免在两侧 $\delta=180°$ 附近的严重条件下断路器跳闸电流过大，超出断路器的开断能力，设置跳闸允许电流判据，即 $I_{op} < I_{off}$，只有当 $I_{op} < I_{off}$ 时才允许跳闸出口。I_{off} 按断路器允许遮断电流 I_{brk} 计算，断路器（在系统两侧电动势相差达 180°时）允许遮断电流 I_{brk} 需由断路器制造厂提供，如无提供值，可按 25%～50% 的断路器额定遮断电流 $I_{brk,n}$ 考虑。

跳闸允许电流整定值按下式计算

$$I_{off} = K_{rel} I_{brk} \tag{3-79}$$

式中 K_{rel}——可靠系数，取 0.85～0.90。

三、双遮挡器原理失步保护

（一）基本原理

双遮挡器原理失步保护装在机端，其动作特性见图 3-45。

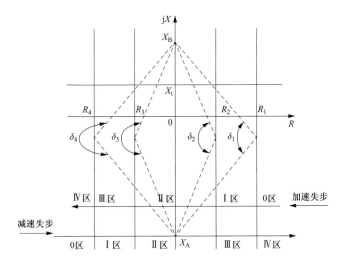

图 3-45 双遮挡器原理失步保护特性

由图 3-45 可以看出：电阻线 R_1、R_2、R_3、R_4 及电抗线 X_t 将阻抗复平面分成 0～Ⅳ 共 5 个区。发电电动机失步后，机端测量阻抗缓慢从 $+R$ 向 $-R$ 方向变化，且依次穿过 0 区→Ⅰ区→Ⅱ区→Ⅲ区→Ⅳ区，判断为加速失步过程；测量阻抗由 $-R$ 方向向 $+R$ 方向变化，依次穿过各区时，判断为减速失步。测量阻抗依次穿过 5 个区后记录一次滑极，滑极次数累计达到整定值，便发信或跳闸。

（二）定值整定计算

以下阻抗全部折算到发电电动机额定容量下，其中

$$X_B = X_s + X_T \tag{3-80}$$

$$X_A = -(1.8 \sim 2.6)X_d' \tag{3-81}$$

式中 X_s——最大运行方式下的系统电抗，Ω；

$\qquad X_T$——主变压器电抗，Ω；

$\qquad X_d'$——发电电动机暂态电抗（取不饱和值），Ω。

双遮挡器特性整定。决定遮挡器特性的参数是遮挡器电阻值 R_1、R_2、R_3、R_4 和Ⅰ区~Ⅳ区测量阻抗停留时间 t_1、t_2、t_3、t_4。

（1）电抗定值 X_t（二次有名值）。电抗 X_t 定值，应使系统振荡时（即振荡中心落在发电厂系统母线之外）保护能可靠不动。因此

$$X_t = X_T \tag{3-82}$$

（2）阻抗边界 R_1（二次有名值）。为给断路器创造一个良好的断开条件，$\delta_4 = 240°$，则 $\delta_1 = 120°$。

$$R_1 = \frac{1}{2}(|X_A| + X_B)\cot\frac{\delta_1}{2} \tag{3-83}$$

（3）阻抗边界 R_2，计算公式

$$R_2 = \frac{1}{2}R_1 \tag{3-84}$$

（4）阻抗边界 R_3（负值），计算公式

$$R_3 = -R_2 \tag{3-85}$$

（5）阻抗边界 R_4（负值），计算公式

$$R_4 = -R_1 \tag{3-86}$$

（6）测量阻抗在各区停留时间 t_1、t_2、t_3 及 t_4 的整定。t_1、t_2、t_3、t_4 应使保护在系统短路故障时不误动，失步运行时保护能可靠动作。一般 t_1、t_2、t_3 及 t_4 应小于最小振荡周期下测量阻抗在各区内的实际停留时间。

设系统振荡时最小的振荡周期为 T_{us}（具体值由调度给出，一般为 $0.5 \sim 1.5\text{s}$），并在系统振荡时，发电电动机功角 δ 的变化是匀速的，则测量阻抗在Ⅰ区内的停留时间为 $T_{us}\frac{\delta_2 - \delta_1}{360°}$，其中 $\delta_2 = 2\operatorname{arccot}\dfrac{R_2}{\frac{1}{2}(|X_A| + X_B)}$。

t_1 可按式（3-87）整定

$$t_1 = 0.5T_{us}\frac{\delta_2 - \delta_1}{360°} \tag{3-87}$$

系统振荡时测量阻抗在Ⅱ区停留时间为 $2T_{us}\frac{180° - \delta_2}{360°}$。

t_2 可按式（3-88）整定

$$t_2 = 0.5 \times 2T_{us}\frac{180° - \delta_2}{360°} \tag{3-88}$$

t_3 应小于系统振荡时测量阻抗在Ⅲ区停留时间，可按式（3-89）整定

$$t_3 = t_1 \tag{3-89}$$

t_4 应小于系统振荡时测量阻抗在Ⅳ区停留时间，t_4 可在 0s 与 t_3 之间选取。

（7）失步启动电流 I_{st}。对于需进相运行的水轮机，设置一个启动电流，一般

$$I_{st} = (0.1 \sim 0.3)I_{GN2} \tag{3-90}$$

式中 I_{GN2}——发电电动机二次额定电流，A。

（8）滑极次数整定，一般整定为 $1 \sim 2$ 次，动作于发信或跳闸。

✦ 第十节 抽水方向启动过程及其保护

一、抽水方向启动方式及其电气特征

对于多机式抽水蓄能机组，由于抽水和发电的旋转方向一致，可以用水轮机或辅助的小水轮机将机组启动到同步转速，机组并网后再切换水路，使机组转为抽水工况运行。对于可逆式水泵水轮机组，由于抽水和发电的旋转方向不同，必须采取另外的措施来启动机组。在抽水蓄能技术发展的过程中，曾经和正在采用的可逆式机组启动方式主要有全压启动、降压启动、同轴小电动机启动、变频启动装置启动和背靠背启动。

全压启动和降压启动为异步启动方式，机组直接（全压）或经阻抗或变压器（半压）并入电网，转子的阻尼条相当于异步电动机的鼠笼条，机组作为异步电动机被驱动加速。转子转速接近于同步转速时，投入励磁，将机组拖入同步。这种方式适用于中小容量机组，如果机组容量大，则并网时对电网和机组自身的冲击都较大。

同轴小电动机启动方式，专用于启动的小电动机与主机同轴连接，小电动机的电源来自厂用电。小电动机将机组拖到同步转速后，机组并网，断开小电动机的电源。该方式增加了机组总高度，且正常运行时小电动机随机组空转，降低了机组的效率。过去在国外采用较多，但新建的蓄能电站已经较少采用，国内则从未用过。

目前国内新建抽水蓄能电站的单台机组容量多在 $200 \sim 350MW$ 之间，对于这种 $300MW$ 级的大容量机组，则必须采取减少冲击的"软"启动方式，国内外最常用的是采用静态变频启动装置（即静止变频器）启动。静止变频器将电源侧 50Hz 的输入电压，转化为频率在 $0 \sim 50Hz$ 范围可调的输出电压，其容量一般为被启动机组容量的 $6\% \sim 10\%$，将机组从静止状态加速到同步状态，一般此过程所需时间为 $3 \sim 4min$。

机组在启动前，先要在转轮室内充入压缩空气排水，以减少启动过程中的阻力转矩。随着静止变频器输出频率的逐步上升，被拖动机组不断加速。待转速达到同步转速时，机组并入电网，断开与静止变频器之间的连接。然后排出转轮室的压缩空气，注水造压，并依次打开进水阀和导叶，开始抽水。某现场运行机组在静止变频器启动过程中，机组定子电流、机组电动势、励磁电流和静止变频器输出功率的变化曲线如图 3-46 所示。

背靠背启动方式也称为同步启动方式，是用一台机组作为发电机，提供频率逐渐升高的电流，另一台待启动机组作为电动机，利用前者输出的变频电流同步地逐渐加速到额定转速，如图 3-47 所示。背靠背启动方式有两种基本接线方式，启动母线设置在机端的称为低压背靠背启动，设置在主变压器高压侧的称为高压背靠背启动。我国的抽水蓄能机组背靠背启动多采用低压背靠背启动方式。为了减少启动过程中的阻力转矩，大都采用转轮室充气压水的方式。启动过程中拖动机组输出功率取决于要求的启动时间。

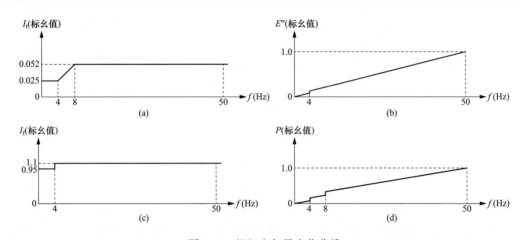

图 3-46　机组电气量变化曲线

（a）定子电流；（b）机组电动势；（c）励磁电流；（d）静止变频器输出功率

启动时间越短，则输出功率越大。如果要求的启动时间与静止变频器启动相同，则背靠背启动的功率仅为被拖动机组额定功率的 6%～10%。背靠背启动不需电网供给电源就可启动机组，对系统无扰动。如果电站的所有机组都是可逆式抽水蓄能机组，那么采用背靠背启动方式时，总有一台机组无法启动。抽水蓄能电站一般将静止变频器启动设置为主方式，背靠背启动作为备用启动方式。

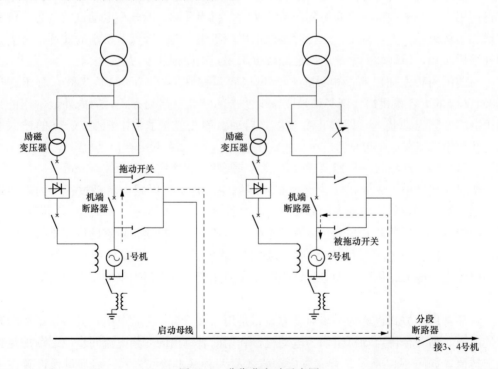

图 3-47　背靠背启动示意图

背靠背启动过程可以分为两个阶段，第一阶段为启动同步阶段，从拖动机组的导叶开启到被拖动机组与拖动机组达到同步为止；第二阶段为同步加速阶段，即被拖动机组与拖动机组达到同步后直到被拖动机组并网的阶段。某抽水蓄能电站机组背靠背启动过程中电气量变化曲线如图 3-48 所示。

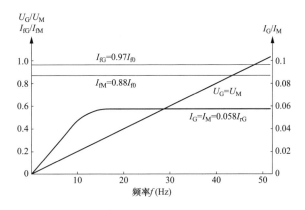

图 3-48 某抽水蓄能电站机组背靠背启动过程中电气量变化曲线

图 3-48 中，U_G 和 U_M 分别为拖动机组（作发电机运行）和被拖动机组（作电动机运行）的机端电压；I_{fG} 和 I_{fM} 分别为拖动机组和被拖动机组的励磁电流，I_{f0} 为额定空载励磁电流；I_G 和 I_M 分别为拖动机组和被拖动机组的定子绕组电流，I_{rG} 为机组额定电流。

二、启动过程保护原理及配置

（一）基本原理

抽水蓄能机组启停频繁，一般每天均要启停数次，相对于常规机组，启动过程在整个运行过程中所占比例很高。另外，抽水蓄能机组在启动过程之始已加励磁，三相定子电流的幅值较低，其频率随着转速升高而变化，且持续时间较长。因此在启动过程中具有完善的保护性能非常重要。

启动过程中除配置低频差动保护和后备保护外，还应配置低频零序电压保护，以应对接地故障，其原因是：启机过程中发生单相接地故障时，常规基波零序电压定子接地保护只反映工频分量且定值按照额定电压工况整定，在低频工况下该保护灵敏度较低。对于注入式定子接地保护，在机组抽水方向启动过程中，机组频率从零升高至额定频率，覆盖了注入信号频率，为防止信号混叠影响对地绝缘检测结果，在抽水方向启动过程中闭锁注入式定子接地保护。因此，需要在启动过程中单独配置反映定子接地故障的保护。

具体来说，启动过程保护功能包括：

（1）差动主保护，应对相间短路故障。

（2）低频过电流保护，作为相间短路故障的后备保护。

（3）低频零序电压保护，应对单相接地故障。

在抽水蓄能机组启动初始阶段，电气频率较低时，尤其是 5Hz 以下，电磁式电流互感器可能出现严重的暂态饱和，传变特性差，严重影响差动保护性能，甚至导致保护误动。某抽水蓄能机组低频启动过程初始阶段（3Hz 左右），发电电动机机端、中性点电流和装置计算的差动电流波形如图 3-49 所示。

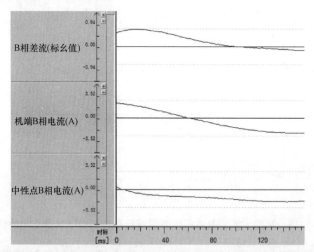

图 3-49　某抽水蓄能机组启动过程中频率约为 3Hz 时电流波形

从图 3-49 中可以看出，电流波形畸变严重，且机端电流互感器和中性点电流互感器传变不一致，导致装置计算出虚假的差动电流，可能造成保护的误动作。针对此问题，有以下三种解决办法：

（1）在频率极低情况下，将差动保护暂时闭锁以防止误动。但是，该方法会导致短时无差动主保护，存在设备安全风险。

（2）在低频启动初始阶段，抬高保护定值门槛以防止误动。该方法虽然保证了差动保护在抽水方向启动过程中能够全程投入，但同时也降低了保护灵敏度。

（3）基于光学电流互感器实现抽水方向启动过程保护。光学电流互感器基于法拉第磁光效应原理，通过检测偏振光在电流磁场中的旋光角来测量产生磁场的电流大小，偏振光通过磁场时的旋光角仅与产生磁场的电流大小有关，与电流的交变频率无关。因此，在抽水方向启动过程中，光学电流互感器也能够获得与工频运行工况下相同的测量精度，保证了差动各侧电流传变的一致性，不会计算出虚假差流，差动保护可以全程投入，且保护的灵敏度和可靠性均不受影响。

（二）定值整定计算

发电电动机低频差动保护定值按在额定频率下，躲过满负荷运行时差动回路的不平衡电流整定

$$I_{op} = K_{rel} I_{unb} \tag{3-91}$$

式中　K_{rel}——可靠系数，取 1.3～1.5；

　　　I_{unb}——额定频率下，实测满负荷运行时差动回路的不平衡电流，A。

低频过电流保护按照可靠躲过启动过程中正常运行的最大电流整定，低频零序电压保护定值一般取额定电压运行工况机端单相金属性接地时，引入保护装置的中性点零序电压二次值的 100%。

三、背靠背启动过程中的停机问题

背靠背启动过程中,如果两台机组内部或连接母线上发生了电气或机械事故,两台机组都应灭磁、停机、跳闸。由于此时回路中只有拖动机组的发电电动机断路器闭合,跳闸也就专指跳拖动机组的发电电动机断路器。一般情况下,发电电动机断路器是按照额定频率工况设计的,其开断能力与50Hz相对应。背靠背启动过程中,回路电流的频率低于50Hz,此时开断发电电动机断路器有可能造成损坏。

为了解决这个问题,应当首先将两台机组同时灭磁,待机组完全停稳后再开断发电电动机断路器。灭磁后,两台电机变为极弱励磁(转子铁芯的剩磁)的同步机,虽然电流很小,但是若与发电电动机断路器低频时的开断能力不匹配,此时强行跳开断路器,仍可能造成断路器拉弧烧损,因此,出于断路器设备安全考虑,应待机组完全停稳后再断开断路器。

实现以上的过程的困难之处在于,如果事故发生在一台机组内,本机的继电保护或机械保护动作,可以按顺序先灭磁,后跳闸;而另外一台机组的保护可能没检测到这个事故(尤其是机组机械事故,不易被其他机组检测到),也就无法按顺序灭磁、跳闸。为了解决这个问题,机组LCU应当根据各机组拖动开关和被拖动开关的位置,判断是哪台机组与本机组进行背靠背启动。如果背靠背启动过程中任意一台机组发生电气或机械事故,本机的LCU应按顺序停机、灭磁,同时将跳灭磁开关的命令发给与其连接的另一台机组,使之与事故机组同时停机、灭磁。在确认两台机组都已灭磁且机组停稳后,拖动机组的LCU发令跳开发电电动机断路器。

实现方式上,一般采用在发电电动机断路器的跳闸回路中引入拖动机组转速信号,当转速低于设定值时,断开跳闸回路,避免低频跳断路器。例如,ABB公司发电电动机断路器跳闸回路的转速信号闭锁设定为50%额定转速。

▦ 第十一节 发电电动机过励磁保护

一、过励磁保护原理及整定方法

(一)基本原理

当作用在机组上的端电压和机组频率发生变化时,均将引起工作磁通密度的变化。当U_*/f_*比值增大,工作磁密增大,很快接近饱和磁密,铁芯饱和后,励磁电流急剧增大,此时称为过励磁状态。饱和后的励磁电流并非正弦波形电流,其中含有大量高次谐波分量,会使机组的附加损耗增大,使机组局部严重过热。如果过励磁倍数较大,且持续时间较长,可能会使机组绝缘劣化,寿命降低,甚至损坏。由于现代大型发电机和变压器的额定工作磁密接近其饱和磁密,使得过励磁故障的后果更加严重。因此,对于容量较大的机组,装设专用的过励磁保护是完全必要的。

对于发电电动机,绕组外加电压为

$$U = 4.44 fw\Phi \tag{3-92}$$

式中 f——频率,Hz;

w——匝数；

Φ——磁通，Wb。

式（3-92）可转换为

$$\Phi = \frac{U}{4.44 fw} \qquad (3\text{-}93)$$

磁通 $\Phi = BS$（B 为磁通密度，S 为铁芯截面）。因此，上式可以写为 $B = K\dfrac{U}{f}$，其中 $K = 1/4.44wS$。所以，过励磁保护可以通过检测 U/f 的值来确定铁芯的饱和程度，即发电电动机过励磁运行时铁芯内的磁通密度与额定工况时（额定电压及额定频率时）铁芯内的磁通密度之比。

过励磁倍数 N 为

$$N = \frac{B}{B_n} = \frac{\dfrac{U}{U_N}}{\dfrac{f}{f_N}} = \frac{U_*}{f_*} \qquad (3\text{-}94)$$

式中　N——过励磁倍数；

$\quad\quad B$——发电电动机或变压器过励磁运行时的铁芯磁通密度，T；

$\quad\quad B_n$——发电电动机或变压器额定工况运行时的铁芯磁通密度，T；

U、U_N——发电电动机或变压器实际运行电压及额定电压，V；

f、f_N——发电电动机或变压器实际运行频率及额定频率，Hz。

发电电动机的过励磁保护一般分为定时限段和反时限段。

（1）定时限过励磁保护。一般提供高值段和低值段两段，低定值段带时限动作于信号和降低发电电动机励磁电流，高定值段动作于解列灭磁或程序跳闸，动作时限根据厂家提供的设备过励磁特性决定。实际应用中，一般仅投入低值段报警功能。

（2）反时限过励磁保护。为使得过励磁保护跳闸段的动作特性能够与过励磁特性曲线配合，过励磁反时限一般投跳闸。通过对给定的反时限动作特性曲线进行线性化处理，在计算得到过励磁倍数后，采用分段线性插值求出对应的动作时间，实现反时限功能。

当发电电动机的过励磁保护采用相电压时，定子绕组单相接地因相电压升高，过励磁保护若以相电压计算过励磁倍数，则有可能动作，但实际上发电电动机此时并未处于过励磁状态。为防止定子绕组单相接地时过励磁保护误动作，应采用相间电压计算发电电动机的过励磁倍数。

（二）定值整定计算

（1）定时限过励磁保护。低定值段按躲过系统正常运行的最大过励磁倍数整定。

高定值段定值整定应以制造厂数据为准，或整定为

$$N = \frac{B}{B_n} = 1.3 \qquad (3\text{-}95)$$

动作时限根据厂家提供的设备过励磁特性决定。低定值部分带时限动作于信号和降低励磁电流，高定值部分动作于解列灭磁或程序跳闸。

（2）反时限过励磁保护。按发电电动机制造厂提供的反时限过励磁特性曲线（参

数）整定。如图 3-50 所示，曲线 1 为厂家提
供的发电电动机允许的过励磁能力曲线；曲线
2 为反时限过励磁保护动作整定曲线。

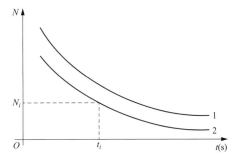

过励磁反时限动作曲线 2 一般不易用一个
数学表达式来精确表达，而是用分段式内插法
来确定 $N(t)$ 的关系来拟合曲线 2。一般在曲
线 2 上自由设定 8～10 个分点（N_i，t_i），$i=$
$1,2,3,\cdots$。原则是曲率大处，分点设的密一
些。设分点顺序要求

图 3-50 反时限过励磁保护动作整定曲线

$$N_i > N_{i+1}, t_i < t_{i+1} \tag{3-96}$$

或
$$N_i < N_{i+1}, t_i > t_{i+1} \tag{3-97}$$

反时限过励磁保护定值整定过程中，宜考虑一定的裕度，可以从动作时间和动作定
值上考虑裕度（两者取其一），从时间上考虑时，可以考虑整定时间为曲线 1 时间的
$60\%\sim80\%$，从动作定值考虑时，可以考虑整定定值为曲线 1 的值除以 1.05，最小定
值应与定时限低定值配合。

二、过励磁保护与励磁系统伏赫兹限制的配合原则

发电电动机运行时，发电电动机端电压与机组频率的比值有一个安全工作范围，当
伏赫兹比值超出安全范围时，必须限制机端电压幅值，控制机端电压随频率变化而变
化，维持伏赫兹比值在安全范围内，此项功能称为励磁系统的伏赫兹限制。

AVR 的伏赫兹限制和过励磁保护的整定应与发电电动机和主变压器的过励磁的允
许时间相互配合。而且，发电电动机变压器组允许过励磁特性应由制造厂提供的数据为
依据。但实际上目前制造厂不能提供可靠的允许特性，即使提供了允许特性，实际上各
机组也千差万别。为此，在整定计算时尽可能从保护主设备的安全出发，在不导致正常
运行中保护误动的情况下，尽可能取用保守的定值。并网运行的发电电动机及变压器，
其电压的频率取决于系统频率。运行实践表明，除了发生系统瓦解性事故外，系统频率
大幅度降低的可能性几乎不存在。因此，发电电动机及变压器（特别是变压器）的过励
磁，多由过电压所致。在发电电动机及变压器出厂说明书中，均给出了电压与允许时间
关系表。在制造厂未给出发电电动机或变压器过励磁特性曲线的情况下，建议按发电
电动机或变压器允许过电压倍数及持续时间表给出的值来进行整定。

伏赫兹限制与过励磁保护匹配的原则是，伏赫兹限制先于发电电动机和主变压器的
过励磁保护动作进行限制，一般动作后减少电压给定值来限制伏赫比。实际应用中，励
磁调节器伏赫兹下限动作值一般比过励磁保护启动值低 $1\%\sim2\%$，当伏赫兹比值超出
伏赫兹限制下限动作值时，经过一定延时后，伏赫兹限制启动，调低发电电动机端电压
并预留一定的安全裕度（98.5%下限动作值）。另外，机组空载时，当频率低于整定值
时（45Hz 或 40Hz）时，实际发电机组不允许继续维持机端电压，启动低频率保护功
能，发出逆变触发脉冲，励磁系统逆变灭磁。

伏赫兹限制常在过电压或低频率运行状态时动作。负载运行时，由于机组频率即为系统频率，实际负载伏赫兹限制主要为过电压限制。空载运行时，由于机组电压和频率的比值与励磁电流成比例关系，实际空载伏赫兹限制主要为过励磁限制。

伏赫兹限制动作时间随伏赫兹过励磁倍数增加而减小，呈反时限动作曲线，其动作时间曲线由数个点时间定值（按伏赫兹比值等距分布）组成，动作值和动作时间与机组保护中过励磁保护曲线配合应用。伏赫兹过励磁限制动作后，发出过励限制信号，当伏赫兹值小于启动值 96％电压后，限制信号返回。

励磁系统伏赫兹限制与机组过励磁保护的配合关系如图 3-51 所示。

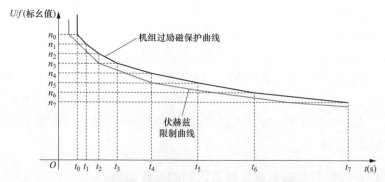

图 3-51　励磁系统伏赫兹限制与机组过励磁保护的配合关系

不同励磁厂家的伏赫兹限制曲线各有不同，对于采用固定过励磁限制曲线的励磁系统，当励磁系统过励磁限制曲线与机组过励磁保护采用相同的模型时，两者可实现配合；而当机组过励磁保护曲线模型与励磁系统过励磁限制模型不同时，固定过励磁限制曲线可能与机组过励磁保护曲线相交叉，导致失配。从与机组过励磁保护以及被保护设备过励磁限制特性配合的角度考虑，励磁系统伏赫兹限制曲线以描点的方式更灵活，适应性更强，拟合的点数应尽量多（一般取 8～10 点），以确保反时限下限的动作值及动作时间的精度。

第十二节　发电电动机异常运行的其他保护

抽水蓄能机组的正常运行遭到破坏，但是并未发生故障，这种情况属于不正常运行状态或异常运行状态，若不及时处理，就可能发展成故障。例如，设备严重偏离于额定电压以上运行，会加速绝缘老化，发展成短路故障。针对这些异常运行状态应配置相应的保护，主要包括低频保护、过频保护、发电机逆功率保护、电动机低功率保护、过电压保护、低电压保护、电压相序保护、误上电保护、发电电动机断路器失灵保护、轴电流保护（或轴承绝缘保护）和电流不平衡保护等。

一、低频保护

抽水蓄能电厂机组在抽水工况时，要从电网吸收大量的功率，当电网侧有功不足导致频率过低时，应由低频保护动作将本机组跳开。同时，该保护也作为电动机低功率保护的后备，用于应对系统侧电源失电或异常时将机组从系统切除。当抽水蓄能机组运行于调相工况时（发电调相或抽水调相工况），从系统吸收一定量的有功功率用于克服机组轴系旋转的机械阻力，此时若系统侧电源异常或频率异常，低频保护也应动作将机组解列。因此，低频保护应在抽水工况或调相工况下投入。

低频保护的动作判据为

$$f < f_{set} \tag{3-98}$$

低频保护动作于信号或跳闸。

二、过频保护

当系统因有功功率过剩导致频率升高时，一般情况下由系统侧进行相应电网调度安排来调节电网频率，以促使频率恢复正常。对于抽水蓄能机组，类似于常规水轮发电机组，过频能力较强，所以过频保护一般投信号。

过频保护的整定应与电厂安稳装置的高频切机策略相配合，并考虑机组的过速能力以及频率偏移对水轮机运行的影响。

三、发电机逆功率保护

抽水蓄能电站水头较高，对调速器系统的控制精度要求高。机组并网后，球阀异常关闭、导叶异常关闭或摆动，以及某些情况下导叶打开速度过慢，可能会造成机组由发电机运行变为电动机运行，吸收电网功率而引起逆功率现象。

逆功率情况下，低水流量的微观水击作用会产生空蚀现象，最终致导叶损伤，对原动机造成损害。机组的振动、摆度会增大，对水导瓦、下导及推力瓦会有磨损。而且定子磁场在端部磁密最大，有可能会造成端部发热。因而，除了在水机方面和启动运行程序中采取措施避免这种情况发生外，还应专门设发电机逆功率保护。发电机逆功率保护为一功率指向机组的方向功率保护，检测发电工况时由系统流向机组的有功功率大于定值时，经延时动作，其动作方程为

$$P < -P_{set} \tag{3-99}$$

式中　P——机组出力，当吸收有功功率时其值为负，标幺值；

　　　P_{set}——逆功率定值，固定为正值，标幺值。

一般可设置两段，一段动作于信号，另一段动作于停机。

根据发电工况满载运行时的效率 η，以及水轮机在逆功率运行时的最小损耗 ι，可整定动作值为

$$P_{op} = K_{rel}[\iota + (1 - \eta)]P_{GN} \tag{3-100}$$

式中　K_{rel}——可靠系数；

　　　P_{GN}——发电电动机额定功率，标幺值。

考虑导叶未关严以及保护装置的采样精度，应以实测值为准。

四、电动机低功率保护

抽水蓄能机组在抽水工况运行时，要求功率在额定功率附近，而当抽水工况发生失

电故障时，如不及时处置，管道中水的流向转变，会导致机组达到飞逸转速，所以在吸收功率小于一定值时就要将机组切除，即电动机低功率保护。电动机低功率保护仅在抽水工况下投入，其他工况下应退出运行。

一般情况下，电动机低功率保护定值按可靠躲过水泵工况正常停机时的最小跳闸功率整定，一般可取 $10\%\sim40\%$。

五、过电压保护

发电电动机出现过电压会对定子绕组的绝缘带来威胁，长时间运行后，可能导致绝缘损坏而引起短路故障，严重威胁机组安全。而且，大型发电电动机定子铁芯背部存在漏磁场，在这一交变漏磁场中的定位筋（与定子绕组的线棒类似），将感应出电动势。相邻定位筋中的感应电动势存在相位差，并通过定子铁芯构成闭路，流过电流。正常情况下，定子铁芯背部漏磁小，定位筋中的感应电动势也很小，通过定位筋和铁芯的电流也比较小。但是当过电压时，定子铁芯背部漏磁急剧增加，例如过电压 5% 时漏磁场的磁密要增加几倍，从而使定位筋和铁芯中的电流急剧增加，在定位筋附近的硅钢片中的电流密度很大，引起定子铁芯局部发热，甚至会烧伤定子铁芯。过电压越高，时间越长，烧伤就越严重。

发电电动机的过电压保护应与发电电动机励磁调节器过压限制进行配合，在发电电动机电压升高时，先由励磁系统过压限制动作，过电压保护作为后备。

定子过电压保护的整定值，应根据电机制造厂提供的允许过电压能力或定子绕组的绝缘状况整定。抽水蓄能机组一般采用晶闸管励磁，其定值整定为

$$U_{op} = 1.3U_{GN} \tag{3-101}$$

延时动作于解列灭磁。

六、低电压保护

装设发电电动机低电压保护，反映抽水或调相运行时失电故障或电源电压低，动作于停机。本保护仅在抽水或调相工况下投入，其他工况下退出运行。

为保证电动机的正常运转并兼做电动机低功率保护的后备，一般取 $U_{op}=0.8U_{GN}$，延时动作于全停。

七、电压相序保护

抽水蓄能机组有发电与抽水两种工况，在机组启动后，由电压相序保护对机组电压的相序进行监视，防止换相开关因故障或误合而造成发电电动机机端电压相序与旋转方向不一致，保护延时动作于停变频器、中断启动流程。保护原理如图 3-52 所示。

图 3-52 中，机组在抽水工况时采用 A、C 换相方式。即发电工况时取 a，b，c 作为 a，b，c 输入，抽水工况时取 a，b，c 作为 c，b，a 输入。

则负序滤过器所得量为

$$\dot{U}_{2,G} = \frac{1}{3}(\dot{U}_a + \alpha^2\dot{U}_b + \alpha\dot{U}_c) \tag{3-102}$$

$$\dot{U}_{2,\mathrm{P}} = \frac{1}{3}(\dot{U}_{\mathrm{c}} + \alpha^2 \dot{U}_{\mathrm{b}} + \alpha \dot{U}_{\mathrm{a}})\tag{3-103}$$

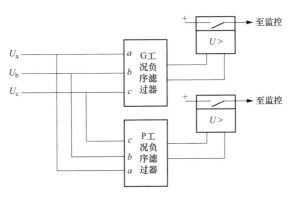

图 3-52 电压相序保护原理图

其中，$\alpha = \mathrm{e}^{j}120°$。负序滤过器的输出接过电压继电器的输入，当 $U_{2,\mathrm{G}}$、$U_{2,\mathrm{P}}$ 的值超过定值时，保护动作，终止监控程序执行。

八、误上电保护

（一）基本原理

发电电动机转子静止或抽水启动过程中突然并入电网，定子电流在气隙产生旋转磁场会在转子本体中感应工频或者低于工频的过电流，其值可达 3～4 倍额定值，定子电流所建立的旋转磁场，将在转子中产生差频电流，其影响与发电电动机并网运行时定子负序电流相似，会造成转子过热损伤，特别是机组容量越大，相对承受过热的能力越弱。此外，突然加速还可能因润滑油压低而使轴瓦遭受损坏。

所谓误上电是指发电电动机在不满足并网条件时，机组单相、两相或三相并入系统，误操作、绝缘不良及控制设备误动作是导致误上电事故的主要原因。它包括以下几种情况：

（1）发电电动机转子静止或启停过程等机组未加励磁情况下误合闸。判断这种情况下的误合闸，一般采用低电压、低频元件作为投入判据，同时判别定子过电流。

（2）发电电动机已加励磁，频率尚未达到允许值时断路器误合，或频率已接近额定值时的非同期并网。若频率尚未达到允许值，可由低频元件或并网断路器处于分闸位置开放保护，同时判别定子过电流；若频率高于低频元件动作频率时，由并网断路器分闸位置开放保护，同时判别定子过电流。

综上所述，对于抽水蓄能机组的误合闸事故，采用定子过电流作为动作条件，并采用机端低电压元件、低频元件和断路器分闸位置作为误上电保护的投入条件，以满足规程所要求的解列时自动投入，并网后自动退出的功能要求。常见的保护逻辑框图如图 3-53 所示。

误合闸动作后，断开出口断路器。如断路器拒动，就应启动失灵保护，断开所有电源支路。发电电动机停机时，应保持误上电保护始终投入工作。

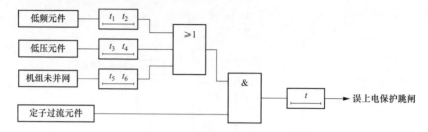

图 3-53　误上电保护逻辑框图

（二）定值整定计算

误上电保护按如下方法整定：

（1）动作电流 I_{op}。以误上电时应可靠启动为条件来整定，定值取误上电最小电流的 50%。

（2）低频元件。低频元件的整定值一般选取额定频率的 90%～96%。

（3）低压元件。一般可整定为额定电压的 0.2～0.8 倍。

（4）出口延时 t。一般可整定为 0.1～0.2s。

九、发电电动机断路器失灵保护

（一）基本原理

发电电动机内部故障保护跳闸时，如果发电电动机出口断路器（或主变压器高压侧断路器）失灵，需要及时跳开相邻断路器，并启动发电电动机断路器失灵，以使影响范围限制为最小的一种后备保护。由于发电电动机断路器失灵保护会联跳相邻断路器，应注意提高失灵保护动作的可靠性，以防止误动而造成事故扩大化。

当发电电动机内部及其引出线发生短路时，保护及其出口继电器动作跳发电电动机断路器，若发电电动机断路器因控制回路或操作回路故障而跳闸失败、仍处于闭合状态，发电电动机继续向故障点提供正序、负序、零序故障电流。一般需同时满足如下条件时保护才启动：

（1）发电电动机保护出口继电器动作后不返回；

（2）发电电动机保护范围内仍然存在着故障。

在保护逻辑上，将故障电流条件构成逻辑"或"门，作为发电电动机断路器失灵保护的电流判据，与保护出口触点构成逻辑"与"门，并可选择对断路器合位状态判别；如果"与"门逻辑条件满足，则经短延时启动失灵出口，常见的保护逻辑框图如图 3-54 所示。

（二）定值整定计算

发电电动机断路器失灵保护整定方法如下：

（1）相电流元件 I_{op} 应可靠躲过发电电动机一次额定电流，即

$$I_{op} = \frac{K_{rel}}{K_r n_a} I_{GN1}$$

（3-104）

式中 K_{rel}——可靠系数，取 $1.1 \sim 1.3$；

$\quad K_r$——返回系数，取 $0.9 \sim 0.95$；

$\quad n_a$——发电电动机电流互感器变比；

$\quad I_{GN1}$——发电电动机一次额定电流，A。

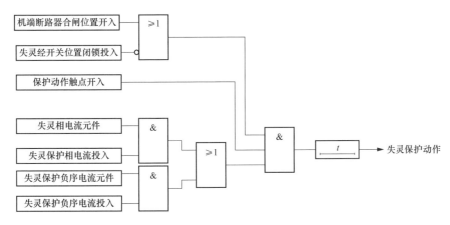

图 3-54　发电电动机断路器失灵保护逻辑图

（2）负序电流 $I_{2,op}$ 应躲过发电电动机正常运行时最大不平衡电流，一般可取

$$I_{2,op} = (0.1 \sim 0.2) \frac{I_{GN1}}{n_a} \tag{3-105}$$

（3）动作延时应躲开断路器跳闸时间，取 $0.3 \sim 0.5s$。

十、轴电流保护或轴承绝缘保护

发电电动机在转动过程中，只要有不平衡的磁通交链在转轴上，则在发电电动机转轴的两端就会产生感应电动势。轴电压主要可分为两部分，一部分是大轴在旋转时切割不平衡磁通而在轴两端产生的轴电压，另一部分是轴向漏磁通在转轴两端产生的轴电压。造成发电电动机磁场不平衡，进而产生轴电压的原因有三个方面：

（1）制造及安装工艺等原因造成的磁路不均衡及气隙不对称，这是无法避免的因素。

（2）发电电动机内部或外部发生不对称短路时产生轴电压。这是因为定子绕组的短路部分有感应电流，它阻止合成磁通通过这部分绕组所在的定子区域；而此时，定子绕组的未短路部分却没有此现象，这种作用与定子磁路不对称等价，产生轴向以基频为主的交变磁通。如果定子绕组引出线位于发电电动机长度方向的两侧，则不对称的外部短路也可能产生轴电压。

（3）励磁回路接地或转子绕组匝间短路也会产生很强的轴向不平衡磁通。当轴电压达到一定值时，通过轴承及其底座等形成闭合回路产生电流，这个电流称为轴电流。正常情况下，转轴与轴承间有润滑油膜的存在，起到绝缘的作用。对于较低的轴电压，这层润滑油膜仍能保护其绝缘性能，不会产生轴电流。但当轴承底座绝缘垫因油污、损坏或老化等原因失去绝缘性能，且当轴电压达到一定数值时，轴电压足以损坏轴与轴承间的油膜而发生放电；轴电流将从转轴、油膜、轴承座及基础等外部回路通过，由于该闭合回路阻抗极小，故电流密度很大，特别当轴与轴瓦形成金属性接触的瞬间，轴电流可达上千安，将严重灼伤轴瓦；当润滑油中掺入熔化的金属微粒后，油膜阻值降低，加速电火花进一步侵蚀扩展。同时，轴电流的电解作用使润滑油炭化，熔化的金属微粒掺入润滑系统使润滑剂受到污染，二者均会造成油的润滑性能变差，使轴承温度升高。

1. 轴电流或轴承绝缘保护方案一

轴电流变送器与发电电动机保护装置配合实现保护功能，通过输入变送器的发电电动机上端轴和上导轴领之间的绝缘层电阻状态的变化，间接地反映轴电流的大小及其对轴承和轴瓦的损伤程度。当变送器的输入电阻值低于整定值，且持续时间大于延时设定值时，则表明绝缘层的绝缘性能已经下降至一定程度，输出触点就会动作并送至保护装置，通过其重动功能跳闸或发出报警信号。图 3-55 为某水电厂轴电流保护系统示意图，其中 A 套轴电流检测装置接入的是轴承支架和轴领碳刷的引线（监视外绝缘层），而 B 套轴电流检测装置接入的是轴承支架和大轴接地碳刷的引线（监视内绝缘层），无论是哪套轴电流检测到轴承绝缘下降，均会输出触点至保护装置，经其重动功能跳闸或发出报警信号。

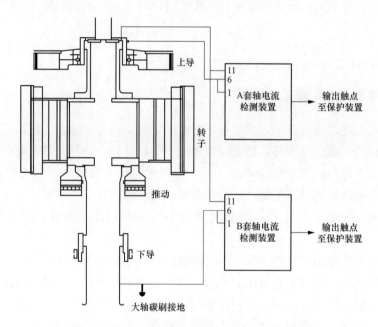

图 3-55 轴电流或轴承绝缘保护实现方案示例一

2. 轴电流或轴承绝缘保护方案二

在机组转子上方的各个轴承支架、油盒支架与大地之间有绝缘，它在正常时是为了防止转子上的谐波分量感应到转轴上后，通过轴承支架与地形成回路，损坏轴承瓦面。为了监视这一绝缘的好坏，可通过直接检测轴电流来构成轴电流保护，实现方案示例如图 3-56 所示。

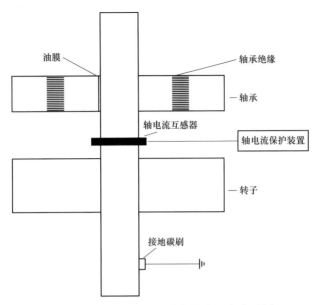

图 3-56 轴电流或轴承绝缘保护实现方案示例二

轴电流互感器套装在转子大轴上,为方便安装,一般采用两片式(或四片式)拼接结构。转子中的谐波分量形成电源,在正常情况下,电流形不成回路,保护了瓦面及轴。当轴承绝缘损坏后,电流会经碳刷、大轴、轴承、绝缘及支架后通过地形成回路,出现轴电流,由轴电流互感器检测后送至保护装置构成保护。

轴电流保护,一般采用反映基波分量的保护判据,但是,一些机组受到基波漏磁通的影响,正常运行时就有很大的轴电流基波分量,导致基波分量判据无法应用时,可考虑应用三次谐波分量构成判据。但是,需确认轴电压中确有三次谐波。

轴电流保护的定值应可靠躲过正常运行时的最大电流。

十一、电流不平衡保护

抽水蓄能机组解列停机时,为加快停机速度,常采用电气制动方式,将机组的剩余动能转变为热能而实现制动停机的。其实现方法为:设置电气制动开关使发电电动机定子绕组三相短路,并对励磁绕组通以适当的励磁电流以产生制动力矩实现快速制动。

为防止发电电动机电气制动停机时定子绕组端头短接接触不良而烧坏触头,应设置电流不平衡保护,延时动作于灭磁。当端头接触不良时,三相电流不再平衡,利用最大与最小相电流的比值可构成电流不平衡保护功能。该保护仅在电气制动过程中投入,其动作判据为

$$\begin{cases} I_{\max} = \max(I_{\mathrm{a}}, I_{\mathrm{b}}, I_{\mathrm{c}}) \\ I_{\min} = \min(I_{\mathrm{a}}, I_{\mathrm{b}}, I_{\mathrm{c}}) \\ I_{\max} \geqslant I_{\mathrm{st}} \\ I_{\max} \geqslant K_{\mathrm{set}} I_{\min} \end{cases} \tag{3-106}$$

式中 I_{a}、I_{b}、I_{c}——发电电动机中性点三相电流;

I_{st}——保护启动定值;

K_{set}——电流不平衡倍数定值,一般取 2~4。

第四章

变 压 器 保 护

　　本章将讨论抽水蓄能电站主变压器和励磁变压器保护的相关内容，包含电气量保护和非电量保护。与常规电站的变压器保护相比，抽水蓄能电站变压器保护的原理和实现方法并未有太大差异。但是，为保持内容完整性，本书仍然针对电站内的各类变压器，从保护原理、实现方法和整定原则等方面进行说明，并突出了抽水蓄能电站的特殊之处。

🔡 第一节　主变压器保护配置

　　主变压器是连接抽水蓄能机组与电网的关键电气设备，它的故障将给供电可靠性和系统的正常运行带来严重的影响。因此，应针对主变压器运行过程中可能出现的故障及异常运行状态，配置相应的保护功能。主变压器的内部故障可以分为油箱内故障和油箱外故障两种。油箱内故障包括绕组的相间短路、接地短路、匝间短路以及铁芯烧损等，对主变压器来讲，这些故障都是十分危险的，因为油箱内故障时产生的电弧，将引起绝缘物质的剧烈气化，从而可能引起爆炸，因此，这些故障应尽快加以切除。油箱外故障主要是套管和引出线上发生的相间短路和接地短路。

　　主变压器的不正常运行状态主要有：由于主变压器外部相间短路引起的过电流和外部接地短路引起的过电流和中性点过电压；由于负荷超过额定容量引起的过负荷及由于漏油等原因引起的油面降低等。

　　根据上述故障类型和不正常运行状态，对主变压器应装设下列保护：①纵联差动保护；②零序差动保护；③相间短路后备保护；④接地故障后备保护；⑤过励磁保护；⑥过负荷保护；⑦非电量保护。

🔡 第二节　主变压器纵联差动保护

（一）构成主变压器纵联差动保护的基本原则

　　纵联差动保护是主变压器内部故障的主保护，主要反映主变压器绕组内部、套管和引出线的相间和接地短路故障，以及绕组的匝间短路故障。以双绕组主变压器为例，其原理接线如图 4-1 所示。图中，$\dot{i}_{\mathrm{Ia}}$、$\dot{i}_{\mathrm{Ib}}$、$\dot{i}_{\mathrm{Ic}}$ 分别为主变压器高压侧三相一次电流，$\dot{i}_{\mathrm{IIa}}$、$\dot{i}_{\mathrm{IIb}}$、$\dot{i}_{\mathrm{IIc}}$ 分别为主变压器低压侧三相二次电流。

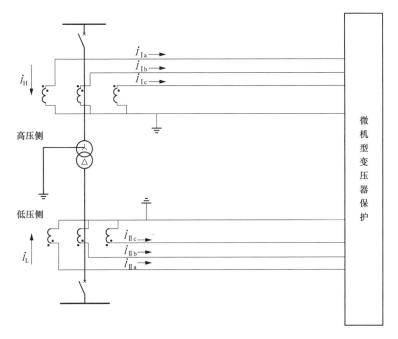

图 4-1 主变压器纵联差动保护的原理接线

（二）相位补偿计算差动电流

三相变压器的接线组别不同时，其两侧的电流相位关系也就不同。以常用的 Yd11 接线的主变压器为例，高、低压侧电流之间存在 30°的相位差，在这种情况下，即使主变压器两侧电流互感器二次电流的大小相等，也会在差动回路中产生不平衡电流。为了消除这种不平衡电流的影响，就必须消除纵联差动保护中两侧电流的相位差，通常是在微机保护装置中由软件对主变压器各侧电流进行相位补偿及电流数值补偿。

在主变压器的星形侧，$\dot{I}_{AY}$、$\dot{I}_{BY}$、$\dot{I}_{CY}$ 和 $\dot{I}_{aY}$、$\dot{I}_{bY}$、$\dot{I}_{cY}$ 分别表示主变压器星形侧三相的一次电流和对应的电流互感器二次电流。对二次电流做如下转换

$$\begin{cases} \dot{I}_{ar} = \dot{I}_{aY} - \dot{I}_{bY} \\ \dot{I}_{br} = \dot{I}_{bY} - \dot{I}_{cY} \\ \dot{I}_{cr} = \dot{I}_{cY} - \dot{I}_{aY} \end{cases} \tag{4-1}$$

转换后的电流相位分别超前 $\dot{I}_{aY}$、$\dot{I}_{bY}$ 和 $\dot{I}_{cY}$ 30°，如图 4-2 所示。

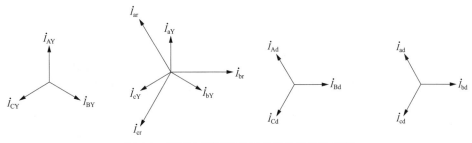

图 4-2 两侧电流相量的相角转换补偿示意图

99

在主变压器的三角形侧，三相的一次电流分别为 $\dot{I}_{Ad}$、$\dot{I}_{Bd}$ 和 $\dot{I}_{Cd}$，其相位分别超前主变压器星形侧一次电流 $\dot{I}_{AY}$、$\dot{I}_{BY}$ 和 $\dot{I}_{CY}$ $30°$，电流互感器二次电流 $\dot{I}_{ad}$、$\dot{I}_{bd}$ 和 $\dot{I}_{cd}$ 相位也分别超前主变压器星形侧二次电流 $\dot{I}_{aY}$、$\dot{I}_{bY}$ 和 $\dot{I}_{cY}$ $30°$。进而可以知道，主变压器三角形侧的电流互感器二次电流 $\dot{I}_{ad}$、$\dot{I}_{bd}$ 和 $\dot{I}_{cd}$ 与经过上述主变压器星形侧变换后的 $\dot{I}_{ar}$、$\dot{I}_{br}$ 和 $\dot{I}_{cr}$ 同相位，不同侧电流的相位差得到了补偿。

采用相位补偿处理后，主变压器星形侧变换后电流 $\dot{I}_{ar}$、$\dot{I}_{br}$ 和 $\dot{I}_{cr}$ 的幅值扩大了 $\sqrt{3}$ 倍，需进行电流幅值校正，将电流变换公式调整为

$$\begin{cases} \dot{I}_{ar} = \dfrac{\dot{I}_{aY} - \dot{I}_{bY}}{\sqrt{3}} \\[3mm] \dot{I}_{br} = \dfrac{\dot{I}_{bY} - \dot{I}_{cY}}{\sqrt{3}} \\[3mm] \dot{I}_{cr} = \dfrac{\dot{I}_{cY} - \dot{I}_{aY}}{\sqrt{3}} \end{cases} \tag{4-2}$$

经保护装置相位变换后的主变压器星形侧电流 $\dot{I}_{ar}$、$\dot{I}_{br}$、$\dot{I}_{cr}$ 就与三角形侧的电流 $\dot{I}_{ad}$、$\dot{I}_{bd}$、$\dot{I}_{cd}$ 同相位，且保证变换前后幅值不变，可用于构成差动保护。

（三）比率制动式纵联差动保护

1. 基本原理

主变压器的比率制动式纵联差动保护，其动作特性方程及动作特性曲线与发电电动机差动保护相同，但主变压器的差动电流和制动电流选取与发电电动机差动保护不同，见式（4-3）。

$$\begin{cases} I_{res} = \dfrac{\sum\limits_{i=1}^{m} |I_i|}{2} \\[4mm] I_d = \left| \sum\limits_{i=1}^{m} \dot{I}_i \right| \end{cases} \tag{4-3}$$

式中　I_d——差动电流；

　　　I_{res}——制动电流；

　　　$\dot{I}_i$——构成主变压器差动保护的不同侧电流相量（标幺值）。

I_i 可能包括主变压器高压侧电流、主变压器低压侧电流、SFC输入变压器高压侧电流和高压厂用变压器高压侧电流等。

2. 定值整定

比率制动特性中的参数 $I_{op,min}$、I_t、S 可根据实际进行整定，其整定方法如下：

（1）确定主变压器二次额定电流。二次额定电流可选择以高压侧或者低压侧为基准进行计算，一般采用低压侧为基准进行计算。主变压器的一次额定电流 I_{TN1}、二次额定电流 I_{TN2} 的表示式为

$$\begin{cases} I_{TN1} = \dfrac{S_N}{\sqrt{3}U_N} \\ I_{TN2} = \dfrac{I_{TN1}}{n_a} \end{cases} \tag{4-4}$$

式中　S_N——主变压器的额定容量，MVA；

$\quad\quad U_N$——主变压器低压侧额定相间电压，kV；

$\quad\quad n_a$——主变压器低压侧电流互感器变比。

（2）确定最小动作电流 $I_{op,min}$。按躲过主变压器正常运行时的最大不平衡电流整定，即

$$I_{op,min} = K_{rel}(K_{er} + \Delta U + \Delta m)I_{TN2} \tag{4-5}$$

式中　K_{rel}——可靠系数，取 $1.3 \sim 1.5$；

$\quad\quad K_{er}$——电流互感器的比误差，10P 型取 0.03×2，5P 型和 TP 型取 0.01×2；

$\quad\quad \Delta U$——主变压器调压引起的误差，取调压范围中偏离额定值的最大值（百分值）；

$\quad\quad \Delta m$——由于电流互感器的变比未完全匹配产生的误差，初设时取 0.05；

$\quad\quad I_{TN2}$——主变压器二次额定电流。

在工程上，一般可取 $I_{op,min} = (0.3 \sim 0.6)I_{TN2}$。对于正常工作时回路不平衡电流较大的情况，应查明原因。

（3）确定拐点电流 I_t。拐点电流一般可取

$$I_t = (0.4 \sim 1.0)I_{TN2} \tag{4-6}$$

（4）确定制动特性斜率 S。纵联差动保护的动作电流应大于外部短路时流过差动回路的不平衡电流。主变压器种类不同，不平衡电流计算也有较大差别，下面给出普通双绕组和三绕组主变压器差动保护回路最大不平衡电流 $I_{unb,max}$ 的计算公式。

双绕组主变压器

$$I_{unb,max} = (K_{ap}K_{cc}K_{er} + \Delta U + \Delta m)I_{k,max}/n_a \tag{4-7}$$

式中　K_{cc}——电流互感器的同型系数，取 1.0；

$\quad\quad I_{k,max}$——外部短路时，最大穿越短路电流周期分量；

$\quad\quad K_{ap}$——非周期分量系数，两侧同为 TP 级电流互感器取 1.0，两侧同为 P 级电流互感器取 $1.5 \sim 2.0$。

式中　K_{er}、ΔU、Δm、n_a 的含义与前相同，但 $K_{er} = 0.1$。

三绕组主变压器（以低压侧外部短路为例说明）

$$I_{unb,max} = K_{ap}K_{cc}K_{er}I_{k,max}/n_a + \Delta U_h I_{k,h,max}/n_{a,h} + \Delta U_m I_{k,m,max}/n_{a,m}$$
$$+ \Delta m_{I} I_{k,I,max}/n_{a,h} + \Delta m_{II} I_{k,II,max}/n_{a,m} \tag{4-8}$$

式中　ΔU_h，ΔU_m——主变压器高、中压侧调压引起的相对误差（对 U_N 而言），取调压范围中偏离额定值的最大值；

$\quad\quad I_{k,max}$——低压侧外部短路时，流过靠近故障侧电流互感器的最大短路电流周期分量；

$I_{k,h,max}$，$I_{k,m,max}$——所计算的外部短路时，流过高、中压侧电流互感器电流的周期分量；

$I_{k,\mathrm{I},max}$，$I_{k,\mathrm{II},max}$——在所计算的外部短路时，相应地流过非靠近故障点两侧电流互感器电流的周期分量；

n_a，$n_{a,h}$，$n_{a,m}$——各侧电流互感器的变比；

Δm_I、Δm_II——由于电流互感器的变比未完全匹配而产生的误差。

式中 K_{ap}、K_{cc}、K_{er} 的含义与前相同。

差动保护的最大动作电流为

$$I_{op,max} = K_{rel} I_{unb,max} \tag{4-9}$$

最大制动系数为

$$K_{res,max} = \frac{I_{op,max}}{I_{res,max}} \tag{4-10}$$

最大制动电流 $I_{res,max}$ 的选取，在实际工程计算时根据差动保护制动原理的不同以及制动电流的选择方式不同而会有较大差别。制动电流的选择原则应使外部故障时制动电流较大，而内部故障时制动电流较小。如果需要接入的电流支路数超过微机保护允许的最大支路数，则可将几个无源侧电流合并后接入某个支路，但不应将几个有源侧电流合并后接入某个支路。

根据 $I_{op,min}$、$I_{res,0}$、$I_{res,max}$、$K_{res,max}$ 可计算出差动保护动作特性曲线中折线的斜率 S，当 $I_{res,max}=I_{k,max}$ 时有

$$S = \frac{I_{op,max} - I_{op,min}}{\dfrac{I_{k,max}}{n_a} - I_{res,0}} \tag{4-11}$$

（5）差动速断动作电流 I_i。差动速断保护的整定值应按躲过主变压器可能产生的最大励磁涌流或外部短路最大不平衡电流整定，容量越大，系统电抗越大，差动速断定值越小。其推荐值如下：

6.3MVA 及以下	$(7\sim12)I_{TN2}$；
6.3～31.5MVA	$(4.5\sim7.0)I_{TN2}$；
40～120MVA	$(3.0\sim6.0)I_{TN2}$；
120MVA 及以上	$(2.0\sim5.0)I_{TN2}$。

（四）工频变化量差动保护

主变压器内部轻微故障时，由于穿越性负荷电流的影响，稳态差动保护灵敏度较低。工频变化量差动保护只与发生短路后的故障分量（或称增量）有关，与短路前的穿越性负荷电流无关，可以提高主变压器内部轻微故障的检测灵敏度。

主变压器工频变化量差动保护的动作特性和动作方程与发电电动机相同，只是采用了主变压器各侧电流的工频变化量构成差动保护。

（五）励磁涌流对差动保护影响分析

1. 由主变压器励磁涌流所产生的不平衡电流

主变压器的励磁电流仅流经主变压器的某一侧，因此，通过电流互感器反映到差动

回路中不能保持平衡，在正常运行和外部故障的情况下，励磁电流较小，影响不是很大。但是当主变压器空载投入和外部故障切除后电压恢复时，由于电磁感应的影响，可能出现数值很大的励磁电流（又称为励磁涌流）。励磁涌流有时可能达到额定电流的 $6\sim8$ 倍，这就相当于主变压器内部故障时的短路电流。

所谓励磁涌流，就是主变压器空载合闸时的暂态励磁电流。稳态工作时，主变压器铁芯中的磁通滞后于外加电压 $90°$，如图 4-3（a）所示。如果空载合闸时正好在电压瞬时值 $u=0$ 的瞬间接通电路，该电压就会对应产生相应的磁通 $-\Phi_{max}$。由于铁芯磁通在合闸前后是不能突变的，所以合闸时刻必将另外出现一个 $+\Phi_{max}$ 的磁通分量，以维持总磁通为零。该磁通分量按指数规律自由衰减，称为非周期性磁通分量。若该非周期性磁通分量衰减较慢，则在最严重的情况下，经过半个周期后，它与稳态磁通相叠加的结果，将使铁芯中的总磁通达到 $2\Phi_{max}$ 的数值，如果铁芯中还有方向相同的剩余磁通 Φ_{res}，则总磁通将为 $2\Phi_{max}+\Phi_{res}$，如图 4-3（b）所示。图 4-3（b）中与 Φ_{max} 对应的为主变压器额定励磁电流的最大值 $I_{\mu,N}$，与 $2\Phi_{max}+\Phi_{res}$ 对应的则为励磁涌流的最大值 $I_{\mu,max}$。此时铁芯将高度饱和，使励磁电流剧烈增加，从而形成励磁涌流，如图 4-3（c）所示。随着铁芯中非周期性磁通分量的不断衰减，励磁电流也逐渐衰减至稳态值，如图 4-3（d）所示。

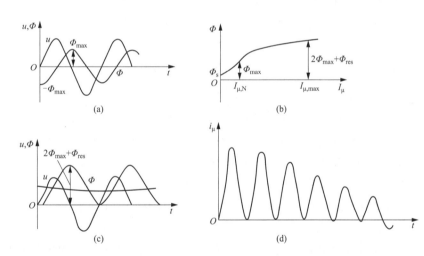

图 4-3 主变压器励磁涌流的产生及变化曲线

（a）稳态时磁通与电压的关系；（b）主变压器铁芯的磁化曲线；

（c）在 $u=0$ 的瞬间空载合闸时磁通与电压的关系；（d）励磁涌流波形

以上分析是在电压瞬时值 $u=0$ 时刻合闸的情况。当主变压器在电压瞬时值为最大的瞬间合闸时，因对应的稳态磁通等于零，故不会出现励磁涌流，合闸后主变压器将立即进入稳态工作。但是，对于三相主变压器，因三相电压相位差为 $120°$，故空载合闸时出现励磁涌流是无法避免的。根据以上分析可以看出，励磁涌流的大小与合闸瞬间电压的相位、主变压器容量的大小、铁芯中剩磁的大小和方向以及铁芯的特性等因素有关。而励磁涌流的衰减速度则随铁芯的饱和深度及导磁性能的不同而变化。主变压器励磁涌流的波形具有以下几个明显的特点：

（1）含有很大成分的非周期分量，使曲线偏向时间轴的一侧。

（2）含有大量的高次谐波，其中二次谐波所占比重最大。

（3）涌流的波形出现间断，间断部分对应相量角度称为间断角。

为正确识别主变压器励磁涌流，防止主变压器空载合闸或外部故障切除时差动保护误动作，必须在差动保护中加入励磁涌流闭锁判据，通常采取的措施有二次谐波制动和波形对称识别。

2. 二次谐波制动

二次谐波制动原理通常采用二次谐波的含量比作为鉴别励磁涌流和故障波形的依据，即计算各相差动电流的二次谐波与基波的比值。长期以来，二次谐波制动原理以其原理简单、实现方便而得到广泛应用。

目前常用的有以下几种二次谐波闭锁方法：

（1）交叉闭锁：$\max(I_{da2}/I_{da1},\ I_{db2}/I_{db1},\ I_{dc2}/I_{dc1}) \geqslant K_{set}$，即利用三相中二次谐波与基波比的最大值来制动励磁涌流。其中 I_{da1}、I_{db1}、I_{dc1} 分别为三相差动电流基波分量，I_{da2}、I_{db2}、I_{dc2} 分别为三相差动电流的二次谐波分量。只要有一相差动电流的二次谐波含量超过整定门槛值，三相差动保护就均被闭锁。该方法对防止励磁涌流导致的误动十分有利，但对于空载合闸时伴有内部故障的情况，差动保护不能快速动作，影响故障切除。

（2）按相制动：利用每相差动电流的二次谐波与基波的比值来制动励磁涌流。当某相差动电流的二次谐波含量超过整定门槛值时，只闭锁该相差动保护，其他相差动保护不受影响。该方法对于空载合闸时伴有内部故障的情况，差动保护可以快速动作，对故障切除十分有利；但对防止励磁涌流导致的误动不是十分可靠。

（3）综合制动：$\max(I_{da2},\ I_{db2},\ I_{dc2})/\max(I_{da1},\ I_{db1},\ I_{dc1}) \geqslant K_{set}$，即利用三相差动电流二次谐波的最大值与基波的最大值之比来制动励磁涌流。该方法综合了交叉闭锁和按相制动的优点，既有利于防止励磁涌流导致的误动，对于空载合闸时伴有内部故障的情况，差动保护也可以快速动作。

3. 波形对称识别

波形对称识别原理利用三相差动电流波形的对称性作为鉴别励磁涌流和故障波形的依据。实质是将主变压器在空载合闸时产生的励磁涌流与故障电流的波形区分开来。波形对称识别原理制动和二次谐波制动一样，包括交叉闭锁、按相制动和综合制动等几种方法。

（六）电流互感器二次回路断线时差动保护分析

电流互感器二次回路发生断线故障时，如果差动保护不采取任何措施，当负荷电流大于差动保护的启动定值时，差动保护就会动作。对于电流互感器二次回路断线是否闭锁差动保护的问题，多年以前的行业主流看法是，坚持继电保护一贯的理念和原则，即一次设备出现故障时继电保护必须正确动作，而一次设备未出现故障或异常时不应动作，否则认为保护拒动或误动。因此电流互感器二次回路属于继电保护的构成部分，断线时应闭锁保护出口，以免造成不必要的突然停电和影响系统稳定，检查清楚后再作抢修或停电处理。

随着我国电力系统的发展和不断完善，现在的主流看法是电流互感器二次回路断线时不再闭锁差动保护，差动保护快速动作。首先，电力系统容量越来越大，单台机组的突然跳闸对于系统稳定运行几乎不会产生太大影响。其次，对机组来说，电流互感器二次回路一旦开路，可能就会产生过电压，引起部分绝缘薄弱处及开路点过热，进一步发展为威胁人身及设备的安全事故。因此，电流互感器二次回路断线后，让差动保护快速动作、及时停电，利大于弊。

（七）主变压器纵联差动保护与发电电动机纵联差动保护的比较

1. 被保护设备电气特性不同

发电电动机纵联差动保护两侧电流互感器安装于定子绕组首尾两端，正常运行或区外故障时，一次设备（定子绕组）中流过的电流相同。

主变压器具有两个或更多电压等级，不同侧绕组之间通过磁路联系，即使在正常运行时，主变压器各侧一次电流按变比折算后其差流也不为零，该差动电流为主变压器的励磁电流。

2. 差动保护反映的故障类型不同

发电电动机纵联差动保护仅能反映定子绕组及端部的相间短路故障。而主变压器纵联差动保护不仅能反映相间短路故障，由于主变压器不同侧磁场耦合感应的影响，主变压器纵联差动保护还能够反映高、低压侧绕组的匝间短路，以及高压侧（中性点直接接地系统）的单相接地短路。

3. 差动不平衡电流不同

发电电动机纵联差动保护在正常运行和区外故障时的不平衡电流主要由两侧电流互感器传变误差和特性差异引起，其差动启动电流一般整定为 $0.1\sim0.2$ 倍额定电流。而主变压器纵联差动保护的不平衡电流产生原因较多，例如不同侧不同型电流互感器的差异造成的不平衡电流、主变压器励磁回路电流天然包含于差动回路不平衡电流中、根据电力系统要求需要调节主变压器分接头引起的不平衡电流增大等，因此，主变压器纵联差动保护启动电流整定值要大得多，一般取 $0.3\sim0.6$ 倍额定电流。

（八）抽水蓄能电站主变压器差动保护的特殊之处

抽水蓄能电站的主变压器差动保护一般配置两套，如图 4-4 所示。主变压器小差保护差至主变压器低压侧电流互感器，不受换相操作影响，始终投入。主变压器大差保护差至发电电动机机端电流互感器，以反映发电电动机断路器以上（包括换相开关、拖动开关等设备）范围故障，因受低频启动过程不平衡电流的影响，国外厂家一般在机组并网前闭锁主变压器大差保护，并网后才投入。

主变压器大差保护在低频启动过程中直接闭锁，会存在一定的保护死区，即在抽水蓄能机组抽水方向启动时，不论是 SFC 启动还是背靠背启动，发电电动机都始终加励磁，而励磁电源是由接于主变压器低压侧的励磁变压器提供的，换相开关等设备在此过程中始终带电，若换相开关区域（k1 点）发生短路故障，由于此时主变压器大差保护被闭锁，该区域存在差动保护死区，仅靠后备保护延时动作，不能快速切除故障，可能造成重大损失。由于抽水蓄能机组启动频繁且启动过程较长，启动过程中的保护极为重要，不宜直接闭锁差动保护。

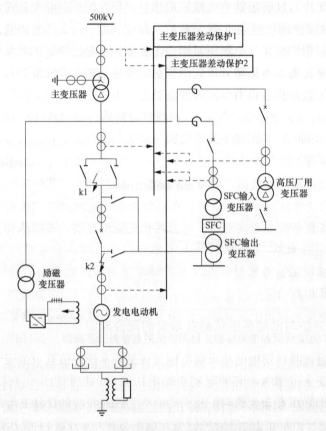

图 4-4　主变压器差动保护电流互感器配置

通过上述分析，主变压器大差保护逻辑可进行优化：该保护在机组并网前不需闭锁、始终投入，而在进行差动电流计算时不计入发电电动机机端电流，并网后再计入机端电流。该方案可消除机组并网前的主变压器差动保护死区，区外故障时也不会误动，提高了主变压器差动保护的可靠性。以图 4-4 为例，机组启动过程中，当换相开关部分（k1 点）发生故障时，主变压器小差保护由于是区外故障无法动作，主变压器大差保护属于区内故障可快速动作；当发电电动机部分（k2 点）发生故障时，机端电流互感器流过故障电流，由于并网前不计入机端电流，主变压器大差保护无差动电流出现，因此也不会误动作。

◆ 第三节　主变压器零序差动保护

主变压器纵联差动保护虽然能够反映接地侧的单相接地短路故障，但是可能存在灵敏度不足的问题。高压侧（星形侧）发生接地故障时，流过故障点的电流为零序电流，为提高灵敏度，应使得该接地电流全部包含在差动电流中。但是，由于低压侧（三角形侧）的零序电流主要在三角形绕组内部环流，无法差入差动保护，而且高压侧（星形侧）的电流在进行相位校正折算时零序电流也被抵消，使得差动电流相对变小，降低了纵联差动保护反映接地故障的灵敏度，故提出零序差动保护方案。

零序差动保护装设于主变压器接地侧，由该侧出口处三相电流通过计算得到的自产零序电流与中性点侧外接零序电流构成，如图 4-5 所示。

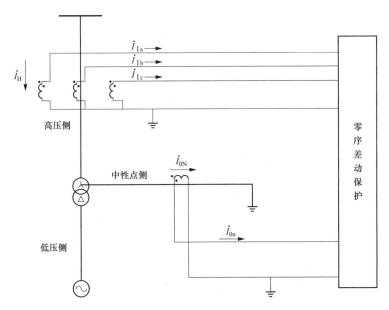

图 4-5 零序差动保护构成示意图

零序差动保护动作方程如下

$$\begin{cases} I_{0d} > I_{0cdst} \\ I_{0d} > K_{0b1} I_{0res} \\ I_{0res} = \max\{|\dot{I}_{01}|, |\dot{I}_{0n}|\} \\ I_{0d} = |\dot{I}_{01} - \dot{I}_{0n}| \end{cases} \tag{4-12}$$

式中 $\dot{I}_{01}$——高压侧自产零序电流；

$\dot{I}_{0n}$——高压侧中性点侧零序电流；

I_{0cdst}——零序启动定值；

I_{0d}——零序差动电流；

I_{0res}——零序差动制动电流；

K_{0b1}——零序差动保护的系数整定值。

当满足以上条件时，零序差动保护动作。其动作特性曲线如图 4-6 所示。

值得注意的是，应仔细核算选择主变压器中性点零序电流互感器的变比，以防

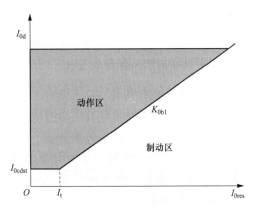

图 4-6 零序差动保护的动作特性曲线

I_t—比例制动特性的拐点对应的制动电流

止区外接地故障时该电流互感器快速严重饱和而影响零序差动保护的可靠性。另外由于正常情况下中性点零序电流互感器无电流，需要通过接地试验或空充等方法校核中性点零序电流互感器的极性，防止区外接地故障时零序差动保护误动。

✤ 第四节　主变压器相间故障后备保护

（一）基本原理

为了反映主变压器外部故障而引起的主变压器绕组过电流，以及在主变压器内部故障时作为差动保护和瓦斯保护的后备，主变压器应装设过电流保护或复合电压过电流保护等。复合电压过电流保护在保护动作时需要满足一定的电压条件，如相间电压低或者负序电压高等。

对于三绕组主变压器，相间故障后备保护为了满足选择性要求，在高压侧或中压侧可设置过电流方向元件。常见的方向元件仍选 0°接线，且电压用正序电压，当电流极性指向主变压器，方向元件也指向主变压器时，方向元件的灵敏角为 45°；当方向元件指向系统时，方向元件的灵敏角为 225°，如图 4-7 所示。

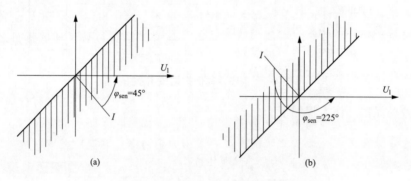

图 4-7　过电流方向元件动作特性

（a）方向元件指向主变压器；（b）方向元件指向系统

方向元件向量分析如图 4-8 所示。由图 4-8（a）可知，假定短路阻抗角 φ_k 为 78°，在 AB 相间故障时，I_{Ak} 落后 U_{A1} 48°，故 0°接线的 A 相元件能最灵敏地反映 AB 相间故障。由图 4-8（b）可知，当三相短路故障时，I_{Ak} 落后 U_{A1} 短路阻抗角，假设 $\varphi_k=78°$，则与最灵敏线差 30°。由图 4-8（c）可知，当 CA 相间故障时，假设 $\varphi_k=78°$，则与最灵敏线差 60°，但在 CA 相间故障时，C 相元件最灵敏。因而，在相间故障时，故障领前相的方向元件，可在最灵敏状态下动作；三相故障时，三个方向元件均可动作。

方向元件可通过控制字整定正方向或反方向。如果作为主变压器相邻元件的后备保护，则主变压器指向母线的方向为正方向；如果作为主变压器本身的后备保护，则母线指向主变压器的方向为正方向。

（二）倒送电过电流保护

抽水蓄能电站通常有主变压器带高压厂用变压器倒送电的运行方式，复压过电流保护延时需要与线路过电流保护配合，动作时间整定值较长，为提高过电流保护动作速度，可增设倒送电过电流保护功能，经短延时动作切除主变压器。

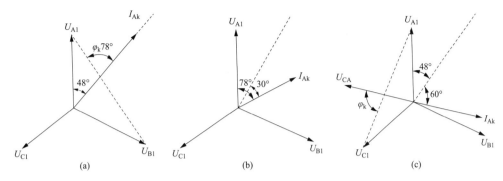

图 4-8　方向元件向量分析

(a) AB 相间故障；(b) 三相短路故障；(c) CA 相间故障

倒送电过电流保护，在判别主变压器高压侧过电流的基础上，增加机组是否并网的判断逻辑。当主变压器倒送电运行时，发电电动机未并网，此时倒送电过电流保护自动投入；当发电电动机并网后，倒送电过电流保护自动退出。倒送电过电流保护的逻辑框图如图 4-9 所示。

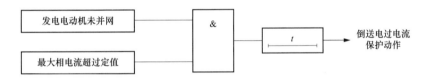

图 4-9　倒送电过电流保护的逻辑框图

(三) 过负荷保护

主变压器长时间运行于过负荷状态时，其绕组的温升超过允许值，导致主变压器绝缘降低、油温升高，因此需要增加过负荷保护。主变压器的过负荷保护一般只动作于报警，提示运行人员采取降负荷措施，也可用于闭锁有载调压、启动风冷等。

⧴ 第五节　主变压器接地故障后备保护

一、主变压器接地故障的危害

当电站内有两台及以上主变压器并列运行时，主变压器根据运行和安全需要，采用中性点直接接地、间隙接地或不接地运行方式，有时根据需要将主变压器由中性点不接地运行方式切换为中性点接地运行方式。当系统发生接地故障，中性点直接接地主变压器全部跳闸，而带电源的中性点不接地主变压器仍保留在故障电网中时，电网零序电压会升高到接近额定相电压，为了防止工频过电压对主变压器的危害，近年来有越来越多的中性点不接地主变压器装设了放电间隙。放电间隙装于主变压器中性点与地线之间，有球形、棒形、羊角形等多种形式。其放电电压一般整定较高，约等于主变压器额定相电压值。只有在电网零序电压升高到接近额定相电压，对主变压器绝缘有较大危害的情况下，放电间隙才放电，以降低对地电压，防止主变压器绝缘被破坏。但放电间隙不能长时间通电流，尚需要通过间隙零序电流保护，将主变压器从故障电网中切除。

主变压器零序保护适用于 110kV 及以上电压等级的主变压器。主变压器零序保护由主变压器零序电流、主变压器零序电压、主变压器间隙零序电流元件构成，根据主变压器中性点接地方式的不同，配置相应的保护。

二、中性点直接接地主变压器的接地保护

对于主变压器中性点直接接地侧的接地短路故障，若故障点在主变压器差动保护范围内，则可由差动保护动作切除故障；若差动保护拒动，则可由主变压器接地保护动作切除故障。如故障发生在主变压器差动保护范围外部，则可由母线保护或线路保护动作切除故障；如这些保护拒动，也可由主变压器的接地保护动作切除故障。所以，主变压器接地保护是变压器内部绕组故障以及引出线、母线和线路接地故障的后备保护。

零序电流取自主变压器中性点与地之间连线上的电流互感器。一般配置两段式零序电流保护，各段的整定配合原则如下：第Ⅰ段的动作电流按与相邻线路零序电流保护的第Ⅰ或第Ⅱ段配合整定，第Ⅱ段的动作电流按与相邻线路零序电流保护的后备段配合整定。

三、中性点可能接地或不接地运行主变压器的接地保护

对于中性点可能接地也可能不接地运行的主变压器，应配置两种接地保护。当主变压器接地运行时采用零序电流保护，通常为两段式零序电流保护。其整定原则同上。主变压器中性点有分级绝缘和全绝缘之分，前者在中性点不接地运行时，中性点经放电间隙接地；后者在中性点不接地运行时，中性点不安装放电间隙。当主变压器中性点不接地运行时，应投入间隙零序电流和零序电压保护。

1）中性点全绝缘的主变压器的零序电压保护。零序电压保护的动作电压应大于部分中性点接地系统中保护安装处可能出现的最大零序电压，同时应小于主变压器中性点电压为工频耐受电压时相对应的电压互感器开口三角绕组电压。

2）中性点为分级绝缘的主变压器，且中性点装有放电间隙。当该系统发生接地故障时，若间隙不击穿，则产生较高的零序电压；当间隙击穿后则出现间隙电流。所以，可采用零序电压和间隙电流按或逻辑构成接地保护。放电间隙零序电流保护采集通过放电间隙的电流，当中性点通过零序电流时，保护迅速动作，将主变压器跳开。因为正常情况下放电间隙回路无电流，所以允许保护有较低的零序电流动作值，根据经验一次值可取 100A。因为放电间隙在电网接地故障时不轻易放电，零序电压继电器持续动作意味着电网中确实出现了足以危害主变压器绝缘的工频过电压，因此保护动作时间允许较短，一般为 0.5s 左右。

中性点直接接地主变压器零序电流保护与主变压器放电间隙电流保护，前者动作电流较大，时间也较长，而后者反之。因此，如果只设一套继电器，兼作两种保护之用，就需要随着中性点接地方式的改变，随时改变保护定值，否则就可能由于保护定值不配

合而造成电网接地故障时主变压器越级跳闸。为了防止上述越级跳闸，采取装设两套独立保护，同时电流互感器也分别装设的设计方案比较合理。

四、低压侧零序电压保护

正常情况下，主变压器低压侧接地保护通过发电电动机定子接地保护功能来实现，由于发电电动机出口一般设有断路器，因此可能存在主变压器未连接发电电动机、只带高压厂用变压器倒送电的情况，此时可在主变压器低压侧配置一套零序过电压保护，作为倒送电情况下的接地保护。保护取主变压器低压侧开口三角绕组电压，动作定值一般整定为 10～15V，通常动作于报警，也可动作于跳闸。动作于跳闸时应具有防止电压互感器一次断线导致误动的闭锁措施。

第六节 主变压器过励磁保护

当作用在主变压器上的电压或频率发生变化时，将引起工作磁通密度的变化。当 U/f 比值增大时，工作磁密增大，很快接近饱和磁密，铁芯饱和后，励磁电流急剧增大，此时称为过励磁状态。

主变压器过励磁导致铁芯饱和后，会使铁芯损耗增加、铁芯温度上升；由于励磁电流的增加，导致漏磁场增强，使靠近铁芯的绕组导线、油箱壁以及其他金属结构件中产生涡流损耗，进而使这些部位发热，引起高温，严重时会造成局部变形和损伤周围的绝缘介质。对于某些大型主变压器，当工作磁密达到额定磁密的 1.3～1.4 倍时，励磁电流有效值可达到额定负荷电流的水平。由于励磁电流是非正弦波，含有许多高次谐波分量，而铁芯和其他金属构件的涡流损耗与频率的平方成正比，所以发热更加严重。因此，励磁电流增大会引起主变压器严重过热。

现代大型发电电动机、主变压器的额定工作磁密接近其饱和磁密，使得过励磁故障的后果更加严重。过励磁的危害不亚于过电流，均属于有危害性的不正常运行情况。对于抽水蓄能机组，发电电动机启停较频繁，主变压器常常单独并网运行，因此应配置独立的主变压器过励磁保护。主变压器过励磁保护的基本原理、过励磁倍数计算方式以及保护配置原则与发电电动机相似，具体可参考第三章第十一节的相关内容。

第七节 主变压器非电量保护

为提高设备运行可靠性，保证设备安全，大型电力变压器均设置了电量和非电量保护。变压器内部故障时如果这些保护能正确运作，及时切断电源，就可以将故障控制在允许的范围内，避免故障扩大，减少损失。变压器的任何形式差动保护都只是电量保护，任何情况下都不能代替反映变压器油箱内部故障的温度、油位、油流、气流等非电量的本体保护。因此在电量保护之外还需要增加能够直接反映变压器油箱内部故障的非电量保护，表 4-1 是根据所反映的物理量不同划分的几种非电量保护。

表 4-1 变压器非电量保护

保护名称		反映的物理量	对应的变压器故障
瓦斯保护	轻瓦斯保护	气体体积	内部放电、铁芯多点接地、内部过热、空气进入油箱等
	重瓦斯保护	流速、油面高度	严重的匝间短路、对地短路
压力释放阀		压力	内部压力升高、严重的匝间短路及对地短路
压力突变保护		压力	内部压力瞬时升高
温度控制器保护		温度	冷却系统失效、温度升高
油位异常		油位	油位过高、过低

（一）瓦斯保护原理及设置原则

在变压器油箱内常见的故障有绕组匝间或层间绝缘被破坏造成的短路，或高压绕组对地绝缘被破坏引起的单相接地。变压器油是良好的绝缘和冷却介质，故绝大多数电力变压器是油浸式的，在油箱内充满油，油面达到储油柜的中部。油箱内发生任何类型的故障或处于不正常工作状态都会引起箱内油的状态发生变化。发生相间短路或单相接地故障时，故障点由于短路电流造成的电弧温度很高，使附近的变压器油及其他绝缘材料受热分解产生大量气体，并从油箱流向储油柜上部。发生绕组的匝间或层间短路时，局部温度升高也会使油的体积膨胀，排出溶解在油内的空气，形成上升的气泡；箱壳出现严重渗漏时，油面会不断下降。

瓦斯保护的主要优点是：灵敏度高、动作迅速、简单经济。当变压器内部发生严重漏油或匝数很少的匝间短路时，往往纵联差动保护与其他保护不能反映，而瓦斯保护却能反映（这也正是纵联差动保护不能代替瓦斯保护的原因）。但是瓦斯保护只反映变压器油箱内的故障，不能反映油箱外套管与断路器间引出线上的故障，因此它不能作为变压器唯一的主保护。通常气体继电器需和纵联差动保护配合共同作为变压器的主保护。

瓦斯保护一般分为轻瓦斯保护和重瓦斯保护，两者反映的故障程度不同，各自动作行为也不一样。

1. 轻瓦斯保护

内部故障比较轻微或在故障的初期，油箱内的油被分解、汽化，产生少量气体积聚在气体继电器的顶部，当气体量超过整定值时，发出报警信号，提示维护人员检查，防止故障的发展。

轻瓦斯保护信号动作的原因如下：

（1）因滤油、加油或冷却系统不严密以致空气进入变压器。

（2）因温度下降或漏油致使油面低于气体继电器轻瓦斯浮筒以下。

（3）变压器故障产生少量气体。

（4）变压器发生穿越性短路故障。在穿越性故障电流作用下，油隙间的油流速度加快，当油隙内和变压器绕组外侧的压力差变大时，气体继电器就可能误动作。穿越性故障电流使变压器绕组发热，当故障电流倍数很大时，绕组温度上升很快，使油的体积膨胀，造成气体继电器误动作。

（5）气体继电器或二次回路故障。

以上所述因素均可能引起轻瓦斯保护信号动作。轻瓦斯保护信号动作时，立即对变压器进行检查，查明动作是否是因积聚空气、油面降低或二次回路故障造成的。如气体继电器内有气体，则应记录气体量，观察气体的颜色及试验是否可燃，并取气样及油样做色谱分析，可根据有关规程和导则判定变压器的故障性质。色谱分析是指用色谱仪对收集到的气体所含的氢气、氧气、一氧化碳、二氧化碳、甲烷、乙烷、乙烯、乙炔等气体进行定性和定量分析，根据所含组分名称和含量准确判定故障性质、发展趋势和严重程度。

若气体继电器内的气体无色、无臭且不可燃，色谱分析判定为空气，则变压器可继续运行，并及时消除进气缺陷。若气体继电器内的气体可燃且油中溶解气体色谱分析结果异常，则应综合判定确定变压器是否停运。

2. 重瓦斯保护

变压器重瓦斯保护动作跳闸的原因是变压器内部发生严重故障、回路有故障、近区穿越性短路故障。油箱内的油被分解、汽化，产生大量气体，油箱内压力急剧升高，气体及油迅速向储油柜流动，流速超过重瓦斯的整定值时，造成重瓦斯保护瞬间动作切除主变压器。

处理的原则是对变压器上层油温、外部特征、防爆喷油和各侧断路器跳闸情况等进行检查，发现变压器有异常和明显的故障时，则投入备用变压器或备用电源，退出故障变压器。

收集气体判别故障，如果确认没有问题后，则可考虑试送电。如果气体继电器内无气体，外部也无异常，则可能是气体继电器二次回路存在故障，但在未证实变压器良好以前，不得试送电。气体继电器的引出线和通往室内的二次电缆应经过接线箱。在箱内端子排的两侧，引线应接在下面，电缆应接在上面，以防电缆绝缘被油侵蚀；引线排列应使重瓦斯跳闸端子与正极隔开。处理假油位时，注意防止气体继电器误动。

（二）压力释放阀的保护原理及设置原则

1. 保护原理

作为变压器非电量保护的安全装置，压力释放阀是用来保护油浸电气设备的装置，即在变压器油箱内部发生故障时，油箱内的油被分解、气化，产生大量气体，油箱内压力急剧升高，此压力如不及时释放，将造成变压器油箱变形甚至爆裂。安装压力释放阀可使变压器在油箱内部发生故障、压力升高至压力释放阀的开启压力时，压力释放阀在2ms内迅速开启，使变压器油箱内的压力很快降低。当压力降到关闭压力值时，压力释放阀便可靠关闭，使变压器油箱内永远保持正压，有效地防止外部空气、水分及其他杂质进入油箱，且具有动作后无元件损坏、无须更换等优点，目前已被广泛应用。

2. 设置原则

DL/T 572《电力变压器运行规程》规定"压力释放阀触点宜作用于信号"。但当压力释放阀动作而变压器不跳闸时，可能会引发变压器的缺油运行而导致故障扩大。为此，可采用双浮子的气体继电器与之相配合来保护变压器：当压力释放阀动作导致油位过低时，气体继电器的下部浮子下沉导通，发出跳闸信号。

（三）压力突变保护原理及设置原则

当变压器内部发生故障，油箱内压力突然上升，上升速度超过一定数值，压力达到动作值时，压力开关动作，发出信号报警或切断电源使变压器退出运行。该保护比压力释放阀动作速度更快，但不释放内部压力。其动作触点应接入主变压器的报警或跳闸信号，动作值应根据变压器厂家提供的值进行整定和校验。

（四）温度控制器保护原理及设置原则

1. 保护原理

为保护变压器的安全运行，其冷却介质及绕组的温度要控制在规定的范围内，这就需要温度控制器来提供温度测量、冷却控制等功能。当温度超过允许范围时，提供报警或跳闸信号，确保设备的寿命。

大型电力变压器应配备油面温度控制器及绕组温度控制器，并有温度远传的功能，为能全面反映变压器的温度变化情况，一般还将油面温度控制器配置双重化，即在主变压器的两侧均设置油面温度控制器。

2. 设置原则

温度控制器的触点是否接入跳闸应考虑变压器的结构形式及变电站的值班方式，如由于壳式变压器结构的特殊性，当变电站为无人值班时，其油面温度控制器的跳闸触点应严格按厂家的规定接入跳闸。而对于冷却方式为强迫油循环风冷的变压器一般应接入跳闸，对于冷却方式为自然油浸风冷的变压器则可仅发信号。变压器温度高跳闸信号必须采用温度控制器的硬触点，不能使用远传到控制室的温度来启动跳闸。

（五）油位异常保护原理及设置原则

指针式油位表通过连杆将油面的上下线位移变成角位移信号使指针转动，间接显示油位。油位异常保护是反映油箱内油位异常的保护。运行时，因变压器漏油或其他原因使油位异常时保护动作，发出告警信号。

（六）冷却器全停保护

为提高传输能力，大型变压器均配置各种冷却系统。在运行中，若冷却系统全停，变压器的温度将升高。若不及时处理，可能导致变压器绕组绝缘损坏。冷却器全停保护在变压器运行中冷却器全停时动作。其动作后应立即发出告警信号，并经长延时切除变压器。

⁂ 第八节　励磁变压器保护

在抽水方向启动过程中，发电电动机处于低频运行状态，励磁变压器无法由机端取电，因此，抽水蓄能机组的励磁变压器与主变压器低压侧直接相连，由主变压器获取励磁电源。相应的，抽水蓄能机组的励磁变压器保护应与主变压器保护集成于同一装置。若按常规水电机组做法，将励磁保护与发电机保护集成在同一装置，则在发电电动机检修时，其二次保护装置因还需提供励磁保护功能而无法进行定检。

一、励磁变压器相间短路主保护

由于励磁变压器正常运行时负荷电流很小，即使不将励磁变压器电流引入主变压器差动保护电流回路，也不会使主变压器差动保护回路的不平衡电流有明显增大，更不会引起主变压器差动保护误动。考虑到在最小运行方式下，当励磁变压器低压侧发生三相短路故障时，由于励磁变压器阻抗相对较大，使得故障电流较小，主变压器差动保护动作灵敏度不高，因此，简单将励磁变压器故障纳入主变压器差动保护范围是行不通的，应对励磁变压器相间短路故障设置独立的快速保护。

对于仅励磁变压器高压侧安装电流互感器的场合，采用励磁变压器电流速断保护作为主保护；而对于高、低压侧均安装电流互感器的场合，既可以采用励磁变压器电流速断保护，也可以采用励磁变压器差动保护作为励磁变压器的主保护。相比于电流速断保护，励磁变压器差动保护动作速度更快，灵敏度更高，且从原理上即具有选择性。只要采用合适的滤波算法消除正常运行时谐波对保护的影响，通过合理整定差动保护定值，励磁变压器差动保护就可以获得更优性能。尤其是当励磁变压器低压侧发生短路故障时，短路电流比高压侧故障时要小得多，励磁变压器两侧电流互感器能够正确传变，差动保护具有更高的灵敏度。

由于励磁变压器容量远小于发电电动机容量，因此励磁变压器保护配置的电流互感器变比较小，当高压侧绕组或出口处发生相间短路时，励磁变压器高压侧电流互感器必然严重饱和，电流互感器严重饱和时，电流传变失真，二次电流偏小，不管是配置电流速断保护，还是配置励磁变压器差动保护，都应能够在内部故障电流互感器严重饱和时可靠动作，快速切除励磁变压器高压绕组出口附近的相间短路故障。

励磁变压器为机组励磁系统供电，电流中谐波成分较大。而且，抽水蓄能机组启动过程中励磁系统即投入运行，在开/停机过程中晶闸管导通角调节范围相比常规机组更大，所产生的谐波分量可能会对差动保护特性产生不利影响，励磁变压器差动保护应具有防止因谐波电流恶化动作特性的措施。

二、励磁变压器过电流保护

采用带时限过电流保护作为励磁变压器的后备保护，其动作定值一般按躲过发电电动机强励条件整定，延时无须与强励时间配合。

三、励磁绕组过负荷保护

（一）基本原理

励磁绕组过负荷保护与定子过负荷保护类似，一般设置定时限和反时限段，定时限段作用于发信，反时限段动作于解列灭磁。

励磁绕组过负荷保护的电流，可以取自励磁变压器电流，也可以取自发电电动机转子电流。励磁绕组过负荷反时限保护的动作特性应以实际机组转子绕组允许的过热条件整定。反时限保护由三部分组成：①下限启动；②反时限部分；③上限定时限部分。

上限定时限部分设最小动作时间定值。

当励磁回路电流超过反时限启动定值 I_{1szd} 时，反时限保护启动，开始累积，反时限保护热积累值大于热积累定值时保护发出跳闸信号。反时限保护能模拟励磁绕组过负荷的热积累过程及散热过程。反时限动作曲线如图 4-10 所示。

励磁绕组过负荷保护反时限动作方程为

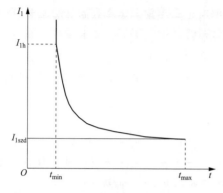

图 4-10　励磁绕组过负荷保护反时限
动作曲线示意图

t_{min}—反时限上限延时定值；t_{max}—反时限下限延时；
I_{1szd}—反时限启动定值；I_{1h}—上限电流值

$$\left[(I_1/I_{jzzd})^2-1\right]t \geqslant A \qquad (4-13)$$

式中　I_1——励磁回路电流，A；

I_{jzzd}——励磁回路反时限基准电流，A；

A——励磁绕组过热常数。

（二）定值整定计算及与励磁系统的配合

励磁绕组过负荷保护由定时限和反时限两部分组成。

（1）定时限过负荷保护。动作电流按正常运行的额定励磁电流下能可靠返回的条件整定。当保护配置在交流侧时，其动作时限及动作电流的整定计算与定子定时限过负荷保护相似。额定励磁电流 I_{fdN} 应变换至交流侧的有效值 I_{AC}，对于三相全桥整流方式，理想情况下，$I_{AC}=0.816I_{fdN}$。保护带时限动作于信号，有条件的动作于降低励磁电流或切换励磁。

（2）反时限过负荷保护。反时限过电流倍数与相应允许持续时间的关系曲线，由制造厂家提供的转子绕组允许的过热条件决定。反时限过负荷保护的动作特性按转子绕组允许的过热特性进行整定。反时限过负荷保护的下限动作延时对应的最小动作电流，按与定时限过负荷保护配合的条件整定。反时限过负荷保护动作特性的上限动作电流与强励顶值倍数匹配。如果强励倍数为 2 倍，则在 2 倍额定励磁电流下的持续时间达到允许的持续时间时，保护动作于跳闸。当小于强励顶值而大于过负荷允许的电流时，保护按反时限特性动作。保护动作于解列灭磁。

现代大型抽水蓄能机组的继电保护装置和励磁系统（automatic voltage regulator，AVR）中均装设励磁绕组过电流保护。机组保护装置配置励磁绕组过负荷保护，AVR 有过励磁限制和保护两种功能。两套保护动作特性相似，整定计算时应考虑相互间的配合，遵循过励磁限制先于过励磁保护、过励磁保护先于励磁绕组过负荷保护动作的原则，即：

（1）允许发热时间常数≥励磁绕组过负荷保护发热时间常数整定值＞AVR 过励磁保护发热时间常数整定值＞AVR 过励磁限制发热时间常数整定值。

（2）励磁绕组过负荷保护下限动作电流整定值＞AVR 过励保护下限动作电流整定值＝AVR 过励磁限制下限动作电流整定值。

励磁绕组过负荷保护与 AVR 过励磁保护及限制的整定配合如图 4-11 所示。

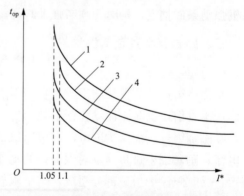

图 4-11　励磁绕组过负荷保护与 AVR 过励磁
保护及限制的整定配合

1—允许励磁过电流特性曲线；2—励磁绕组过负荷保护
动作特性曲线；3—AVR 过励磁保护动作特性曲线；
4—AVR 过励磁限制动作特性曲线

第五章

开关站电气设备及厂用电系统保护

本章内容介绍抽水蓄能电站开关站电气设备和厂用电系统的继电保护原理及配置。抽水蓄能电站电气主设备通常有三种布置形式，第一种布置形式是：地下升压站、引出电缆或管道母线、地面出线场；第二种布置形式是：地下主变压器及其高压侧 GIS、引出电缆或管道母线、地面开关站、出线场；第三种布置形式是：引出发电机离相封闭母线、地面主变压器及引出架空线或电缆、地面开关站、出线场。本章所说的开关站电气设备，主要是指自主变压器高压侧引出线开始至出线场为止的电站主接线部分所包含的电气设备，主要包括高压电缆、母线、输出线路、断路器等设备。抽水蓄能电站一般接近负荷中心，不作为枢纽电站，开关站常采用角形接线或桥型接线，并以最少的1～2回出线与系统枢纽变电站连接。这种主接线形式与常见的开关站有所区别，其保护配置也相应有所不同。抽水蓄能电站厂用电系统与常规水电站基本相同，为保持内容完整性，本书也对这部分内容进行介绍。

⊪ 第一节　开关站电气设备保护

一、主接线方式与保护配置

抽水蓄能电站电气主接线的基本接线形式，可分为有汇流母线和无汇流母线两大类。进出线数量较多时，采用汇流母线作为中间环节，便于电能的汇集和分配，也便于连接、安装和扩建，使接线简单清晰，运行操作方便。有汇流母线的接线形式有单母线、单母线分段、双母线、3/2 接线等。无汇流母线的接线，使用的断路器数量较少，结构简单。无汇流母线的接线形式有桥型接线、角形接线等。以下说明各种接线方式及其保护配置。

1. 桥型接线

一般采用内桥接线。线路故障时仅需要断开一台断路器，不影响主变压器的运行，当主变压器故障时则需要断开与其相邻的两台断路器。桥型接线清晰简单，使用的断路器和设备少，建设成本少。桥型接线示意如图 5-1 所示，开关站主要配置线路保护、断路器保护和高压电缆保护。

2. 角形接线

角形接线的断路器数等于回路数，且每条回路都与两台断路器相接，检修任一台断路器不致中断该回路供电，隔离开关只在检修时起隔离电源之用，不用作操作电器，从而具有较高的可靠性。角形接线示意如图 5-2 所示，开关站主要配置线路保护、短引线保护、断路器保护和高压电缆保护。

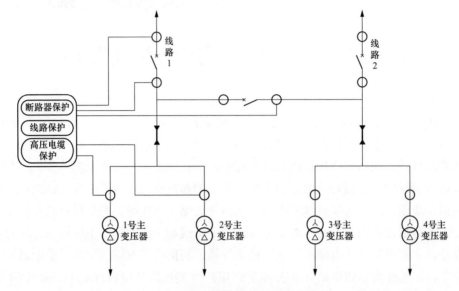

图 5-1　抽水蓄能电站桥型接线示意图

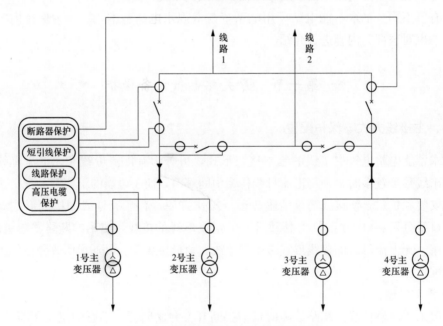

图 5-2　抽水蓄能电站角形接线示意图

3. 单母线接线

电站设置单条母线，起分配电能的作用，使进出线在母线上并列工作。单元机组和输出线路均通过断路器与母线相连，用于开断、闭合负荷电流和故障电流。单母线接线具有简单、清晰、设备少的优点，但当母线故障或检修或母线隔离开关检修时，整个系统全部停电；断路器检修期间也必须停止该回路的供电。单母线接线示意如图 5-3 所示，开关站主要配置母线保护、线路保护和高压电缆保护。

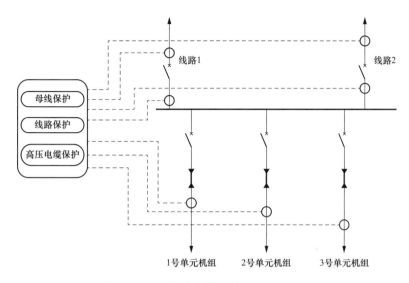

图 5-3 抽水蓄能电站单母线接线示意图

4. 单母线分段接线

母线分段的目的是减少母线故障或检修的停电范围（回路数）。当某一段母线发生故障时，由自动装置先断开分段断路器，保证正常母线段上用户供电不间断，提高了供电可靠性。单母线分段接线示意如图 5-4 所示，开关站主要配置母线保护、分段断路器保护、线路保护和高压电缆保护。

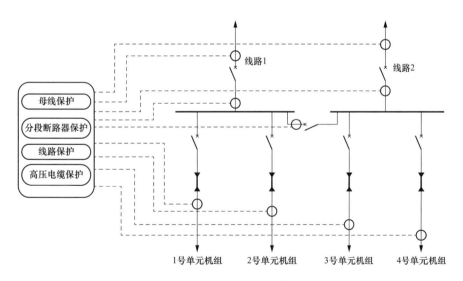

图 5-4 抽水蓄能电站单母线分段接线示意图

5. 双母线接线

双母线接线的特点是具有两组母线，当检修一组母线时，可使回路供电不中断；一组母线故障，部分进出线会暂时停电，与单母线分段不同的是，经母线隔离开关的切

换，线路供电可迅速恢复。双母线接线具有供电可靠、调度灵活、便于扩建的优点。双
母线接线示意如图 5-5 所示，开关站主要配置母线保护、母联断路器保护、线路保护和
高压电缆保护。

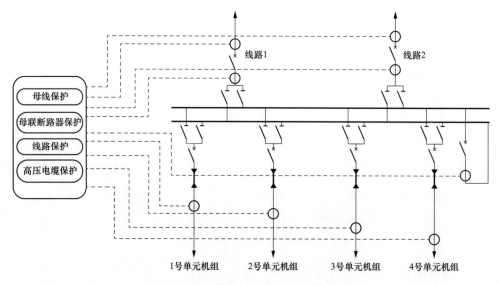

图 5-5　抽水蓄能电站双母线接线示意图

6. 3/2 接线

3/2 接线示意如图 5-6 所示，每串接有三台断路器、两条回路，每两台断路器之间
引出一回线，故称为 3/2 接线，又称为一台半断路器接线。这种接线具有较高的供电可
靠性及运行灵活性。母线故障时，只跳开与此母线相连的断路器，任何回路不停电。与
双母线接线相比，3/2 接线的可靠性又有了提高。其保护配置为母线保护、线路保护、
断路器保护、高压电缆保护、短引线保护。

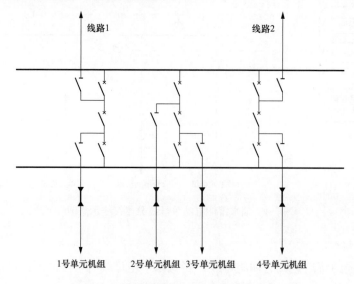

图 5-6　抽水蓄能电站 3/2 接线示意图

根据上述抽水蓄能电站主接线方式的介绍，开关站主要可装设以下五类保护：①母线保护；②线路保护；③断路器保护；④短引线保护；⑤高压电缆保护。

二、母线保护

对于单母线接线或双母线接线方式，母线为电能供应的枢纽，母线故障时电压降低影响全系统的供电质量和系统稳定运行，必须快速切除。否则，系统电压长时间降低，不能保证安全连续供电，甚至造成系统稳定的破坏。母线短路时的短路电流也非常大，延时切除将造成母线结构和设备的严重损坏，检修设备和停电倒母线造成的损失非常大。针对单母线接线、单母线分段接线或双母线接线形式，应配置专门的母线保护。

1. 母线差动保护

母线差动保护由分相式比率差动元件构成，单母线接线的母线差动保护仅需针对本母线设置一套差动保护即可，接入所有的机组或线路支路电流。而对于单母线分段接线或双母线接线方式，差动回路包括母线大差回路和各段/条母线小差回路。母线大差是指除母联/分段断路器外所有支路电流所构成的差动回路。某段母线的小差是指该段母线上所连接的所有支路（包括母联和分段断路器）电流所构成的差动回路，作为选择跳闸元件，只反应本母线的内部故障。母线大差比率差动用于判别母线区内和区外故障，小差比率差动用于故障母线的选择。

（1）常规比率差动元件。动作判据为

$$\left| \sum_{j=1}^{m} I_j \right| > I_{cdst} \tag{5-1}$$

$$\left| \sum_{j=1}^{m} I_j \right| > K \sum_{j=1}^{m} |I_j| \tag{5-2}$$

式中　K——比率制动系数；

　　　I_j——第 j 个连接元件的电流；

　　　I_{cdst}——差动电流启动定值。

其动作特性曲线如图 5-7 所示。

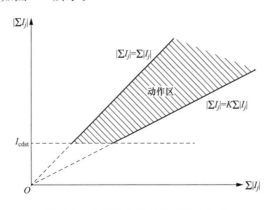

图 5-7　比率差动元件动作特性曲线

区内故障时，各元件实际短路电流都由线路流向母线，此时差动电流很大，差流元件动作，如图 5-8 所示。

区外故障时，如线路 3 上发生故障，此时线路 1、2、4 的短路电流流向母线，为正值，线路 3 的电流流出母线，为负值。把母线看成电路上的一个节点，则各元件电流相量和为 0，所以差动电流为 0，差动保护不动作，如图 5-9 所示。

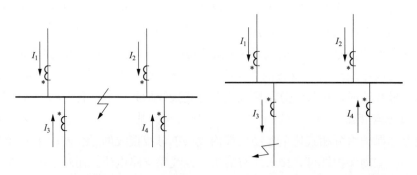

图 5-8　母线区内故障示意图　　　图 5-9　母线区外故障示意图

（2）工频变化量比例差动元件。为提高保护抗过渡电阻能力，减少保护性能受故障前系统功角关系的影响，本保护除采用由差流构成的常规比率差动元件外，还采用工频变化量电流构成工频变化量比率差动元件，与常规比率差动元件配合构成快速差动保护。其动作判据为

$$\left| \Delta \sum_{j=1}^{m} I_j \right| > \Delta DI_{\mathrm{T}} + DI_{\mathrm{cdst}} \tag{5-3}$$

$$\left| \Delta \sum_{j=1}^{m} I_j \right| > K' \sum_{j=1}^{m} \left| \Delta I_j \right| \tag{5-4}$$

式中　ΔI_j——第 j 个连接元件的工频变化量电流，A；

ΔDI_{T}——差动电流启动浮动门槛，A；

DI_{cdst}——差动电流启动固定门槛，A。

（3）电压闭锁元件。以电流判据为主的差动元件，可以用复合电压闭锁元件来配合，以提高保护整体的可靠性。在动作于故障母线跳闸时必须经相应的母线电压闭锁元件开放，复合电压闭锁元件的动作表达式为

$$\begin{cases} U_{\varphi} \leqslant U_{\mathrm{set}} \\ 3U_0 \geqslant U_{\mathrm{0set}} \\ U_2 \geqslant U_{\mathrm{2set}} \end{cases} \tag{5-5}$$

式中　　　　U_{φ}——相电压，V；

$3U_0$——三倍零序电压（自产），V；

U_2——负序电压，V；

U_{set}、U_{0set}、U_{2set}——相电压、零序电压和负序电压的闭锁定值，V。

以上三个判据任一个动作时，电压闭锁元件开放。

2. 母联保护

对于单母线分段接线或双母线接线方式，应针对母联或分段断路器装设充电保护、过

电流保护和失灵保护功能，双母线接线方式的母联断路器还需配置母联死区保护功能。

（1）母联（分段）断路器充电保护。当任一组母线检修后再投入之前，利用母联（分段）断路器对该母线进行充电试验时可投入母联（分段）断路器充电保护，当被试验母线存在故障时，利用充电保护切除故障。对母线充电时，母线差动保护一般退出运行，原因是新投运或大修后的线路或母线，本身存在一定的电容和对地电容，在合上母联断路器或一侧断路器后，会产生冲击电流，若此时投入母线差动保护，则合上的断路器中有电流流入母线，而本该流出电流的断路器却因分闸而无电流，可能造成差动保护误动，致使充电失败，因此在充电过程中，充电保护是作为母线的主保护而存在的。而且，充电保护的定值较小、时限较低，一方面是因为冲击电流本身并不大，另一方面是为了更加灵敏地保护被充电母线，一旦有绝缘不良等方面的故障，能够快速断开电源，保护设备。

当母联（分段）断路器由分到合，且母联（分段）电流互感器由无电流变为有电流或两母线变为均有电压状态时，则短时间内开放充电保护。在充电保护开放期间，若母联（分段）断路器电流大于充电保护整定电流，则经整定延时将母联断路器跳开。

（2）母联（分段）断路器过电流保护。当母联（分段）断路器电流任一相大于过电流整定值，或零序电流大于零序过电流整定值时，经整定延时跳母联（分段）断路器。

（3）母联（分段）断路器失灵保护。当保护向母联（分段）断路器发跳令后，若经整定延时后母联（分段）断路器电流仍然大于失灵电流定值时，失灵保护经各母线电压闭锁分别跳相应的母线。通常情况下，母差保护和母联（分段）断路器充电保护均可以启动母联失灵保护。

（4）母联死区保护。若母联断路器和母联电流互感器之间发生故障，则断路器侧母线跳开后故障仍然存在，正好处于电流互感器侧母线小差的死区，为提高保护动作速度，专设了母联死区保护。母联死区保护在差动保护发母联跳令后，母联断路器已跳开而母联电流互感器仍有电流，且母线大差比率差动元件不返回的情况下，经死区动作延时将母联电流退出小差。

三、线路保护

输电线路是传送电能、联系系统和用户的重要元件，在电力系统各部分设备中，其运行环境较为恶劣，发生事故的概率比其他设备更高，经常发生瞬时性故障。输电线路覆盖区域广阔、运行情况复杂，当遭受雷击或遇暴雨等恶劣天气时，可能造成线路故障。除雷击等自然原因外，外力破坏也严重威胁着输电线路的安全运行。例如，违章施工作业、违章建筑、超高树木等。另外，人为因素也是导致输电线路故障的重要原因，工作人员手动操作控制电网部分线路时，可能会发生因为误判而导致的错误操作，从而引起线路跳闸。

1. 纵联保护

输电线的纵联保护，就是用某种通信通道（简称通道）将输电线两端或各端（对于多端线路）的保护装置纵向连接起来，将各端的电气量（电流、功率的方向等）传送到对端，将各端的电气量进行比较，以判断故障是在本线路范围内还是在线路范围之外，从而决定是否切断被保护线路。因此，理论上这种纵联保护具有绝对的选择性。输电线的纵联保护随着所采用的通道、信号功能及其传输方式的不同，装置的原理、结构、性能和适用范围等方面都有很大的差别。因此纵联保护有很多不同的类型。目前，最常见的纵联保护是线路纵联差动保护。

输出线路的纵联差动保护是反映输出线路各对外端口流入的电流之和的一种保护，具有最佳的保护选择性。纵联差动保护反映开关站出线的相间短路故障和接地故障，在出线的本侧和对侧分别装设相电流纵联差动保护和零序电流纵联差动保护作为开关站出线的主保护，保护瞬时动作于断开出线侧断路器。

（1）变化量相差动继电器。电力系统发生短路故障时，其短路电流可分解为故障前负荷状态的电流分量和故障分量，反映变化量相差动继电器只考虑故障分量，不受负荷状态的影响，可提高差动保护的灵敏度。

动作方程：

$$\begin{cases} \Delta I_{cd\Phi} > 0.75\Delta I_{res\Phi} & \Phi = A, B, C \\ \Delta I_{cd\Phi} > I_H \\ \Delta I_{cd\Phi} = |\Delta \dot{I}_{M\Phi} + \Delta \dot{I}_{N\Phi}| \\ \Delta I_{res\Phi} = \Delta I_{M\Phi} + \Delta I_{N\Phi} \end{cases} \tag{5-6}$$

式中　$\Delta I_{cd\Phi}$——工频变化量差动电流，即两侧电流变化量矢量和的幅值；

$\Delta I_{res\Phi}$——工频变化量制动电流，即两侧电流变化量的标量和；

$\Delta \dot{I}_{M\Phi}$、$\Delta \dot{I}_{N\Phi}$——线路两侧（M侧、N侧）电流变化量；

I_H——当电容电流补偿投入时，I_H为"1.5倍差动电流定值"和1.5倍实测电容电流的大值，当电容电流补偿不投入时，I_H为"1.5倍差动电流定值"和4倍实测电容电流的大值。实测电容电流由正常运行时未经补偿的差流获得。

（2）稳态相差动继电器。稳态相差动保护是以非穿越性电流作为动作量、以穿越性电流作为制动量，来区分被保护设备的正常状态、区内故障和区外故障的，区别如下：

1）正常运行时，穿越性电流即为负荷电流，非穿越性电流理论上为零。

2）区内故障时，非穿越性电流剧增。

3）区外故障时，穿越性电流剧增。

在上述三个状态中，保护能灵敏反映内部故障状态而动作出口，从而达到保护设备的目的，而在正常运行和区外故障时可靠不动作。

动作方程：

$$\begin{cases} I_{cd\Phi} > 0.6 I_{res\Phi} & \Phi = A, B, C \\ I_{cd\Phi} > I_H \\ I_{cd\Phi} = |\dot{I}_{M\Phi} + \dot{I}_{N\Phi}| \\ I_{res\Phi} = |\dot{I}_{M\Phi} - \dot{I}_{N\Phi}| \end{cases} \tag{5-7}$$

式中　$I_{cd\Phi}$——差动电流，即两侧电流矢量和的幅值；

$I_{res\Phi}$——制动电流，即两侧电流矢量差的幅值。

I_H 定义同上。

区内故障时，两侧实际短路电流都由母线流向线路，差动电流很大，满足差动方程，差流元件动作，如图 5-10 所示。

图 5-10　线路区内故障示意图

区外故障时，一侧电流由母线流向线路，为正值，另一侧电流由线路流向母线，为负值，两电流大小相同，方向相反，所以差动电流为零，差流元件不动作，如图 5-11 所示。

图 5-11　线路区外故障示意图

（3）差动联跳继电器。为了防止长距离输电线路出口经高过渡电阻接地，近故障侧保护能立即启动，但由于助增的影响，远故障侧可能故障量不明显而不能启动，差动保护不能快速动作。针对这种情况，设有差动联跳继电器：本侧任何保护动作元件动作（如距离保护、零序保护等）后立即发对应相联跳信号给对侧，对侧收到联跳信号后，启动保护装置，并结合差动允许信号联跳对应相。

（4）电容电流补偿。对于较长的输电线路，电容电流较大，为提高经过渡电阻故障时的灵敏度，需进行电容电流补偿。传统的电容电流补偿法只能补偿稳态电容电流，在空载合闸、区外故障切除等暂态过程中，线路暂态电容电流很大，此时稳态补偿就不能将此时的电容电流补偿。一般采用暂态电容电流补偿方法，对电容电流的暂态分量进行补偿。

2. 距离保护

距离保护是反映输电线路一端电气量变化的保护。将输电线路一端的电压、电流加到阻抗继电器中，阻抗继电器反映的是它们的比值，称为测量阻抗。阻抗继电器的测量阻抗反映了短路点的远近，也就反映了短路点到保护安装处的距离，所以把以阻抗继电器为核心构成的反映输电线路一端电气变化量的保护称作距离保护。当短路点距保护安装处近时，其测量阻抗小，动作时间短；当短路点距保护安装处远时，其测量阻抗大，动作时间长，从而保证了保护有选择性地切除故障线路。

在被保护线路任一点发生故障时，保护安装处的测量电压为母线的残压 $\dot{U}$，测量电流为故障电流 $\dot{I}_k$，这时的测量阻抗为保护安装地点到短路点的短路阻抗 Z_k，即

$$Z_m = Z_k = \frac{\dot{U}}{\dot{I}_k} \tag{5-8}$$

在短路以后，母线电压下降，而流经保护安装地点的电流增大，这样短路阻抗 Z_k 比正常时测到的负载阻抗大大降低，所以距离保护反应的信息量在故障前后的变化比电流变化量大，因而比反应单一物理量的电流保护灵敏度高。

距离保护的实质是用整定阻抗 Z_{set} 与被保护线路的测量阻抗 Z_m 比较。当短路点在保护范围以外，即 $|Z_m|>Z_{set}$ 时继电器不动。当短路点在保护范围内，即 $|Z_m|<Z_{set}$ 时继电器动作。因此，距离保护又称为低阻抗保护。

距离保护的动作时间与保护安装处到故障点之间的距离的关系称为距离保护的时限特性，目前获得广泛应用的是阶梯形时限特性。一般是三阶梯式，即有与三个动作范围对应的动作时限 t'、t''、t'''。距离保护 I 段只保护本线路的一部分；距离保护 II 段可靠保护本线路全长，它的保护范围延伸到相邻线路；距离保护 III 段作为本线路 I、II 段保护的后备，在本线路末端短路时要有足够的灵敏度。

三阶梯式相间和接地距离继电器，继电器可采用正序电压作为极化电压，有较大的测量故障过渡电阻的能力；接地距离继电器设有零序电抗特性，可防止接地故障时继电器超越。当正序电压较高时，采用正序电压为极化电压的距离继电器有很好的方向性；当正序电压下降至 10% 以下时，进入三相低压程序，则采用正序电压的记忆量作为极化电压，I、II 段距离继电器在动作前设置正的门槛，保证母线三相故障时继电器不可能失去方向性；继电器动作后则改为反门槛，保证正方向三相故障继电器动作后一直保持到故障切除。III 段距离继电器始终采用反门槛，因而三相短路 III 段稳态特性包含原点，不存在电压死区。

当用于长距离重负荷线路，常规距离继电器整定困难时，可引入负荷限制继电器，负荷限制继电器和距离继电器的交集为动作区，这有效地防止了重负荷时测量阻抗进入距离继电器而引起的误动。

3. 零序过电流保护

输电线路的零序电流保护是反映输电线路一端零序电流的保护。正常运行时无零序电流，但在中性点直接接地系统中发生接地短路时，将产生很大的零序电流分量，开关站应装设零序过电流保护作为开关站出线的接地后备保护，保护带延时动作于断开出线侧断路器。

一般设置三段或四段式零序电流保护，零序电流 I 段只保护本线路的一部分，按躲过本线路末端接地时流过本保护的最大零序电流整定；零序电流 II 段能以较短的延时尽可能的切除本线路范围内的故障；零序电流 III 段应可靠保护本线路的全长，在本线路末端金属性接地短路时要有一定的灵敏度。可设置零序电流 IV 段，作为 I、II、III 段保护的后备，保护本线路的高阻接地短路。

四、短引线保护

对于输出线路装设隔离开关的角形或 3/2 接线的抽水蓄能电站，当两个断路器之间的输出线路检修或退出运行时（该线路的保护也已退出运行），为保证供电的可靠性，需要恢复环网运行。短引线保护即为这一特定运行方式下用于保护两个断路器之间连接短引线的保护。它动作于两侧断路器跳闸，并闭锁其重合闸。本保护在正常运行时不投入，仅在线路停电而断路器运行的特定运行方式下投入。

短引线保护实质上为电流差动保护，取两侧断路器电流来构成比率差动保护，其动作方程为

$$\begin{cases} I_{cd} > I_{cdst} \\ I_{cd} > K_{res} I_{res} \\ I_{cd} = |\dot{I}_{\varphi1} + \dot{I}_{\varphi2}| \\ I_{res} = |\dot{I}_{\varphi1} - \dot{I}_{\varphi2}| \end{cases} \tag{5-9}$$

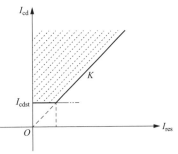

式中　I_{cd}——差动电流；

$\quad\quad I_{res}$——制动电流；

$\dot{I}_{\varphi1}$、$\dot{I}_{\varphi2}$——对应两个断路器电流互感器的电流，
　　　　分别按 A、B、C 三相构成；

$\quad\quad K_{res}$——制动系数；

$\quad\quad I_{cdst}$——差动电流启动定值。

差动保护动作特性如图 5-12 所示。

图 5-12　差动保护动作特性

短引线保护动作于跳开两侧断路器，其定值应按躲过区外故障最大不平衡电流整定，并保证区内故障有足够的灵敏度。

五、断路器保护

断路器保护功能包括三相不一致保护、充电保护、死区保护和失灵保护等，对于不同主接线方式和不同一次元件的断路器，根据需要投入相应保护功能。

1. 三相不一致保护

分相操作的断路器，由于各种原因，当系统处于三相不一致运行状态时，系统中出现的负序、零序分量会对一次设备特别是非电阻性的电气设备产生非常大的影响，二次设备可能发生越级误跳闸，对系统安全及稳定性影响严重，因此在实际运用中需合理设计并配置断路器本体三相不一致保护。

在高压电力系统中，三相不一致保护一般都放入断路器本体中实现，国网十八项反事故措施要求，220kV 及以上电压等级的断路器均应配置断路器本体三相不一致保护。

断路器本体的三相不一致保护无法启动失灵，且部分早期工程断路器未装设本体三相不一致保护，一般在断路器保护设备中配置独立的三相不一致保护功能，常采用本体三相不一致触点作为保护启动回路，叠加零序电流与负序电流的判别，以提高保护可靠性。

断路器本体的三相不一致触点常见的构成方法是，将 A、B、C 三相的动合、动断触点分别并联后再串联。三相不一致保护动作后，经短延时跳开三相断路器，经较长延时启动断路器失灵保护。

2. 线路充电保护

断路器对线路或变压器充电而合于故障元件上时，由充电保护作为此种情况下的保

护。当充电电流的任一相大于充电过电流保护定值时，经延时动作于跳开被充电设备。充电保护仅在线路充电操作中投入，由硬压板完成保护功能的投退。

3. 死区保护

某些接线方式下（如断路器在 TA 与线路之间）TA 与断路器之间发生故障时，虽然故障线路保护能快速动作，但在本断路器跳开后，故障并不能切除，此时需要失灵保护动作跳开有关断路器。考虑到这种站内故障，故障电流大，对系统影响较大，而失灵保护动作一般要经较长的延时，因此专门设置能够更快动作的死区保护。

死区保护的动作判据为：当装置收到三相跳闸信号，例如线路三跳、机组三跳，或A、B、C 三个分相跳闸同时动作时，如果对应的断路器已跳开，但是死区过电流元件仍然满足，则经整定延时启动死区保护，动作后跳开相邻断路器。

4. 断路器失灵保护

当输电线路、变压器、母线或者其他主设备发生短路时，保护装置动作并发出跳闸指令，但故障设备的断路器仍拒绝动作跳闸，称为断路器失灵。断路器失灵的原因主要有：断路器跳闸线圈断线、断路器操动机构发生故障、液压式断路器的液压低、直流电源消失及控制回路故障等。

利用故障设备的保护动作信息与拒动断路器的电流信息构成对断路器失灵的判别，能够以较短的时限切除相邻断路器，使停电范围限制在最小，从而保证整个电网的稳定运行，避免造成发电机、变压器等故障元件的严重烧损。失灵保护的动作出口方式为：①瞬跳故障相；②延时三跳故障断路器；③延时跳相邻断路器。

断路器失灵保护按照如下几种情况来考虑，即分相跳闸启动失灵、保护三跳启动失灵。另外，充电保护、不一致保护、两相联跳三相保护动作时也启动失灵保护。

分相跳闸启动失灵：线路保护的某相跳闸触点闭合，而该相仍然有电流，且失灵保护零序电流判据或负序电流判据满足，先经"失灵三跳本断路器时间"延时发三相跳闸命令跳本断路器，再经"失灵跳相邻断路器时间"延时发跳相邻断路器命令。

保护三跳启动失灵：由保护三跳启动的失灵保护可分别经低功率因数、负序过电流、零序过电流、相过电流四个辅助判据开放。其中低功率因数辅助判据可通过控制字"三跳经低功率因数"投退。输出的动作逻辑先经"失灵三跳本断路器时间"延时发三相跳闸命令跳本断路器，再经"失灵跳相邻断路器时间"延时发跳相邻断路器命令。

六、高压电缆保护

一般情况下，抽水蓄能电站的主变压器位于地下厂房，主变压器高压侧与开关站之间通过长电缆相连，针对这段电缆的保护称为高压电缆保护，其保护范围为主变压器高压侧至开关站断路器之间的一次设备部分，一般配置多侧差动保护。

对于单母线或单母线分段接线，保护为三侧差动，其中两侧为两台扩大单元接线的主变压器高压侧，另一侧为开关站断路器侧。对于桥型接线或角形接线的抽水蓄能电站，主变压器与开关站之间的连接电缆在开关站与两侧断路器相连接，因此保护为四侧差动，保护示意如图 5-13 所示。

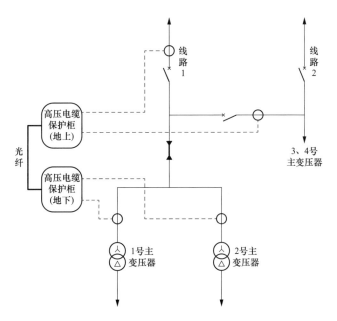

图 5-13 桥型接线抽水蓄能电站引线保护示意图

由于地上开关站与地下厂房之间距离较远，常规 TA 二次回路不能过长，高压电缆保护常采用光纤差动保护设备。地上和地下分别布置一套光纤差动保护装置，地上装置接入开关站侧 TA 电流，地下装置接入主变压器高压侧 TA 电流，通过光纤向对侧发送本侧电流信息和远跳指令，实现对本段高压电缆的快速保护。

第二节 厂用电系统保护

一、厂用电系统保护配置

厂用电系统的可靠运行是发电厂安全稳定运行的根本保证，一旦发生问题，就会对电厂设备运行产生直接影响，甚至在严重的情况下会导致停机事故的发生，致使人身伤害的发生。随着机组容量的扩大，厂用电系统也越发复杂，为了能够自动、迅速、有选择性地将故障元件从厂用电系统中切除，保证抽水蓄能电站的厂用电设备安全，厂用电设备均应装设继电保护装置。

抽水蓄能电站厂用电系统保护，一般在各个间隔通过单独的保护装置来实现。常见的厂用电系统保护包括厂用变压器保护、馈线保护、电动机保护等，图 5-14 为厂用电系统保护配置示例。

二、高压厂用变压器保护

(一) 概述

高压厂用变压器是在电厂或者变电站内为站内设备供电的变压器，它的故障会对系统的正常运行产生严重的影响，如保护和控制电源消失会影响继电保护设备、通信设备、控制设备等的正常运行，照明、安防等电源消失会对站内安全防护造成影响。因此，应针对变压器运行过程中可能出现的故障及异常运行状态配置相应的保护功能。

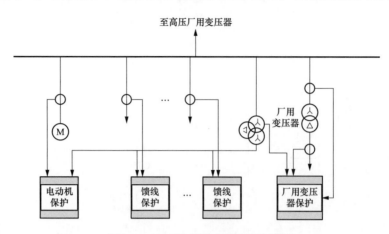

图 5-14 厂用电系统保护配置示例

抽水蓄能电站厂用电设备相对较少，一般装设 1~2 台高压厂用变压器。比较常见的是两台机组的厂用电系统共用一台高压厂用变压器，高压厂用变压器高压侧分别经两台断路器与两台主变压器的低压侧相连，正常运行时可以由任意一个单元机组供电，但同时只能合上一侧的高压侧断路器。考虑到单元机组检修时，对应的保护设备将被停运，高压厂用变压器保护装置一般单独配置。

高压厂用变压器的故障可以分为内部故障和外部故障两种。高压厂用变压器的内部故障主要有绕组的相间短路、匝间短路和单相接地等。变压器内部一旦发生故障，不仅会损坏其本身，还容易产生电弧，在电弧作用下，绝缘材料、变压器油将急剧气化，从而导致油箱爆炸等严重的后果。因此，在发生内部故障时应尽快予以切除。高压厂用变压器的外部故障主要是套管和引出线上发生的短路，可能导致变压器引出线的相间短路或一相绕组碰接变压器的外壳。

（二）纵联差动保护

高压厂用变压器纵联差动保护的构成方案与主变压器纵联差动保护相似，其动作特性方程和动作特性曲线与主变压器纵联差动保护相同。具体见第四章第二节。但高压厂用变压器纵联差动保护主要反映匝间短路和相间短路故障，对接地故障的灵敏度不高。

高压厂用变压器的中性点，常采用不接地方式或经高阻接地方式。当高、低压侧绕组发生单相接地故障时，故障点流过的电流很小，差动保护通常不足以动作。由于高压厂用变压器高压侧绕组与主变压器低压侧、发电电动机相连，当其高压绕组发生单相接地故障时，发电电动机定子接地保护或主变压器低压侧零序电压报警功能均可以反映。对于高压厂用变压器低压绕组的接地故障，可以由分支零序过电流保护来反映。

高压厂用变压器高压侧与主变压器相连，低压侧为厂用负荷，可粗略视作是单侧电源系统，当内部相间短路故障时，高压侧电流为系统（包括系统和本机组）向故障点供给的短路电流，而低压侧无大电源，即使考虑部分厂用辅机的反馈电流，低压侧电流也相对较小。因此，可以认为内部故障时，差动电流主要由高压侧电流提供。这是高压厂用变压器差动保护与主变压器或发电电动机差动保护显著不同的特点。

（三）高压侧相间后备保护

高压厂用变压器相间后备保护不仅仅反映高压侧短路故障，其保护范围至少还应包括低压侧绕组及厂用高压母线上的短路故障。其构成形式有过电流保护或复合电压过电流保护两种。

（1）过电流保护。为躲过电动机启动电流的影响，动作电流相对较大。虽然可对高压厂用变压器短路故障起后备保护作用，但有时不能完全起到厂用高压系统（如较长电缆末端故障）短路故障的后备作用。

（2）复合电压过电流保护。动作电流相对较小，可起到厂用高压系统短路故障的后备作用。复合电压宜取自低压分支侧电压，不宜取厂用高压母线电压。因为后者在运行中低压侧绕组发生相间故障时，复合电压元件可能不动作导致保护失去作用。

（四）低压侧后备保护

1. 高压厂用变压器分支相间后备保护

高压厂用变压器低压侧分支相间后备保护作为厂用高压母线相间短路故障的保护，同时作为厂用高压母线出线相间短路故障保护的后备。一般设两段，每段设一个时限，均动作跳该分支断路器。

低压分支相间后备保护优先采用过电流保护，当采用复合电压过电流保护时，复合电压应采用高压厂用变压器低压侧分支电压，不应采用厂用高压母线的电压。

2. 高压厂用变压器分支零序过电流保护

当低压侧中性点经电阻接地时，在接地回路中接入电流互感器，可构成低压侧零序电流保护，反映低压侧绕组及其引出线接地故障，同时起到厂用高压系统接地故障的后备作用。该保护采用零序电流判据，电流取自高压厂用变压器低压侧中性点接地零序电流。

（五）非电量保护

高压厂用变压器也应配置非电量保护，其功能主要包括瓦斯保护、压力释放保护、绕组温度高保护、油温高保护、冷却器全停和油位异常等。详见第四章第七节。

三、低压厂用变压器保护

厂用变压器在发电厂厂用电系统中使用的非常普遍、数量也多，在发电厂中占有很重要的地位。虽然，现代变压器在结构上是比较可靠的，故障机会较少，但在实际运行中还有可能发生故障和不正常运行状况。因此，为了提高厂用变压器工作的可靠性，缩小故障范围及其影响程度，保证电厂的安全运行，有必要根据厂用变压器的容量及重要程度装设性能良好、运行可靠的专用保护装置。

厂用变压器的内部故障主要有绕组的相间短路、匝间短路、单相接地以及铁芯烧损等。现在的三相变压器，由于结构工艺的改进和绝缘性能的加强，发生内部绕组相间短路的可能性是很少的。如果是由三台单相变压器构成变压器组，则内部相间短路是不可能发生的。厂用变压器最常见的内部故障是绕组的匝间短路。变压器内部一旦发生故障，不仅会损坏其本身，还容易产生电弧，在电弧作用下绝缘材料、变压器油将急剧气化，从而导致油箱爆炸等严重的后果。因此，在发生内部故障时应尽快予以切除。

　　厂用变压器的外部故障主要是套管和引出线上发生的短路，这种故障可能导致变压器引出线的相间短路或一相绕组碰接变压器的外壳（接地短路或接地故障）。在大接地电流系统中，当变压器的绕组发生单相接地短路时，将产生很大的短路电流而破坏厂用电系统的正常运行。因此，变压器的保护装置应尽快地动作于它的断路器跳闸。对于小接地电流系统中的变压器，通常按具体情况可装设或不装设专用的单相接地保护装置。

　　厂用变压器的不正常运行状况有外部短路引起的过电流和变压器中性点电压的升高等。在厂用变压器中一般不容易发生过负荷现象，故在配置保护时可不予考虑。由外部短路引起的过电流将使厂用变压器的绕组过热，会加速绕组绝缘的老化，甚至引起内部故障。图 5-15 为厂用变压器保护配置示例。

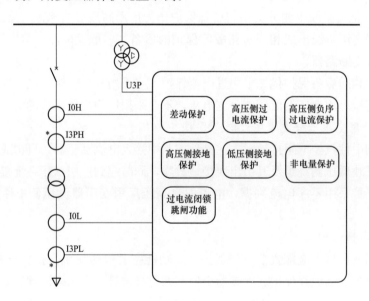

图 5-15　厂用变压器配置示例

　　（1）差动保护。2MW 及以上用电流速断保护灵敏性不符合要求的变压器应装设差动保护，反映绕组内部及引出线上的相间短路故障，原理与高压厂用变压器差动保护相同。由于变压器的接线方式、各侧电压等级及电流互感器变比的不同，变压器正常运行时各侧二次电流的幅值及相位也不相同，因此在构成差动继电器前必须消除这些影响。通过内部的相角补偿（Y→△变换等）、幅值调整（即电流互感器变比调整）完成电流调整功能，如图 5-16 所示。

　　（2）高压侧过电流保护。用于保护变压器绕组内及出线上的相间短路故障，并作为差动保护以及相邻元件相间故障的后备保护。可设置三段过电流保护，其中第Ⅰ段为

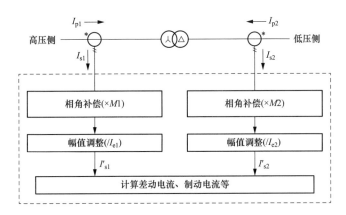

图 5-16　电流调整示意图

电流速断保护,当没有配置差动保护时,电流速断保护作为变压器绕组内及出线上的相间短路故障的主保护;第Ⅱ段为定时限过电流保护,作为差动保护或速断保护的后备保护;第Ⅲ段为低压厂用变压器、低压母线及下一级设备经过渡电阻短路、故障电流小于定时限过电流保护动作电流的辅助保护,第Ⅲ段可采用反时限过电流保护。

当系统发生远端故障时,故障电流相对较小,需要引入复压控制元件来提高保护对这种故障的灵敏性。可以重新设置过电流保护定值对远端故障时的故障电流具有相当灵敏性,同时通过复合电压控制元件来确保过电流保护的可靠动作。当复合电压控制元件投入使用时,过电流定值可按躲过最大负荷电流整定即可。

(3)高压侧负序过电流保护。作为变压器相间短路的后备保护,负序过电流保护不需要躲过电动机再启动,具有较高的灵敏度。

(4)高压侧接地保护。设置两段定时限零序过电流保护来作为变压器高压侧的接地保护。

(5)低压侧接地保护。设置两段定时限零序过电流保护来作为变压器低压侧的接地保护。

(6)非电量保护。设置多路非电量保护功能,反应变压器内部的油、气、温度等非电量状态。

(7)过电流闭锁跳闸功能。设置大电流闭锁保护动作的功能,用于断路器开断容量不足或现场为 FC(接触器熔断器组合电器)回路的情况。当故障电流大于闭锁电流定值时闭锁保护出口。

四、厂用馈线保护

从发电厂 6~10kV 母线引至厂用电系统的线路,由于电压较低、馈电距离较短、网络的结构一般也很简单,当在此网络中的任一线路上发生故障时,其影响范围较小,且不会破坏高压网络的正常运行。因此,在这种情况下,装设简单的电流保护装置就能满足速动性、选择性灵敏度的要求。厂用馈线保护配置示例如图 5-17 所示。

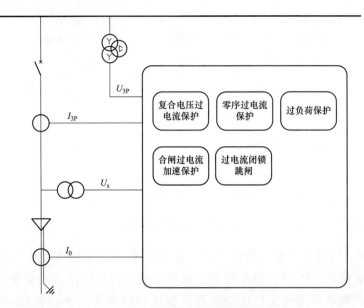

图 5-17 厂用馈线保护配置示例

（1）过电流保护。用于保护线路的相间短路故障，可设置多段过电流保护，部分段保护可选择是否经复合电压闭锁（低电压和负序电压）、是否经方向闭锁。

当系统发生远端故障时，故障电流相对较小，引入复合电压控制元件来提高保护对这种故障的灵敏性。可以重新设置过电流保护电流定值对远端故障时的故障电流具有相当灵敏性，同时通过复合电压控制元件来确保过电流保护的可靠动作。当复合电压控制元件投入使用时，过电流定值可按躲过最大负荷电流整定即可。

（2）零序过电流保护。当用于不接地或小电流接地系统，发生接地故障时的零序电流很小，可以用接地试跳的功能来隔离故障。这种情况要求零序电流由外部专用的零序TA引入。设置两段零序过电流保护。

当用于小电阻接地系统，接地零序电流相对较大时，可以用直接跳闸方法来隔离故障。设置两段零序过电流保护，零序电流既可以由外部专用的零序 TA 引入，也可用软件自产。

（3）过负荷保护。线路电流最大值高于过负荷设定定值，经过负荷延时发信。

（4）合闸后加速保护。当线路投运或恢复供电时，线路上可能存在故障。在此种情况下，通常由合闸后加速保护在尽可能短时间内切除故障，而不是经定时限过电流保护来切除故障。

（5）过电流闭锁跳闸功能。设置大电流闭锁保护动作的功能，用于断路器开断容量不足或现场为 FC（接触器熔断器组合电器）回路的情况。当故障电流大于闭锁电流定值时闭锁出口。

五、厂用电动机保护

电动机的主要故障是定子绕组的相间短路及单相接地短路，它能造成电动机的损坏和烧毁，以致引起母线电压显著下降，并破坏其他用电设备的正常工作，因此，在电动机上应装设相间及接地保护装置，尽快地将故障电动机切除。在使用中，电动机大都是中、小容量的，从经济观点和技术要求来看，电动机保护应简单、可靠，因此，在低压小容量电动机上，大量采用低压熔断器作为电动机相间及接地保护。容量较大的高压电动机应装设电流保护。

电动机的不正常工作状态主要是过负荷，引起过负荷的原因是所带机械负荷过大、母线电压降低引起的转速下降、一相电源断线而造成的两相运行及电动机启动的时间过长等。电动机长时间过负荷将使电动机过热、绝缘老化，甚至发展为故障，因此，电动机应装设过负荷保护。高压厂用电动机保护配置示例如图 5-18 所示。

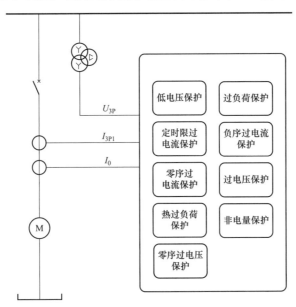

图 5-18　高压厂用电动机保护配置示例

（1）复合电压方向过电流保护。

1）电流速断保护。电流速断保护定值按躲过线路末端短路故障时流过保护的最大短路电流整定。

2）限时电流速断保护。限时电流速断保护的电流定值应按本线路末端短路故障时有不小于 1.3 的灵敏度整定，并应与下级线路的电流速断配合。限时电流速断动作时限应比下级线路速断保护时间长一个时间级差（0.2～0.5s）。

3）过电流保护。过电流保护定值应与相邻间隔的限时速断保护或过电流保护配合，并应躲过正常运行时的最大负荷电流。过电流保护的动作时限应比下级线路限时速断保护时间长一个时间级差（0.2～0.5s）。

4）反时限过电流保护。在三段式保护中，为缩短动作时限，第Ⅲ段可整定为反时限。常用反时限有三种方式，其公式为：

一般反时限

$$t = \frac{0.14}{(I/I_\mathrm{p})^{0.02} - 1} t_\mathrm{p} \tag{5-10}$$

非常反时限

$$t = \frac{13.5}{(I/I_p) - 1} t_p \qquad (5-11)$$

极端反时限

$$t = \frac{80}{(I/I_p)^2 - 1} t_p \qquad (5-12)$$

式中　I_p——反时限特性电流；

　　　t_p——反时限特性的时间常数。

反时限过电流保护的电流定值按躲过线路最大负荷电流整定，本线路末端短路故障时应有不小于 1.5 的灵敏度，相邻线路末端短路时应有不小于 1.2 的灵敏度，同时还要校核与下级线路的保护配合。

复合电压电压判据：对过电流保护不能满足灵敏度要求的情况，可使用复合电压过电流保护。复合电压元件包括低电压元件和负序电压元件，TV 检修或发生 TV 断线将会导致复合电压元件误动作，因此在 TV 检修或发生 TV 断线期间，如果电流保护段经复合电压闭锁，可根据需要选择该段电流保护变成纯过电流保护或直接退出该段电流保护。

（2）负序过电流保护。当电动机三相电流有较大不对称，出现较大的负序电流时，负序电流将在转子中产生 2 倍工频的电流，使转子附加发热大大增加，危及电动机的安全运行。负序过电流保护，对电动机反相、断相、匝间短路或较严重的电压不对称等异常运行工况提供保护。

（3）过负荷保护。电动机长时间的过负荷运行，将使电动机过热，其绕组的温升超过允许值，将使绝缘迅速老化，大大降低电动机的使用寿命，甚至烧坏电动机。易发生过负荷的电动机应配置过负荷保护。

（4）热过负荷保护。电动机正常运行时，流入电动机的电流仅为正序电流，通常为额定电流。电动机机械负载增大、启动、故障恢复后自启动、供电电源降低和堵转等因素都会引起正序电流增大。当电动机断相、相序接错、匝间短路、供电不平衡时，均会引起负序电流增大。热过负荷保护根据发热模型模拟电动机发热过程，当电动机热积累超过限值时，保护动作。

由于正负序电流对电动机热效应影响不同，因此电动机过热保护发热模型中采用热等效电流进行计算。热等效电流计算公式为

$$I_{eq} = \sqrt{K_1 I_1^2 + K_2 I_2^2} \qquad (5-13)$$

式中　I_{eq}——热等效电流；

　　　I_1——电动机的正序电流；

　　　I_2——电动机的负序电流；

　　　K_1——正序电流发热系数，一般电动机启动过程中取 0.5，电动机启动结束后取 1.0；

　　　K_2——负序电流发热系数，一般取 6。

由于各保护装置厂家产品的热过负荷保护模型不尽相同，受篇幅限制，因此本节仅列出基于 IEC 60255-8 的热过负荷保护模型。其他保护模型可参考制造厂家技术说明书。

热过负荷载保护模型公式如下

$$t = \tau \ln \frac{I_{\text{eq}}^2 - I_{\text{p}}^2}{I_{\text{eq}}^2 - (kI_{\text{B}})} \tag{5-14}$$

式中　t——热过负荷保护动作时间；

　　　τ——时间常数，反应电动机的过负荷能力；

　　　I_{B}——基本电流，即保护不动作所要求的电流极限值；

　　　k——常数，该常数乘以基本电流表示与最小动作电流准确度有关的电流值；

　　　I_{eq}——热等效电流。

电动机过热保护动作后，应禁止再启动，使跳闸断路器动作保持状态。

（5）零序过电流保护。对于电动机单相接地故障，单相接地电流为 10A 及以上时，保护应动作于跳闸；单相接地电流为 10A 以下时，保护宜动作于信号。

（6）零序过电压保护。零序过电压保护可用作定子零序电压保护，定子零序电压保护反映电动机定子接地引起的零序电压，基波零序电压保护用于反应距电动机端部85%～95%的定子绕组单相接地。保护经进线断路器跳闸位置闭锁。

（7）过电压保护。当电动机供电电压过高时，将会引起电动机铜损和铁损增大，电动机温度升高，甚至危及绝缘安全。因此，电动机设有过电压保护，用于防御定子绕组出现过电压故障，三个线电压任何一个大于过电压设定值，则动作于跳闸。

（8）低电压保护。电动机电源电压因某种原因降低时，电动机的转速将下降；当电压恢复时，由于电动机自启动，将从系统中吸取大量的无功功率，造成电源电压不能恢复。为了保证重要电动机的自启动，应配置低电压保护，用其断开次要的电动机。对于运行中不允许和不需要自启动的电动机，也要配置低电压保护，动作于跳闸。

（9）非电量保护。设置多路非电量的功能，反映电动机的非电量状态，可动作于报警或跳闸。

第六章

继 电 保 护 试 验

　　继电保护装置能否正常工作对电力系统的正常运行起着至关重要的作用。为了使继电保护装置真正起到对电力系统的保护与控制作用，必须使保护整体处于良好的运行状态，使得各相关元件及设备特性优良、回路接线正确、定值及动作特性正确。因此，继电保护装置需经过型式试验、出厂试验和现场试验等生命周期各个环节的系统试验，以加强对保护的质量检验。型式试验是为了验证产品能否满足技术规范的全部要求所进行的试验，是新产品投入生产的现场运行的前提。为保证出厂设备的硬件质量和软件系统逻辑正确性，应进行出厂试验，以确保保护各部件工作正常、性能合格、接线正确。继电保护设备长时间运行后，一些元器件性能可能发生变化，甚至某些元件损坏，这将影响整套保护的可靠性。因此，应结合一次设备的检修，对继电保护设备进行定期的检验试验。

◈ 第 一 节　型 式 试 验

　　型式试验的目的是检验新开发装置的硬件及软件设计是否符合相关规范和标准。在遇到如下情况之一时，应进行型式试验：

　　（1）在新产品的研发和定型前；

　　（2）产品正式投产后如遇设计、工艺、材料、元器件有较大改变，经评估影响装置性能或安全性时；

　　（3）装置软件有较大改动时。

　　如果装置已通过型式试验且设计、元器件、工艺材料或软件无变更，不宜重复型式试验。一旦前述内容出现改变，应进行风险评估，以确定哪些型式试验项目仍然有效，须重做哪些型式试验项目。装置型式试验的试验项目主要包括以下几大类：功能试验、外观检查、气候环境试验、电磁兼容试验、电源试验、功耗试验、准确度和变差试验、过载能力试验、出口继电器检查、绝缘性能试验及机械试验等。本节主要从试验目的、基本试验方法及设备、检验标准三方面对型式试验进行介绍。

一、功能试验

1. 静态试验

　　功能试验的目的是检查保护装置的功能是否满足要求，主要包括装置各个保护元件以及相关的技术要求，如定值准确度、定值范围、动作时间、返回系数等，此外还包括装置的各种其他功能，如通信、录波、打印、调试、显示、信息保存等。装置功能试验的检测标准可以参考相应的通用技术规范。对于抽水蓄能机组保护，应满足 DL/T 671《发电机变压器组保护装置通用技术条件》的规定要求。

2. 仿真试验

根据规范，应用 220kV 以上元件保护及容量 100MW 以上的发电机-变压器组保护需要进行仿真试验，仿真试验包括动态模拟试验（动模）和数字仿真试验（RTDS）。仿真试验的目的是检查保护装置逻辑是否正确。对发电电动机-变压器组保护装置而言，仿真试验的项目主要包括以下内容：

（1）相间短路故障；

（2）匝间短路故障；

（3）发电电动机定、转子接地和主变压器接地故障；

（4）区外故障引起 TA 饱和；

（5）启动过程机组内部相间、接地故障等；

（6）异常运行试验，包括失磁、失步、过励磁、误上电、过负荷、过电压、抽水工况电源异常或失电等；

（7）TA 断线、TV 断线。

保护装置仿真试验的试验方法、条件以及内容可以参考 GB/T 26864《电力系统继电保护产品动模试验》。

二、结构尺寸和外观检查

（1）机箱、插件尺寸。为了方便现场的安装、调试以及正常运行维护，需要对继电保护装置的外形尺寸和插件尺寸以及结构等进行规范，详细要求可以参考 GB/T 19520.12《电子设备机械结构 482.6mm（19in）系列机械结构尺寸 第 3-101 部分：插箱及其插件》。

（2）表面电镀和涂覆。装置表面涂覆的颜色应均匀一致，无明显的色差和眩光，表面应无砂粒、趋皱和流痕等缺陷，参考 DL/T 478《继电保护和安全自动装置通用技术条件》。

（3）配线端子。配线端子主要是对不同回路连接线的导体尺寸进行规范，以保证不会出现导线烧断等故障。对此，DL/T 478《继电保护和安全自动装置通用技术条件》对装置或屏柜相关的不同回路有如表 6-1 所示规定。

表 6-1	屏 柜 回 路 配 线 要 求
应用回路	推荐导线的截面积（mm²）
交流电流回路	2.5～6.0
告警和信号回路	最小 0.5
通信回路，如 RS 232、RS 485、以太网口	由制造商推荐
其他回路	1.0～4.0

（4）标志。装置应有安全标志，所采用的安全标志应符合 GB/T 14598.27《量度继

电器和保护装置 第 27 部分：产品安全要求》及 GB/T 5465.2《电气设备用图形符号 第 2 部分：图形符号》的规定。

三、气候环境试验

气候环境试验包括高低温运行、高低温贮存、变温试验及湿热试验等，试验主要依据 GB/T 2423《电工电子产品环境试验》的相关内容。

（1）高低温运行试验。高低温运行试验用于确定保护装置在低温或高温环境能否正常工作，对于室内安装使用的一般保护装置，高温运行温度为 55℃，低温运行温度为 −10℃，高温和低温试验至少持续各 16h。升温或降温过程中温度的最大变化率不超过 1℃/min。

高温或低温试验过程中对装置功能进行测试，确保装置功能能够满足要求。

（2）高低温贮存试验。高低温贮存试验用于确定保护装置在贮存时耐高温或者耐低温的能力，对于一般保护装置，高温贮存温度为 70℃，低温贮存温度为 −25℃，高温和低温试验至少持续各 16h。升温或降温过程中温度的最大变化率不超过 1℃/min。

高温或低温贮存试验结束温度恢复正常后对装置功能进行测试，确保装置功能能够满足要求。

（3）变温试验。变温试验用于确定装置运行时对温度快速变化的承受能力，对于一般保护装置，低温一般选择 −10℃，高温一般选择 55℃，在低温和高温区间内温度渐升或渐降时，温度变化率为（1℃±0.2℃）/min，暴露在最高温度和最低温度的时间为 3h。

变温试验过程中对装置功能进行测试，确保装置功能能够满足要求。

（4）湿热试验。湿热试验用于检验装置长期暴露在高湿度大气中时的承受能力。湿热试验包括恒定湿热试验和交变湿热试验两种，型式试验只需选做其中一项即可。

恒定湿热试验：试验过程中温度、湿度保持固定不变，根据 GB/T 2423.3《环境试验 第 2 部分：试验方法 试验 Cab：恒定湿热试验》所规定的严酷等级，一般选取温度 30℃/40℃，相对湿度（93±3）%。试验持续时间 10 天。

交变湿热试验：试验过程中温度、湿度不固定，低温 25℃时湿度 97%，高温 40℃时湿度 93%，24h 为一个循环，低温、高温各持续 12h，整个试验过程中一共 6 次循环。

湿热试验过程中对装置进行绝缘测试，装置需在湿热环境下满足绝缘性能要求。湿热试验完成装置恢复正常后应对装置功能进行测试，确保装置性能能够满足要求。

四、电磁兼容试验

电力系统中无论是变电站、发电厂或者输电线路，在正常运行或者出现故障时都会产生大量的电磁干扰，如断路器分合操作、短路故障时电流电压瞬变、电网谐波、继电保护设备周围的电磁辐射、人体接触时的静电放电等，这些干扰都会对继电保护装置的运行产生干扰，另外继电保护装置在运行过程中也会对外产生干扰。为了保证保护装置的正常运行，同时也尽量减少保护装置对其他设备的影响，需要对装置进行电磁兼容试验。

电磁兼容试验包括发射试验和抗扰度试验两大类，下面分别对其进行介绍。

1. 发射试验（EMI）

发射试验的目的是检验装置对外部的干扰是否能够满足要求。发射试验包括传导发射试验和辐射发射试验两类。其中传导发射试验也被称为电源端口骚扰电压测试，用于测试装置电源端口对外传播的电磁干扰，传导骚扰的频率一般为 0.15～30MHz；辐射发射试验用来测试装置通过空间电磁场的形式对外产生的辐射强度，辐射发射的频率一般为 30～1000MHz。

发射试验对场地和测试设备都有一定的要求，具体可参考 GB/T 14598.26《量度继电器和保护装置　第 26 部分：电磁兼容要求》。

2. 抗扰度试验（EMC）

抗扰度试验包括辐射电磁场、静电放电、射频场感应的传导骚扰、快速瞬变、脉冲群、浪涌、工频、工频磁场、脉冲磁场、阻尼振荡磁场等内容。装置的不同部分需进行不同的试验。一般装置试验内容包括外壳端口试验、直流电源端口试验、通信端口试验、输入输出端口试验及功能地端口试验。针对装置的不同端口，试验的内容及标准都有所区别。

（1）外壳端口试验。外壳端口试验主要是辐射电磁场、工频磁场、脉冲磁场、阻尼振荡磁场等电磁干扰类试验以及静电放电试验。

（2）直流电源端口试验。直流电源端口试验包括射频场感应的传导骚扰、快速瞬变、1MHz 脉冲群、100kHz 脉冲群、浪涌测试等。

（3）通信端口试验。通信端口试验包括射频场感应的传导骚扰、快速瞬变、1MHz 脉冲群、100kHz 脉冲群、浪涌测试等。

（4）输入输出端口试验。输入输出端口试验包括射频场感应的传导骚扰、快速瞬变、1MHz 脉冲群、100kHz 脉冲群、浪涌测试、工频等。

（5）功能地端口试验。功能地端口试验包括射频场感应的传导骚扰、快速瞬变等。

需要注意的是，同一种测试项目在针对不同的端口进行测试时测试方法及标准可能都会有所差异。如浪涌测试在进行共模试验和差模试验时其耦合电阻、耦合电容都有差异，对于不同类型的端口，其测试标准也有差异，因此在实际测试时需要注意相应的试验方法和试验标准。具体的试验方法及试验合格判据可参考 GB/T 14598.26《量度继电器和保护装置　第 26 部分：电磁兼容要求》的相关内容。

五、直流电源试验

在继电保护设备运行过程中，可能会出现供电电源电压不稳（不同供电电源切换或者电池供电时），如电压突降、突然断电或波动等情况，为保证此时保护装置能够正常运行，装置需要具备一定的对供电电源抗扰动的能力，需对装置供电端口的抗扰度进行试验。

直流电源试验包括电压暂降、电压中断、电压变化、电源缓慢启动和缓慢关断、电源极性反接等，下面对其试验方法及检验标准进行说明。

1. 电压暂降、中断以及变化

电压暂降优先采用的试验等级和持续时间见表 6-2。

表 6-2   电 压 暂 降 参 数 要 求

试验项目	试验等级（%U_N）	持续时间（s）
电压暂降	40 和 70	0.01，0.03，0.1，0.3，1
电压中断	0	0.001，0.003，0.01，0.03，0.1，0.3，1
电压变化	85 和 120 或 80 和 120	0.1，0.3，1，3，10

试验结果应按照装置的功能丧失和性能降级进行分类，推荐分类如下：

（1）在规定的限值内性能正常；

（2）功能或性能暂时降低或丧失，但在骚扰停止后受试设备能够自行恢复正常，无须操作者干预；

（3）功能或性能暂时降低或丧失，但需要操作者干预才能恢复；

（4）硬件或软件损坏，或数据丢失而造成不能自行恢复至正常状态的功能降低或丧失。

2. 直流电源缓慢启动与关闭

直流电源的缓慢启动和关闭试验过程如图 6-1 所示，首先，电源电压在 60s 时间内由额定值匀速下降到 0，当电源电压低于继电保护装置的正常工作电压下限值时，保护装置关闭或启动异常处理过程，电压降到 0 后 5min 开始缓慢升压，在 60s 时间内由 0V 匀速升至额定电压，在此过程中保护装置启动并恢复至正常运行状态。

电源缓慢启动和关闭试验过程中，装置应能够正常启动、正常关闭，在电压恢复正常后，装置应恢复正常运行状态，性能不受影响，并且整个试验过程中装置不应误动或误报信号。

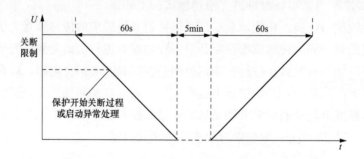

图 6-1　直流电源的缓慢启动和关闭试验过程

3. 直流电源极性反接

直流电源极性反接试验持续时间 1min，恢复正常接线后装置应能够正常运行。

六、功率消耗试验

交流电路功率消耗测量采用伏安法，直流电路功率消耗测量采用瓦特法。对装置的功率消耗要求如下：

交流电流回路：当额定电流为 5A 时，每相不大于 1VA；当额定电流为 1A 时，每相不大于 0.5VA。

交流电压回路：当为额定电压时，每相不大于 1VA。

直流电源回路：根据产品标准或者产品说明书来确定。

七、准确度和变差试验

准确度和变差试验用以检查装置测量元件的准确度、保护元件整定值的准确度和变差。

八、过载能力试验

装置的过载能力试验是为了检查装置在二次回路出现过电流、过电压等现象时能否继续正常工作。装置过载包括两种情况：一是正常运行过程中的过载，如负荷过大或者互感器选型不合适导致二次电流过大，这种情况下过载时间较长，过载程度较轻；二是一次设备出现故障时的过载，如短路故障，此时二次回路电流会突然增加，这种情况下过载时间较短（继电保护装置会在短时间内将故障切除），但是过载程度较严重。

为保护装置在以上所说的情况下依然能够正常工作，装置需要具备一定的过载能力，对于常规的继电保护装置，过载能力要求如下：

交流电流回路：2 倍额定电流，长期连续工作；40 倍额定电流，允许 1s。

交流电压回路：1.4 倍额定电压，长期连续工作；2 倍额定电压，允许 10s。

过载能力通过使用继电保护测试仪进行测试。装置在经受过电流或者过电压后，不应出现绝缘损坏、液化、碳化或者烧焦等异常现象，另外电气性能不能出现异常。

九、出口继电器检查

用继电保护试验设备检查装置出口继电器的触电通断情况，抽查是否能可靠接通，并断开相应的负载。

十、绝缘性能试验

绝缘性能是继电保护装置的一个重要的安全指标，也是其在电力系统中安全运行的一个重要保证，是检验继电保护装置是否满足性能的一个重要条件。绝缘性能试验包括绝缘电阻、介质强度及冲击电压。下面分别对其进行介绍。

（1）绝缘电阻。绝缘电阻测量的目的是检验装置绝缘的耐受能力。电阻测量应在以下部位进行：每个电路和外露导电部分之间（每个独立电路的端子需要连接在一起）；每个独立电路之间（每个独立电路的端子需要连接在一起）。

当具有相同绝缘电压的电流对外露导电部分测量时，这些电流也可以连在一起。测量方法：在需要测量的两部分之间加 500V(1±10%) 的直流电压并在达到稳态 5s 以后确定绝缘电阻。绝缘电阻大于 100MΩ 表示合格。

（2）介质强度。介质强度检验的目的是检验装置各个回路对过电压的能力、绝缘的长期耐受能力以及检验电气间隙和爬电距离等是否满足要求。

试验方法：在需要测量的两部分之间加 2kV 工频交流电压或者 2.8kV 直流电压，持续 1min，测量回路的泄漏电流。

检验标准：试验过程中未出现击穿、放电等现象；测量回路的泄漏电流不超过测试设备的最大试验电流；试验完成后装置性能不受影响。

（3）冲击电压。冲击电压检验的目的是检验装置各个回路承受暂态过电压的能力，也可以用于检验电气间隙和爬电距离等是否满足要求。

试验方法：在需要测量的两部分之间加标准雷电脉冲，即波前时间 $1.2\mu s$，半峰值时间 $50\mu s$，输出阻抗 500Ω，输出能量 0.5J，一般来说，峰值电压不超过 5kV。

检验标准：试验过程中未出现击穿、放电或火花等现象；试验完成后装置性能不受影响。

十一、机械性能试验

继电保护装置在运输、安装以及使用过程中可能会遭受振动或者冲击，如在运输过程中、部分工作环境（水电站、厂房）中可能会出现长时间的振动，车辆在颠簸道路上行走或者人员搬运时掉落地面等会对装置产生冲击。因此，需要对装置的机械性能进行测试，以保证装置在出现以上情况时能够正常工作。

（1）振动试验。振动试验是将被试装置以恒定加速度或者恒定振幅在一标准频率范围内一次沿三条相互垂直的轴线方向做正向振动扫频的试验。试验的频率范围为 $10\sim150\mathrm{Hz}$，扫频周期为 8min。

振动试验包括振动响应试验和振动耐久试验。其中振动响应试验需要在装置上电情况下进行，共进行 3 个循环，共 24min。振动耐久试验在装置不带电的情况下进行，三个互相垂直的方向各进行 20 个循环，共 480min。

振动响应试验过程中对装置性能进行测试，试验完成后对装置进行检查，没有出现紧固件松动或者机械结构破坏等现象则表示装置合格。振动耐久试验在试验过程中不对装置进行测试，试验完成后对装置进行检查，没有紧固件松动或机械结构损坏等现象，装置上电后能够正常工作，装置性能不受影响则表示装置合格。

（2）冲击试验。冲击试验是对被试装置在三个互相垂直的轴线上承受限定次数的单一冲击以确定其耐受冲击影响能力的一种试验。单次冲击试验持续时间为 11ms，每个方向上进行三次脉冲试验。

冲击试验包括冲击响应试验和冲击耐久试验。冲击响应试验需要在装置上电情况下进行，其等级 1、等级 2（最高等级）对应的加速度峰值为 $49\mathrm{m/s^2}$（5g）、$98\mathrm{m/s^2}$（10g）。冲击耐久试验在装置不带电情况下进行，其等级 1、等级 2（最高等级）对应的加速度峰值为 $147\mathrm{m/s^2}$（15g）、$294\mathrm{m/s^2}$（30g）。

冲击响应试验过程中对装置性能进行测试，试验完成后对装置进行检查，装置性能满足要求且未出现异常现象则表示装置合格。冲击耐久试验在试验过程中不对装置进行测试，试验完成后对装置进行检查，装置未出现异常现象且上电后能够正常工作，装置性能满足要求则表示装置合格。

（3）碰撞试验。碰撞试验是对被试装置在三个互相垂直的轴线上承受限定次数的碰撞以确定其耐受在运输、启机可能碰到的碰撞影响能力的一种试验。单次碰撞试验持续时间为 16ms，每秒钟完成 1～3 次试验，每个方向上进行 1000 次脉冲试验。碰撞试验在装置不带电情况下进行，其等级 1、等级 2（最高等级）对应的加速度峰值为 98m/s²（10g）、196m/s²（20g）。试验完成后对装置进行检查，装置未出现异常现象且上电后能够正常工作，装置性能满足要求则表示装置合格。

✦ 第二节 出 厂 试 验

一、目的

抽水蓄能机组保护装置的构成及二次回路复杂，所提供的保护种类多，为确保出厂设备各方面均良好，应加强出厂验收检验，将所有可能缺陷在出厂前全部予以处理，并使装置所提供的保护功能及其他技术指标满足用户设计要求。

二、试验依据

GB/T 7261《继电保护和安全自动装置基本试验方法》

GB/T 14285《继电保护和安全自动装置技术规程》

GB/T 32898《抽水蓄能发电电动机变压器组继电保护配置导则》

DL/T 671《发电机变压器组保护装置通用技术条件》

DL/T 995《继电保护和电网安全自动装置检验规程》

三、试验项目

对于预出厂的保护装置，要求硬件系统良好、逻辑回路正确、保护功能齐全、动作特性良好、通信管理系统满足要求及输出回路与设计图纸相符等。此外，还应保证保护装置柜上所有组件完全、良好及美观。因此，应按照要求进行认真的试验及检查。试验及检查项目如下：

（1）外观检查；

（2）绝缘检查；

（3）稳压电源性能的试验与检查；

（4）人机界面及各操作系统的试验检查；

（5）出口、连接片及信号回路的检查；

（6）通道线性度试验；

（7）各通道采样值的打印及正确性分析；

（8）保护动作特性及逻辑回路正确性的试验检查；

（9）开关量保护动作正确性检查。

四、试验注意事项

在对保护装置进行通电试验时，为保证检验质量、提高工作效率及确保试验过程中的安全，试验设备及试验接线应满足基本要求。在试验过程中，应特别注意安全。试验过程中，试验人员应注意采取防静电及安全防护措施，主要包括：

（1）试验人员着防静电服、防静电鞋；

（2）尽量少插拔装置插件，不触摸插件上的模块电路；

（3）不带电拔插插件，拔插插件时一定要佩戴防静电手套和手腕，且手腕与身体可靠接触，金属夹子直接夹在设备金属上；

（4）上电以前测量一下所接的回路，直流和交流电压回路是否短路、电流回路是否开路；

（5）试验过程中不要误碰屏柜及装置上裸露的交直流电流、电压端子，注意人身和设备安全。

五、外观检查

对屏柜及柜内装置和附件进行外观检查，主要包括：

（1）装置检查。外观完好，面板无划伤，机箱无变形等。

（2）配置检查。依据设计图纸检查屏柜装置配置情况，如装置的型号、位置、额定交直流参数、板卡配置正确等。

（3）屏柜及附件检查。外观完好，无划伤，柜体无变形，柜体上工程标识正确完整；屏柜内切换把手、按钮、连接片等附件安装正确完整。

六、人机界面及基础功能检查

检查装置基础功能是否正常，主要包括以下几个方面：

（1）操作功能检查。检查装置面板的所有按键应能正确且灵活反映，检查液晶屏是否有污渍、刮花、显示不清等情况。

（2）检查程序信息。主要检查程序版本号、形成时间、校验码和管理序号，在条码系统中核对程序信息是否满足图纸的要求。

（3）定值整定功能。根据图纸要求的参数整定装置定值，下载到定值区。

（4）时钟。传完定值后进行对时，对时方式采用调试软件对时或手动修改时间。

（5）重启检查。清除报文后，断电重启。时钟正确显示且无异常报文。

七、输入输出回路检查

在保护屏柜端子排处，按照图纸，对所有引入端子排的开关量输入回路依次加入激励量，在保护装置的人机界面应能正确显示，依照图纸一一对应，注意观察装置开入状态，除了正在试验的开入，不要有其他开入出现。对于一条开入回路上有其他接线引到端子排上的，也应检查该点是否能正确显示。分别接通、断开连接片或切换开关，在保护装置的人机界面应能正确显示。

（1）交流采样值的检查。利用继电保护试验仪输出的电压和电流信号，加入 A、B、C 三相不等值的量，分别核对各项交流量采样数值和试验仪输出一致。检查微机发电电动机变压器组保护装置的电压和各路电流，显示值与实测的误差应符合要求。测试交流电压空气开关功能，空气开关断开时装置相应电压应无采样，空气开关合上后装置采样恢复正常。

（2）输出触点检查。利用软件的传动功能或者通过测试仪输出故障量使保护装置动作后，依据图纸检查装置的跳闸出口、中央信号、遥信及录波的所有触点，要求测量输出触点由通到断或由断到通的过程。在输出触点回路中连有连接片时，必须将连接片分别投入和退出，在屏柜端子总出口处测试触点的连通，测量连接片时需要同时核对连接片标签与图纸相符，测试连接片在出口回路中的唯一性。

（3）屏内装置间连线检查。主要是有两个及以上装置时，装置之间会有连线，而单做某个装置时无法发现这些错误，需要测量或试验的措施验证。应根据图纸设计的回路说明，在一个装置模拟动作时，检查另外一个装置是否正常收到信号。

八、保护功能检查

依据厂家保护说明书，根据试验定值，测试装置各个保护的定值精度、动作逻辑、动作时间，以及各种工况下的闭锁逻辑是否正确。

九、屏柜附件检查

对于未引入到开关量输入回路的按钮或切换开关，应进行相关试验确认其能正常工作，并符合设计要求。对于与保护装置间有电气连接的，如挡位变送器、温度变送器等需进行对应项目及回路测试；对于与保护装置无电气连接的，则需上电确保装置能正常运行，并且根据附件的说明书测试其功能正常。

（1）交流电源回路测试。首先需核实屏内实际接线端子与图纸是否完全一致，相线、中性线、地线间两两不短路。

其次对使用交流电源的设备进行正常上电测试，如温湿度控制器、风扇、加热器、照明灯、交流插座等，依照图纸接入交流电源，相线、中性线、地线均需接入，测试设备是否能正常工作。不能直观验证的，如打印机电源线需量到正确的接入电压。在接入交流电源过程中需注意人身安全。

（2）屏顶小母线。如屏柜中含有屏顶小母线及其下引连接线，需用万用表核对屏顶节点与端子排之间的连接线是否一一对应。

十、测试打印、通信、对时

（1）串口打印测试。可采用模拟打印软件或屏柜内实际打印机测试打印功能。

（2）串口通信测试。整定保护装置的通信地址、通信规约类型，并设置客户端测试软件的相应参数，通信回路连接好后，测试报文、定值等信息召唤和定值下装等远方操作。

（3）网口通信。采用通信测试软件测试报文、定值等信息召唤和定值下装等远方操作。

（4）对时测试。利用对时装置提供对时信号输出检查装置的对时功能。

十一、试验收尾工作

对上述项目的试验结果进行相关记录，填写试验报告，功能试验以动作行为正确不拒动、不误动为合格。经质控部门电气检验后恢复所有部件，再次检查屏柜并交付出厂。

⁂ 第三节 现 场 试 验

一、安装调试试验

（一）试验目的

现场试验的目的是确保继电保护设备的安全投产运行，防止出厂运输和现场安装接线等原因导致的端子松动或回路连接错误，并检验外部回路的正确性，同时确定继电保护设备正常运行所需要的一些参数或定值。

（二）试验依据

GB/T 7261《继电保护和安全自动装置基本试验方法》

GB/T 14285《继电保护和安全自动装置技术规程》

DL/T 478《继电保护和安全自动装置通用技术条件》

DL/T 995《继电保护和电网安全自动装置检验规程》

（三）试验项目及流程

在保护安装过程中及接入外回路后，应进行的检查试验项目有以下几项：

（1）外观检查；

（2）绝缘检查；

（3）人机界面及各操作系统的试验检查；

（4）稳压电源性能的试验与检查；

（5）打印系统的试验检查；

（6）通道线性度试验及采样值打印、正确性分析；

（7）保护动作特性、定值及动作逻辑的试验检查；

（8）出口、连接片及信号回路的试验；

（9）远方通流及加压试验；

（10）传动试验。

所有的微机型抽水蓄能机组保护装置尽管在硬件结构、软件逻辑、操作键盘及管理系统等方面有所不同，但硬件平台的组成却大同小异。例如，所有的保护装置均有交流插件、电源插件、滤波回路、A/D变换、采样保持及出口信号回路。此外，还具有人机界面、键盘系统、接线端子排及各种按钮等。本节主要介绍对所有微机型抽水蓄能机组保护装置都适用的通用试验检查方法。

（四）试验准备工作

在现场进行检验工作前，应认真了解被检验装置的一次设备情况及其相邻的一、二次设备情况，与运行设备关联部分的详细情况，据此制定在检验工作全过程中确保系统安全运行的技术措施。应具备与实际状况一致的图纸、上次检验的记录、最新定值通知单、标准化作业指导书、合格的仪器仪表、备品备件、工具和连接导线等。

对于新安装保护设备，应先进行如下的准备工作：了解设备的一次接线及投入运行后可能出现的运行方式和设备投入运行的方案，该方案应包括投入初期的临时继电保护方式。检查装置的原理接线图（设计图）及与之相符合的二次回路安装图，电缆敷设图，电缆编号图，断路器操动机构图，电流、电压互感器端子箱图及二次回路分线箱图等全部图纸以及成套保护、自动装置的原理和技术说明书及断路器操动机构说明书，电流、电压互感器的出厂试验报告等。

对装置的整定试验，应按有关继电保护部门提供的定值通知单进行。工作负责人应熟知定值通知单的内容，核对所给的定值是否齐全，所使用的电流、电压互感器的变比值是否与现场实际情况相符合（不应仅限于定值单中设定功能的验证）。

（五）试验注意事项

继电保护检验人员在运行设备上进行检验工作时，必须事先取得发电厂运行人员的同意，遵照安全工作相关规定并履行工作许可手续。在试验过程中，应注意以下内容：

（1）对于已经投运或即将投运的保护装置，由于屏柜外线已接好，在进行试验之前，应首先断开以下屏柜外接线：所有的交流电压连线、跳断路器出线、与其他设备的保护装置（母差保护、失灵保护等）及回路有联系的线缆、发电机转子电压引线等，以防电压互感器二次反充电或者试验电流误通入其他运行设备引起其他保护误动。断开的端子应作记录，以便试验结束后正确恢复。

（2）使用交流电源的电子仪器（微机继电保护试验仪、示波器、电子毫秒表等）进行检验时，仪器外壳应与保护柜（或屏）在同一点可靠接地。

（3）严禁带电源插、拔装置插件。只有在断开直流电源的空气开关后，才允许拔、插操作。避免用手触及芯片及电路板，如必须触及应带专用接地手链。

（4）应严格控制通入大电流试验时的通流时间，以防损伤试验设备及保护装置。

为保证检验质量及加快试验速度，对试验设备的质量、性能及精度提出了较高的要求。主设备微机保护装置的试验设备应满足以下要求：

（1）试验仪表及试验装置应经有关部门检验合格，其精度满足试验要求。

（2）试验设备的容量应足够大，在试验过程中应确保不发生由于试验设备的容量不足使输出特性（包括电流、电压的波形）变坏、测量不精确的情况。

（3）试验电源装置的功能应满足对所校保护装置进行各种特性试验的要求。

（4）使用的电子设备应无漏电现象。

在保证加入保护装置的电气量与实际相符的情况下，试验接线力求简单明了。这样，既能保证校验质量，又能避免试验中出现故障或不安全现象。加入装置的试验电流和电压，建议从保护屏端子上加入。为保证检验质量，对所有特殊试验中的每一点，应重复试验三次，其中每次试验的数值与整定值的误差应满足规定的要求。

（六）外观及柜内接线检查

在进行试验检查之前，应断开所有外加电源（直流电源及交流电源）及带电的开入量回路。

1. 屏柜及柜内部件检查

（1）检查保护柜（盘）及保护机箱应无变形、损伤，屏柜内元件无损伤、脱焊或松动，端子无虚接松动，各接地线及接地铜排应固定良好。

（2）装置插件应完整无缺漏，检查插件无松动或损伤，插件与屏柜端子排的接线把座或接线端子紧固。

（3）对屏柜内其他部件进行检修及调整，包括与装置有关的操作把手、按钮、硬压板、插头、灯座等，这些部件回路中的端子排、电缆连线应固定牢靠及接触可靠。

2. 屏柜与外部系统连接回路检查

检查屏柜上的设备及端子排上内部、外部连线的接线应正确，接触应牢靠，标号应完整准确，且应与图纸和运行规程相符合。检查电缆终端和沿电缆敷设路线上的电缆标牌是否正确完整，并应与设计相符。

（七）人机界面及各操作系统的试验检查

不同的保护装置，所采用的操作系统和界面显示系统有所不同，应针对人机界面及各操作系统进行试验检查。屏柜设备上电前，应测量直流和交流电源回路是否有短路，以确保设备及人身安全。

屏柜上电后，通过实际操作，检查装置各功能键及界面显示的正确性，按照厂家说明书，对每个功能操作键进行操作检查。在检查时，应同时观察界面显示的各菜单的正确性、顺序性及操作过程与操作键相对应的功能与显示顺序的对应性。且各按键操作灵活，功能正确，屏幕显示清晰、稳定，否则，应查明原因并及时进行处理。

（八）开关量输入输出回路检查

在装置屏柜端子排处，按照装置技术说明书规定的试验方法，依次观察装置已投入使用的输出触点及输出信号的通断状态。

（九）二次回路绝缘检查

在对二次回路进行绝缘检查前，必须确认被保护设备的断路器、电流互感器全部停电，交流电压回路已在电压切换把手或回路空气开关处与其他单元设备的回路断开，并与其他回路隔离完好，在柜内铜排上拆除各回路的接地线，断开外加所有电源后，才允许进行。用专用短接线端子或测试盒，将各层机箱内直流稳压电源端子等输出端子及"0V"等端子可靠短接起来。

用1000V绝缘电阻表测量交流电流、电压回路、出口回路等各回路对地及各回路之间的绝缘电阻，测得的绝缘电阻应满足有关标准或规程的规定。在绝缘测试时，应注意：

（1）试验线连接要紧固。

（2）当装置有抗干扰电容时，在每次测绝缘之后应放电1次。

（3）当装置的5、15、24V系统无输出端子或无法进行在上述测量条件中所说的短接时，若用1000V绝缘电阻表测量各绝缘，应首先将各弱电插件（主要指CPU插件和DSP以及通信插件）拔出机箱。当测量完毕且恢复各接地点并插入各弱电插件后，可用数字万用表的兆欧挡，测量电源的24V、15V系统对地，以及24V系统与15V系统之间的绝缘电阻。

（4）在现场测量时，可不用绝缘电阻表而只用数字万用表测量5V和15V系统对地、24V系统对地，以及两者之间的绝缘。

（十）电流、电压互感器二次回路检查

（1）电流互感器二次回路检查。检查电流互感器二次绕组所有二次回路接线的正确性及端子排引线螺钉压接的可靠性。检查电流二次回路的接地点与接地状况，电流互感器的二次回路必须分别且只能有一点接地；由几组电流互感器二次组合的电流回路，应在有直接电气连接处一点接地。

（2）电压互感器二次回路检查。检查电压互感器二次、三次绕组的所有二次回路接线的正确性及端子排引线螺钉压接的可靠性。为保证接地可靠，各电压互感器的中性线不得接有可能断开的熔断器（自动开关）或接触器等。独立的、与其他互感器二次回路没有直接电气联系的二次回路，可以在控制室也可以在就地实现一点接地。

（十一）保护功能检查

根据试验定值，测试装置各个保护的动作逻辑、动作时间，以及各种工况下的闭锁逻辑。目前，抽水蓄能机组上应用的各种微机型发电机保护装置，尽管型号不同，硬件及软件平台有些差异，但所提供的保护种类、逻辑框图及输入/输出方式大致相同。本小节着重介绍各种保护的调试方法，重点针对一些较为复杂和特殊的保护功能，保护校验前，应给定相应的开关量输入，使装置当前辨识工况下该保护未被闭锁。

保护功能检查使用微机型继电保护测试仪，且测试仪为检验合格设备，模拟量输出通道数量和开关量输入输出数量满足测试的要求。试验前首先给上直流电源，然后对其所含各种保护的整定值进行整定并固化。当整定值整定完毕后，启动打印机打印出定值清单，清单中的各定值应与输入定值完全相同。

1. 发电电动机差动保护校验

（1）差动保护各通道平衡度校验。模拟发电电动机正常运行对差动保护A相两侧加入大小相等、方向相同的额定电流，观察其差流应基本为0。其他两相方法同上。

（2）差动最小动作电流及动作时间测试。投入发电机差动保护，依次在装置各侧加入单相电流，电流值大于1.05倍差动最小动作电流值时，差动保护应可靠动作；电流值小于0.95倍差动最小动作电流值时，差动保护应不动作。在装置加2倍最小动作电流时测量动作时间，动作时间不应大于30ms。

（3）比率制动特性测试。

1）折线式比率制动特性测试。只投入发电机差动保护，在A相两侧接微机测试仪两单相电流，分别在两侧通入相位相同的电流 I_{I} 和 I_{II}，电流数值接近，以差动保护不动作为准。增加一侧电流，使差动保护动作。记录下 I_{I} 和 I_{II} 电流值，计算出 I_{op} 和 I_{res}，根据 I_{op} 和 I_{res} 计算制动系数。起始点为只加单侧电流时的动作值，第一、二点为靠近拐点前后的两点，第三点应远离拐点，以检验拐点电流值及制动系数是否合理。

$$\begin{cases} I_{\text{op}} = \mid \dot{I}_{\text{I}} - \dot{I}_{\text{II}} \mid \\ I_{\text{res}} = \dfrac{\mid \dot{I}_{\text{I}} + \dot{I}_{\text{II}} \mid}{2} \end{cases} \tag{6-1}$$

制动系数为

$$K_{\text{res}} = \frac{I_{\text{op2}} - I_{\text{op1}}}{I_{\text{res2}} - I_{\text{res1}}} \tag{6-2}$$

B、C 相测试同 A 相。

2）变斜率比例制动特性测试。采用上述同样的方法记录下 I_{I} 和 I_{II} 电流值，并计算出 I_{op} 和 I_{res}，从而通过理论计算，检验实际比率差动动作电流 I_{op} 是否合理。

B、C 相测试同 A 相。

（4）差动速断保护检验。退出比率制动式差动保护，在各侧分别施加电流，电流值大于 1.05 倍速断整定值时，差动速断保护应可靠动作。差动电流值小于 0.95 倍速断整定值时，差动速断保护应不动作。在装置加 1.5 倍差动速断动作门槛电流时测量动作时间，动作时间不应大于 30ms。

2. 发电机定子匝间保护校验

（1）动作电流的测量。只投入发电机横差保护，在横差保护所用电流互感器加入 0.95 倍整定值电流，保护不动作；加入 1.05 倍整定值电流，保护可靠动作。

（2）动作时间的测量。使试验仪的输出电流等于 1.5 倍的保护动作电流，突加电流测动作延时。测得的动作延时不应大于延时定值的 1‰或 70ms。

3. 定子接地保护校验

（1）发电机 $3U_0$ 定子接地保护校验。

1）三次谐波电压滤过器检查。外加三次谐波电压，观察基波零序电压计算值，所加三次谐波电压与测量基波零序电压的比值（即三次谐波电压滤过比）应大于 100。

2）基波零序电压元件试验。只投入基波零序电压定子接地保护，在保护装置的中性点零序电压通道施加单相工频电压（是否施加机端零序电压视厂家说明书而定），测试保护动作值和返回值，误差不应大于零序电压整定值的 2.5‰或 0.1V。

3）时间元件试验。施加 1.5 倍定值的基波零序电压，测试保护动作时间，延时误差不应大于延时定值的 1‰或 70ms。

（2）发电机三次谐波定子接地保护校验。

1）三次谐波电压测量检查。外加三次谐波电压时，相应的三次谐波通道的电压显示值及三次谐波电压的计算值均应与外加电压值相等，最大相对误差不应大于 5%。

2）三次谐波电压比率保护检查。操作继电保护测试仪，使其输出电压的频率为 150Hz。在保护装置机端开口三角零序电压和中性点零序电压通道上施加三次谐波电压，维持中性点零序电压加量值不变，缓慢增加机端开口三角零序电压通道的施加量，直至保护动作。根据动作值计算出的三次谐波电压比率值与定值的偏差应在误差范围内。

保护若包含内部隐含判据，试验时应同时确保这些判据满足条件。比如有些型号的保护装置还需要满足机端正序电压大于一定值的辅助判据，应同时在机端加入满足要求的正序电压值。

3）三次谐波电压差动保护检查。操作继电保护测试仪，使其输出电压的频率为150Hz，在保护装置机端开口三角零序电压和中性点零序电压通道上施加三次谐波电压。以一定步长增减其中一路零序电压，直至保护动作。

保护若包含内部隐含判据，试验时应同时确保这些判据满足条件。

（3）注入式定子接地保护校验。

1）动作电阻正确性校验。加入外加低频零序电压和低频零序电流分别低于电压回路、电流回路监视定值，装置报注入低频电源异常；改变低频零序电压、电流幅值和相位，使得测量电阻低于报警定值，装置经整定延时报警；改变低频零序电压、电流幅值和相位，使得测量电阻低于跳闸定值，装置经整定延时跳闸。如果是在机组检修时校验，也可以在发电机机端或者中性点接地变压器的高压侧直接模拟经过渡电阻接地，装置测试结果应该和模拟的过渡电阻值一致，测量误差满足技术标准要求。

2）动作时间的测量。将保护的动作时间恢复到整定值，调节施加低频电流、电压量，使其等于 0.5 倍的动作电阻，测量保护的动作时间，其误差不应大于延时定值的1%或120ms。

（4）零序电流定子接地保护。操作试验仪，使输出工频电流值分别为 10、50、100、250mA 时，观察并记录相应电流通道的显示值及计算值。改变工频零序电流的幅值，使得电流大于定值，装置经整定延时跳闸。施加 1.5 倍动作电流值，测量保护的动作时间，其误差不应大于延时定值的1%或120ms。

4．失磁保护校验

（1）阻抗动作值测试。发电机失磁保护仅投入阻抗判据，使用继电保护测试仪施加三相对称的机端电流和机端电压，固定发电机机端电流不变，改变发电机电压使失磁保护动作，计算阻抗值应与整定值相符，误差不应大于阻抗定值的5%。

改变正序电流、正序电压相角，做出阻抗圆边界应与整定值相符。

（2）转子低电压元件的校验。

1）电压通道线性度校验。操作试验仪输出直流电压至保护装置的转子电压通道，观察并记录屏幕显示电压计算值。屏幕显示电压值等于外加电压值，最大相对误差不应大于 2.5%。

2）功率计算准确性校验。使用测试仪施加三相对称的机端电流、机端电压，查看装置功率计算值与理论值的相对误差不应大于5%。

3）失磁阻抗判据＋转子低电压判据。施加三相对称的机端电流和机端电压，使阻抗判据固定满足。同时施加很大的转子电压，失磁保护不动作。缓慢减小转子电压，直至动作，记录动作电压值。更改机端电流和机端电压的相角（功率随之变化），重复上述步骤，记录转子电压动作值。

根据上述记录数据，做出转子低电压元件随功率的动作特性。

（3）系统（或机端）低电压元件的校验。

1）失磁阻抗判据＋机端低电压判据。施加三相对称的额定机端电压，同时施加很大的三相对称的机端电流，使得整个试验过程中阻抗判据固定满足。缓慢同时减小机端三相电压，直至保护动作，记录机端电压动作值，与低电压定值的相对误差不应大于 2.5%。

2）失磁阻抗判据＋系统低电压判据。施加三相对称的机端电压和机端电流，使得整个试验过程中阻抗判据固定满足。同时施加额定的三相系统电压，缓慢同时减小三相系统电压，直至保护动作，记录系统电压动作值，与低电压定值的相对误差不应大于 2.5%。

（4）保护动作时间测试。仅投入阻抗判据模拟 0.8 倍阻抗整定值，测量失磁保护动作时间，误差不应大于延时定值的 1% 或 40ms。

（5）电压互感器回路断线闭锁功能检验。在电压通道上加三相平衡电压，然后断开一相，观察 TV 断线指示灯亮，模拟失磁保护阻抗条件满足，测试失磁保护经其闭锁；模拟电压互感器二次回路三相断线，测试失磁保护经其闭锁。

5. 失步保护校验

只投入发电机失步保护，测试前保护无电压互感器断线信号。失步保护一般采用三元件阻抗原理。保护应整定阻抗值、灵敏角、透镜内角、区内外滑极次数、跳闸设定等。失步保护阻抗采用机端正序电压、机端正序电流来计算，交流量的通入方法与失磁保护调试相同。

（1）滑极次数定值的校验。操作试验仪，通入三相对称的机端电压和机端电流，电压值应较低，使在试验操作过程中测量阻抗的变化轨迹始终落在区内外分界电抗线之下，即确保是区内失步。初始时刻，电压与电流按同相位输出，然后以某一速度改变电压与电流之间的相位，使电流向超前电压相位的方向上移动（角度变化步长设定为 $2°\sim 4°$），则测量阻抗的轨迹由三阻抗元件的不同区域依次通过，最后再回来初始位置，完成了一次滑极。不停地重复上述过程，至保护动作。保护动作时的滑极次数应等于整定值。

（2）跳断路器允许电流定值的校核。操作试验仪，使输出电流略大于跳闸允许电流的整定值，其他条件同上。以某一速度移动电压和电流之间的相角，重复上述试验。经过与滑极次数整定值相同的次数之后，保护应可靠不动作。

6. 定、反时限过负荷保护校验

定子过负荷、负序过负荷和励磁绕组过负荷三种过负荷保护功能均具有定时限段和反时限段，其试验方法类似。

（1）定时限过负荷保护校验。

1）动作电流校验。投入定时限定子过负荷保护，外加单相发电电动机电流，缓慢增加电流，直至保护动作，测试动作值的误差不应大于电流定值的 2.5% 或 $0.02I_N$。

对于定时限负序过负荷，测试方法相似，只是外加电流为三相对称负序电流，测试动作值的误差不应大于电流定值的 5% 或 $0.02I_N$。

对于励磁绕组过负荷，测试方法相似，只是外加电流为励磁变压器电流，测试动作值的误差不应大于电流定值的 2.5% 或 $0.02I_N$。

2）动作延时校验。外加 1.5 倍动作定值的电流，测量动作延时，动作延时的误差不应大于延时定值的 1% 或 40ms。

（2）反时限定子过负荷保护检验。

1）上限动作电流及动作时间的校验。操作试验仪，使加入保护的单相电流等于 1.5 倍上限动作电流定值，测量反时限保护的动作时间，动作延时的最大误差不应大于延时定值的 1% 或 40ms。

2）反时限特性的校验。操作试验仪，输出不同标幺值（以发电电动机额定二次电流为基准值）大小的电流，测量反时限保护动作时间，分别与理论动作时间比较，准确度满足产品说明书相应要求。

（3）反时限负序过负荷保护检验。

1）上限动作电流及动作时间的校验。操作试验仪，使加入保护的三相负序对称电流的值等于 1.5 倍上限动作电流定值，测量反时限保护的动作时间，动作延时的最大误差不应大于延时定值的 1% 或 40ms。

2）反时限特性的校验。操作试验仪，输出不同标幺值（以发电电动机额定二次电流为基准值）大小的电流，测量反时限保护动作时间，分别与理论动作时间比较，准确度满足产品说明书相应要求。

（4）反时限励磁绕组过负荷保护检验。

1）上限动作电流及动作时间的校验。操作试验仪，使加入保护的电流值等于 1.5 倍上限动作电流定值，测量反时限保护的动作时间，动作延时的最大误差不应大于延时定值的 1% 或 40ms。

2）反时限特性的校验。操作试验仪，输出不同大小的励磁电流，测量反时限保护动作时间，分别与理论动作时间比较，准确度满足产品说明书相应要求。

7. 转子接地保护校验

（1）乒乓式转子接地保护校验。在大轴接地端和转子负极或正极端子上接一可调电阻器，在转子正、负极之间通入 100V 左右的直流电压，缓慢地减小电阻器的阻值至转子接地保护动作，保护动作时的电阻值应与整定电阻相符，当整定值在 1～5kΩ 时允许误差为 ±0.5kΩ，当整定值大于 5kΩ 时允许误差为 ±10%。

（2）注入式转子接地保护校验。在大轴接地端和转子负极端子上接一可调电阻器，在转子正、负极之间通入 100V 左右的直流电压，缓慢减小电阻器的阻值至转子接地保护动作，记录保护动作时的电阻值。保护动作时的电阻值应与整定电阻相符，当整定值在 1～5kΩ 时允许误差为 ±0.5kΩ，当整定值大于 5kΩ 时允许误差为 ±10%。

（3）转子不同位置一点接地模拟及校验。上述校验转子一点接地的方法局限性在于接地位置不是在正极就是在负极，无法模拟转子绕组中间或者任意位置的接地。如果要模拟转子绕组任意位置接地，需要搭建试验回路，以滑线变阻器模拟转子绕组进行试验。以某型号注入式转子接地保护为例的接线示意图如图 6-2 所示。若为乒乓式原理，则外部接线方式（转子电压正、负极以及大轴线的接线）与此图相同，仅装置内部接线端子部分有一定不同。

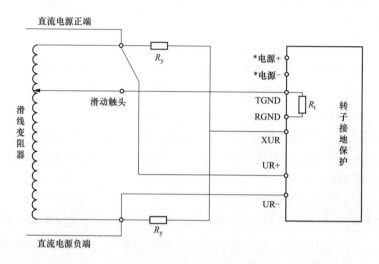

图 6-2 相角校正试验接线方法

用来模拟转子绕组的滑线变阻器阻值一般选择 $100\sim200\Omega$，通流能力为 $1\sim2A$。将模拟励磁电压的正极和负极分别接到滑线变阻器固定的两端，并同时接到保护装置的转子正极和负极端子上，将滑线变阻器的活动端串接一个可调电阻器以后再接到装置的大轴端子上（示意图上是活动端串接了一个不可调的试验电阻以后再接到大轴上，为简略接法）。

接线完成后，利用测试仪输出 100V 左右的直流电压模拟转子励磁电压，此时装置能够测量到一点接地电阻值为可调电阻器的阻值，接地位置为滑动触头所在的位置，一般位置用百分数显示，比如负极接地位置为 0，则滑动触头距离负极位置为 30％时（滑线变阻器一般有标尺），则装置显示接地位置也约为 30％。根据需要改变滑动触头的位置，装置测量接地位置应与滑线变阻器触头所在位置一致，装置所测接地电阻应与触头与大轴之间所串接的可调电阻器的电阻值一致。

注意测试仪输出的直流电压要大于装置判别位置所需的最小电压，同时应保证该电压不会使得滑线变阻器因电流太大而发热严重甚至烧坏。若转子接地为单端注入原理，因单端注入原理无法检测接地位置，故无须进行接地位置测量试验。

8. 过电压及低电压保护校验

（1）动作电压定值的校验。操作试验仪，缓慢增加输出电压至过电压保护动作，记录动作电压，该动作电压应等于过电压保护的整定值，误差不应大于电压定值的 2.5％或 $0.01U_N$（二次额定电压）。

缓慢降低试验仪输出电压至低电压保护定时限元件动作。记录动作电压，该动作电压应等于低电压保护的整定值，误差不应大于电压定值的 2.5％或 $0.01U_N$。

（2）动作延时的测量。操作试验仪，使输出电压为过电压保护整定电压的 1.5 倍。突然加电压测量动作时间，测出的时间应等于过电压保护的整定时间，误差不应大于延时定值的 1％或 40ms。

低电压保护试验方法相似，操作试验仪，使输出电压为低电压保护整定电压的 0.8 倍。突然降低电压测量动作时间，测出的时间应等于低电压保护的整定时间，动作延时的最大误差不应大于延时定值的 1％或 40ms。

9. 过励磁保护校验

（1）定时限过励磁保护校验。

1）过励磁倍数定值的校验。暂将保护的动作延时调到最小。操作试验仪，缓慢增加试验仪输出电压或降低电压的频率至过励磁保护定时限元件动作。记录使保护刚刚动作时的电压和频率，并计算出过励磁倍数，其过励磁倍数（即电压与频率之比）应等于过励磁保护定时限元件的整定值，误差不应大于定值的 2.5％。

2）动作延时的测量。恢复保护的动作延时，使其等于整定值。操作试验仪，使输出电压为过励磁保护定时限元件整定的过励磁倍数的 1.5 倍。突然加电压测量动作时间，测出的时间应等于过励磁保护的整定时间，动作延时的最大误差不应大于延时定值的 1％或 70ms。

（2）反时限过励磁元件的动作特性。

1）下限动作值及动作时间的测量。调节试验仪，使其输出电压与频率之比等于 1.05 倍的下限定值。突加电压测量动作时间，测出的时间大致等于过励磁保护下限的整定时间，误差不应大于定值的 1％或 3.5 倍电气周期。

2）上限动作值及动作时间的测量。调节试验仪，使其输出电压与频率之比等于上限过励磁保护整定值的 1.05 倍。突加电压测量动作时间，测出的时间应等于上限的整定时间，误差不应大于定值的 1％或 3.5 倍电气周期。

3）反时限特性试验。操作试验仪，使其输出电压与频率之比分别为 1.1、1.15、1.2、1.25、1.3、1.35 及 1.4 时，突加电压测出对应的过励磁倍数下的动作时间。分别与理论动作时间比较，准确度满足产品说明书相应要求。

10. 功率保护校验

（1）功率计算正确性校验。使用测试仪施加三相对称的机端电流、机端电压，查看装置功率计算值与理论值的相对误差不应大于 5％。

（2）功率动作值的校验。操作试验仪，缓慢增加输出的三相电流，使负向有功功率增大至发电机逆功率保护动作，记录保护刚刚动作时的有功功率。要求：功率动作值的误差不应大于定值的 10％。

缓慢降低输出的三相电流，使有功功率降低至电动机低功率保护动作，记录保护刚刚动作时的有功功率。要求：功率动作值的误差不应大于定值的 10％或 $0.002P_N$。

（3）动作时间的校验。恢复保护的动作延时，使其等于整定值。操作试验仪设定值，使负向有功功率为发电机逆功率保护整定功率的 1.2 倍。突加功率测量动作时间，记录动作时间，测量时间应等于整定值，动作延时的最大误差不应大于延时定值的 1％

或 40ms。

操作试验仪设定值，使有功功率为电动机低功率保护整定功率的 0.8 倍。突然降低功率测量动作时间，记录动作时间，测量时间应等于整定值，动作延时的最大误差不应大于延时定值的 1% 或 40ms。

11. 频率异常保护校验

（1）频率定值测试。暂将保护的动作延时调到最小。操作试验仪，缓慢增加（降低）输出电压频率，使输出电压的频率至过频（低频）保护动作，记录保护刚刚动作时的频率。要求：动作时的频率应等于整定值，误差不应大于 0.05Hz。

（2）动作时间的测量。恢复保护的动作延时，使其等于整定值。操作试验仪，使输出电压的频率高于过频保护整定频率（或低于低频保护整定频率）。突加电压测量动作时间，记录动作时间，测量时间应等于整定值，动作延时的最大误差不应大于延时定值的 2.5% 或 3.5 倍电气周期。

（3）频率累计定值测试后，需注意将试验累计时间清零。

12. 误上电保护校验

暂将保护的动作延时调到最小。操作试验仪，由零突然增加某一相（例如 A 相）的电流，若突加的电流为动作电流的 1.05 倍，则误上电保护动作，突加电流为定值的 0.95 倍时，误上电保护不动作。测试动作值的误差不应大于电流定值的 5% 或 $0.02I_N$（二次额定电流）。

然后，恢复保护的动作延时，使其等于整定值。操作试验仪，使某相（例如 A 相）输出电流等于 1.5 倍的整定值电流。突加电流测量动作时间，记录动作时间，该时间应等于整定值，动作延时的最大误差不应大于延时定值的 1% 或 40ms。

13. 启动过程保护校验

（1）低频差动保护校验。操作试验仪，依次在装置各侧加入单相电流，电流值大于 1.05 倍差动最小动作电流值时，差动保护应可靠动作；电流值小于 0.95 倍差动最小动作电流值时，差动保护应不动作。在装置加 2 倍最小动作电流时测量动作时间，动作时间不应大于 40ms 或 2 倍电气周期。

（2）低频零序电压保护校验。暂将低频零序电压保护的动作时间调到很小值。操作试验仪，使其输出频率为 25Hz，并缓慢增大输出电压至保护动作，记录保护刚刚动作时的电压值。要求：保护动作时的外加电压等于整定动作电压值，误差不应大于定值的 5% 或 $0.02U_N$。

然后恢复保护的动作延时，使其等于整定值。操作试验仪，使试验仪的输出电压为 1.2 倍的低频零序电压保护整定值电压。突加电压测量动作时间，记录动作时间，该时间应等于整定值，误差不应大于定值的 1% 或 2 倍电气周期。

（3）低频过电流保护校验。暂将低频过电流保护的动作时间调到很小值。操作试验仪，使其输出频率为 25Hz，并缓慢增大输出电流至保护动作，记录保护刚刚动作时的电流值。要求：保护动作时的外加电流等于整定动作电流值，误差不应大于定值的 5% 或 $0.05I_N$。

然后恢复保护的动作延时，使其等于整定值。操作试验仪，使试验仪的输出电流为1.2倍的低频过电流保护整定值电流。突加电流测量动作时间，记录动作时间，该时间应等于整定值，误差不应大于定值的1%或2倍电气周期。

14. 发电电动机断路器失灵保护校验

（1）相电流及负序电流、零序电流定值校验。

1）相电流定值的校验。暂将零序电流及负序电流定值调大（大于相电流定值），短接相应的开入量（如保护动作开入）后，操作试验仪，由零增大某相电流（例如A相）至回路出口动作，记录动作电流。然后缓慢降低该相电流至该回路出口动作返回，记录返回电流，测试得到的动作值的误差不应大于定值的2.5%或$0.02I_N$。

2）负序电流定值的校验。暂将相电流及零序电流的定值抬高到负序电流定值的3.5倍以上，使负序电流的动作值等于整定值。短接相应的开入量（如保护动作开入）后，操作试验仪，由零增大某相电流（例如A相）至回路出口动作，记录动作电流。再降低该相电流至回路出口动作返回，记录返回电流，测试得到的动作值的误差不应大于定值的5%或$0.02I_N$。

（2）动作时间的测量。恢复保护的动作延时，使其等于整定值。操作试验仪，使其相电流大于相电流的整定值，突加电流，记录动作时间。该时间应等于整定值，最大误差不应大于延时定值的1%或40ms。

15. 电压相序保护校验

暂将电压相序保护的动作时间调到很小值。操作试验仪，由零缓慢增大输出的三相负序电压至保护动作，记录保护刚刚动作时的负序电压值。要求：保护动作时的外加负序电压等于整定动作电压值，误差不应大于定值的5%或$0.02U_N$。

然后恢复保护的动作延时，使其等于整定值。操作试验仪，使试验仪输出的三相负序电压为1.2倍的电压相序保护整定值电压。突加电压测量动作时间，记录动作时间，该时间应等于整定值，最大误差不应大于延时定值的1%或2倍电气周期。

16. 电流不平衡保护校验

暂将电流不平衡保护的动作时间调到很小值。操作试验仪，由零缓慢增加某一相（例如A相）的电流，至电流不平衡保护刚刚动作，记录动作电流，该电流应等于整定值，误差不应大于定值的5%或$0.02I_N$。

然后，恢复保护的动作延时，使其等于整定值。操作试验仪，使某相（例如A相）输出电流等于1.2倍的整定值电流。突加电流测量动作时间，记录动作时间，该时间应等于整定值，最大误差不应大于延时定值的1%或2倍电气周期。

17. 轴电流保护校验

（1）动作电流的测量。暂将动作时间调到零。操作试验仪，缓慢由零增加输出电流，至保护刚刚动作，记录动作电流。动作电流应等于整定值，误差不应大于定值的2.5%或$0.01I_N$。

（2）动作时间的测量。恢复保护的动作时间为整定值，操作试验仪，使输出电流为1.2倍的动作电流。突加电流测量动作时间，记录动作时间。测量时间应等于整定值，最大误差不应大于延时定值的1‰或40ms。

（十二）对试验记录的要求

为了便于对微机保护的状况进行跟踪监督，每次的校验应有记录。试验记录中，可用数字或表格的形式记录各保护的动作特性及主要参数（动作值、返回值、动作时间及动作特性等）。在试验记录中，应采用文字形式记录试验所用仪器、仪表及其他装置的型号及规范。此外，还应详细记录试验所发现的问题、处理办法及效果等，并注明试验日期及试验人员。

二、启动前试验

在发电机变压器等设备准备投运之前，应根据要求对其整套保护装置及其二次回路的性能和正确性进行最后的核准及验证，并对某些保护的定值进行整定。

（一）试验条件

整套保护装置已调试完毕，所有缺陷已被消除。而且已经通过试验检验了保护柜后端子排上的各端子与保护装置实际要求完全相符，并与设计图纸完全一致。保护装置柜后需要接地的端子排端子已可靠接地（接在铜排上）。除了带电的电压互感器二次回路、跳运行断路器的跳闸回路及启动其他运行设备保护回路（例如启动失灵及程控跳闸回路）的出线之外，其他端子排外侧的接入线已全部接在了端子排上。端子排上的所有接有线的端子已用专用螺丝刀拧紧，特别是电流互感器二次端子排上的连接片固定螺栓。

打印一份完整的定值清单，并仔细与上级部门下达的定值通知单进行核对（特别是控制字），要求二者完全一致。

（二）交流电压、电流回路检查

按照规程及反措要求，对电压互感器及电流互感器端子箱至保护柜的二次回路进行认真的检查。检查结果应满足以下要求：

（1）各组电流互感器（差动电流互感器除外）的二次，均应有可靠的"保安"接地点；差动保护的各组电流互感器二次只能有一个公共的接地点。

（2）电压互感器二次回路各自通过各自的专用线将电压互感器二次电压及开口三角形电压分别引到保护屏上。各组电压互感器二次只能有一个接地点。

（3）发电机中性点电压互感器二次只能有一个接地点，且接地点在保护屏上。发电机中性点电压互感器一次及二次回路中均不应有熔断器。

（三）远方通流试验

电流互感器二次出线应可靠接在电流互感器端子箱端子排上并与引至保护柜的电缆线可靠连接。加电流处应在电流互感器安装处的电流互感器端子箱端子排上。端子箱及保护柜安装处之间应有可靠的通信联络（用对讲机或直通电话）。在电流互感器端子箱端子排上加电流，而在保护屏前观察并记录电流值。在每次加流试验之前，应首先操作保护装置界面键盘或拨轮开关，调出预加电流的电流通道显示界面。需要注意的是，应注意防止因加量过大导致的通道过热损坏。

保护通道显示的电流值与远方外加电流值应相等，最大相对误差不大于 5%。通流试验时需要注意三相电流回路还应该通入不同大小的电流，以确认电流回路中性线的正确性。如果外加电流与保护通道显示电流不相等，且相差较大，说明回路有问题，应尽快查明原因并进行处理。

（四）远方加压试验

电压互感器二次出线应可靠接在电压互感器端子箱端子排上并与引至保护柜的电缆线可靠连接。在试验之前，应首先在电压互感器端子箱端子排上断开至电压互感器的所有引线，且拉开电压互感器一次隔离开关。若电压互感器二次有熔断器或快速熔断开关，还应去掉熔断器或断开快速熔断开关，以保证加压试验时不对电压互感器一次反充电。还应确认在被试电压互感器二次的其他回路上无人工作。

在电压互感器端子箱的端子排上加电压。加压试验应在电压互感器端子箱及保护安装处同时进行，该两处之间应有可靠的通信联系。在电压互感器端子箱端子排上加电压，而在保护装置安装处读取及记录电压值。

缓慢升高电压至额定值，观察并记录保护装置界面显示的电压值。如果该电压还并联加在其他保护机箱内，试验时还应调出其他保护装置相应的电压显示通道，观察并记录其他通道显示的电压值。需要注意的是，应注意防止因加量过大导致的通道过热损坏。

保护通道显示电压值应等于外加电压值，最大相对误差不应大于 5%。通压试验时需要注意三相电压回路还应该通入不同大小的电压，以确认电压回路中性线的正确性。如果外加电压与保护通道显示电压值相差很大，说明回路有问题，应尽快查明原因并进行处理。

（五）信号传动试验

目前，发电厂的信号系统是各种各样的。对于较早投运的抽水蓄能电站，有专用的音响系统及灯光显示系统；较晚投运的抽水蓄能电站，多采用水电监控系统。但是，不管哪种系统，信号的指示均应正确地反映保护的动作情况。

对于微机型机组保护装置，在保护柜上模拟保护动作发出的信号，除了采用在柜后竖端子排上短接保护的相应触点之外，还可以采用传动试验方法，即采用操作命令使某种保护的某一段动作，然后观察并记录远方的动作信号。

在用操作命令做信号传动试验之前，应首先打开各保护的出口跳各断路器连接片，以避免多次跳合断路器。此外，在做信号传动试验之前，还应仔细检查启动其他运行保护（例如母线保护等）的回路是否已可靠打开，跳运行断路器的回路是否已可靠打开，该回路盘外的引出线是否在端子排上已拆除并已包好。

对于开关量保护（例如轻瓦斯保护、温度保护等），应在相应继电器安装处（例如变压器本体处或变压器端子箱）用短接继电器触点的方法进行传动检查。

在试验过程中，发生常见的缺陷有回路接错（即被传动的保护与远方显示的动作信号不一致）及回路接触不良等。

（六）操作传动试验

操作传动试验实质是跳合断路器试验，一般手动合断路器，而用保护装置跳断路器。保护跳断路器的方法，一般采用以下两种：一种是在保护柜后端子排上短接跳断路器的一对触点；另一种方法是在端子排上加电量使某种保护动作跳断路器。

为了一次试验能跳多台断路器（例如同时跳主变压器高压侧断路器和发电电动机灭磁开关等），通常采用加电量使某种保护动作跳断路器的方法。在试验时，被传动的保护应是主保护。对机组保护装置而言，在端子排上加电流使其动作的保护通常选择发电电动机差动保护、变压器差动保护及高压厂用变压器差动保护。另外，还应传动重瓦斯保护。传动重瓦斯保护的办法，是在变压器本体上短接重瓦斯继电器的出口触点。

通过传动试验使保护装置动作出口来跳断路器时，应该将所有涉及的断路器都合上（除了运行中的断路器），并在保护屏柜上将保护装置所有的出口回路压板均投入，某保护动作后应仔细核对动作行为和保护整定的跳闸出口方式一致（运行的回路应用万用表监测出口），同一种出口方式的保护可任选一个保护功能进行传动，有不同出口方式的保护需要分别传动，确保保护出口方式和整定的跳闸方式一致。

三、启动及带负荷试验

对于新装或大修后的发电电动机或发电电动机变压器组，为检查一次设备及二次设备回路的性能和正确性，在并网运行之前通常要做短路试验和空载试验。在发电机短路试验及空载试验的过程中，应对保护装置及其电流、电压回路进行检查。

（一）短路试验

机组投运前短路试验的短路点位置有主变压器高压侧、发电电动机机端和高压厂用变压器低压侧。短路试验的目的是检查三相电流的对称性，以确定一次设备内部是否存在短路点，并结合空载特性来求取电动机参数。在此试验过程中，继电保护设备可校验一次电流互感器和电压互感器极性，并通过保护装置的差动电流等计算结果来辅助判断一次设备是否存在故障或异常。

1. 主变压器高压侧短路试验时保护检查项目

试验开始时，短路电流较小，此时应操作保护界面键盘，调出界面显示电流的通道，尽快检查保护电流、电压、差流和相角等测量结果，及时发现问题。

（1）检查各电流通道采样，确认电流回路是否存在开路或相序错误等异常。此时需要检查的回路有：主变压器高压侧电流、发电电动机机端电流、发电电动机中性点电流、励磁高压侧电流、励磁低压侧电流、主变压器高压侧零序电流（基本为0）。电流回路开路比较危险，一旦发现需要尽快灭磁后修正回路接线。

（2）电流互感器二次回路极性校核。检查发电电动机差动极性、主变压器差动极性。电流回路检查无误，短路电流会继续增加，此时注意检查上述几个差动的极性。如果发现差动保护的差流特别大，致使差动保护误动，一般情况是差动电流互感器接线或极性接错。如碰到此情况，应仔细分析，确定问题所在，然后再进行处理。

2. 高压厂用变压器低压侧短路试验检查项目

高压厂用变压器低压侧短路试验的目的，主要是检查高压厂用变压器两侧电流互感器变比及其二次回路的正确性，检查主变压器差动、高压厂用变压器差动电流互感器二次极性的正确性，校验高压厂用变压器差动保护的整定值。试验开始时，短路电流较小，此时应尽快检查保护电流、电压、差流和相角等测量结果，及时发现问题。

（1）电流回路是否存在开路或相序错误等异常。此时需要检查的回路有：高压厂用变压器高压侧电流、低压侧电流、发电电动机机端电流、发电电动机中性点电流、励磁高压侧电流、励磁低压侧电流等。

（2）电流互感器二次回路极性校核。电流增大的时候，检查高压厂用变压器差动、主变压器差动、发电电动机差动的极性。电流一般升到高压厂用变压器的额定值，此过程如发电电动机电压互感器投入也可以看到电压采样。如果厂用变压器容量很小，短路电流可能不能明显确定主变压器差动的极性，此时需要用高精度相位表测试主变压器差动保护用厂用变压器高压侧电流和机端电流的相位关系，确认差动的极性；也可以通过保护装置录波的波形分析，比较波形的相对关系。

3. 发电电动机机端短路试验

通过查看保护装置测量结果，确认模拟量输入回路是否存在异常。此时需要检查的回路有：发电电动机机端电流、发电电动机中性点电流、横差电流，励磁高压侧电流、励磁低压侧电流。检查发电电动机差动的极性。

4. 短路试验时保护采样量相角检查

（1）每个电流输入回路：AB、BC、CA 均为 $120°$。

（2）发电电动机差动：各种短路时，机端、中性点电流间相角为 $0°$。

（3）主变压器差动：主变压器短路时，高压侧、机端电流间相角检查；高压厂用变压器低压侧短路时，机端（或中性点）、高压厂用变压器高压侧电流间相角应为 $180°$；若现场主变压器高压侧为 3/2 接线，则当高压侧短路时，高压侧一支路、二支路电流间相角为 $0°$。

（4）高压厂用变压器差动：高压厂用变压器低压侧短路试验时，高压厂用变压器高压侧、低压侧电流间相角检查。

（二）空载试验

1. 测量和检查项目

在做发电机空载试验之前，应将发电电动机及主变压器的保护（特别是主保护）投入运行。在发电机并网前空载试验时，进行以下试验和测量：

（1）电压互感器二次接线正确性检查；

（2）三次谐波定子接地保护整定值的整定；

（3）发电机定子绕组单相接地试验。

2. 电压互感器二次接线正确性检查

检查三相交流电压输入回路测量是否平衡，无较大的零序和负序电压分量，各三相电压输入回路：AB、BC、CA 均为 $120°$ 左右。若三相电压输入回路相角不是稳定的 $120°$，且有一定的零序和负序电压，可能原因之一是三相电压回路的 N 线未接好。

检查机端开口三角电压等单相电压输入回路的电压谐波分量测量结果。若机端开口三角电压三次谐波分量正常，但是中性点零序电压的三次谐波分量很小，则可能是中性点接地变压器没有投入（例如接地变压器隔离开关未合），也有可能是接线错误。

3. 三次谐波定子接地保护整定值的整定

三次谐波定子接地保护基于发电电动机中性点和机端电压中的三次谐波电压分量，其大小和相位关系除与发电机的固有三次谐波电动势有关之外，还与抽水蓄能机组主接线、发电电动机中性点的接地方式、机端电压互感器变比、中性点抽取电压设备（配电变压器、消弧线圈或单相电压互感器）的变比有关。因此，对三次谐波定子接地保护各系数的整定一般通过实测获取。依据并网前空载时机端开口三角电压与中性点零序电压的三次谐波分量比值，乘以可靠系数（1.2~1.5）作为三谐波定子接地保护的并网前定值。并网后定值可以暂时按照并网前定值进行预整定，待机组并网后，观测不同运行工况和不同负荷状态下的三次谐波电压分量，按可靠躲过所有工况下三次谐波比率实测值进行整定。

4. 注入式定子接地故障现场模拟试验示例

外加低频电源式定子接地保护与中性点接地设备（接地变压器、负载电阻）、发电机定子绕组对地电容，以及与定子绕组相连设备（包括主变压器低压侧、厂用变压器高压侧、励磁变压器高压侧、机端电压互感器等）对地电容密切相关，因此必须进行现场相关试验来确定保护定值。不同厂家注入式定子接地保护现场试验方法不尽相同，应根据厂家说明书进行。

此处仅以 PCS-985 注入式定子接地保护试验为例进行说明。某抽水蓄能机组，发电电动机相关参数为：发电电动机额定电压 15.75kV；发电电动机额定功率 250MW。接地变压器相关参数为：容量 90kVA；变比 15.75/0.5kV；阻抗电压（％）不小于 5.1；二次负载电阻 0.86Ω；穿心式中间电流互感器变比 800/5。试验过程如下：

（1）装置静态检查。检查注入电源辅助装置和保护装置，确定电源正常、模拟量采样正常，以及外部接线正常。

（2）相角校正试验。发电机静止状态下，更改保护回路接线，将正常接线图 6-3（a），改为相角校正试验接线图 6-3（b），使得保护装置测量负载电阻两端的电压和流过负载电阻的电流。

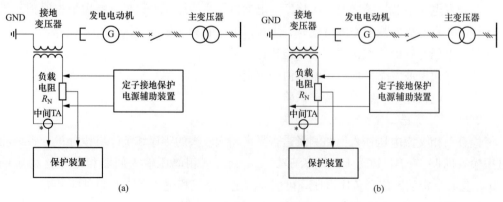

图 6-3 相角校正试验接线方法
(a) 正常接线；(b) 试验接线

读取此时装置测得的相角 φ，则相角补偿定值 $\varphi_C = \varphi - 180°$，其中 φ_C 的范围是 $0°\sim90°$ 或 $270°\sim360°$，校正后的角度应该为 $180°$，试验结束后恢复接线。

（3）阻抗补偿试验。发电机静止状态下，接地变压器高压侧对地短路，即模拟发电机中性点金属性接地故障。投入"补偿试验状态投入"控制字，读取测量电阻二次值、测量电抗二次值，分别作为电阻补偿值、电抗补偿值。补偿后的电阻值应该接近为零。同时，注意读取低频电压值，用于电压回路监视定值整定。试验结束后恢复接线。

（4）定子绕组单相接地故障模拟试验。发电机静止状态下，中性点经过电阻接地，从装置中读取测量接地电阻的一次值，与实际电阻比较后，按式（6-3）调整折算系数

$$K_R = R_E / R_{E.SEC} \tag{6-3}$$

式中　K_R——电阻折算系数；

　　　R_E——实际接地故障电阻的阻值（一次值）；

　　$R_{E.SEC}$——装置测量到的接地电阻的二次值。

调整折算系数后，装置测量结果（一次值）应与实际电阻阻值相对应。

试验中，接地电阻若达到报警段，且投入"测量电阻报警投入"控制字，则经过设定的延时后装置出口报警信号；接地电阻若达到跳闸段，且投入"测量电阻跳闸投入"控制字，则经过设定的延时后装置出口跳闸信号。试验结束后恢复现场。

（5）发电机升压状态下的保护试验。发电机空载缓慢升压至 30% 额定电压，发电机中性点处接入一过渡电阻模拟接地故障，保护装置应能测出该阻值，并出口报警信号或跳闸信号。如果与发电机静止状态下的测量电阻结果有一些偏差，则应适当调整补偿值，使发电机运行情况下的测量接地电阻与实际过渡电阻阻值相一致。试验结束后恢复现场。

注意：发电机中性点可能有较高的电压，试验过程中必须注意人身安全，模拟接地时应通过绝缘棒将模拟接地的电阻接到发电机中性点处。

例如：根据现场试验，模拟金属性接地故障时，实测：A 屏低频电压信号约为 $0.07V$，故可取电压回路监视定值为 $0.5\times0.07V = 0.035V$，取 $0.03V$。低频电流报警定值根据正常时最低实测低频电流信号整定。正常运行时，A 屏实测低频电流信号约为 $6.14mA$，故可取电流回路监视定值为 $0.5\times6.14mA = 3.07mA$，取 $3mA$。

（6）发电机并网状态下的保护试验。发电机并网状态下，若具备条件，可在发电机中性点处接入一过渡电阻模拟接地故障，保护装置应能测出该阻值，并出口报警信号或跳闸信号。如果与发电机静止状态下的测量电阻结果有一些偏差，则应适当调整补偿值，使发电机运行情况下的测量接地电阻与实际过渡电阻阻值相一致。试验结束后恢复现场。

注意：发电机中性点可能有较高的电压，试验过程中必须注意人身安全，模拟接地时应通过绝缘棒将模拟接地的电阻接到发电机中性点处。

（三）并网后检查项目

发电机并网运行后的试验及测量项目有各差动保护差流的测量及并网后三次谐波电压比率定值整定。

1. 差动保护差流等测量值检查

（1）各电流回路和差动回路按照短路试验方法来检查，电压回路按照空载试验的方法来检查。

（2）在并网带负荷之后，注意检查一下电压电流的角度在以下范围则是正确的（发电电动机正常输出有功功率；以下都是电压超前电流的角度）：

1）主变压器高压侧电压电流之间：$180°\sim270°$；

2）发电电动机电压电流：$0°\sim90°$；

3）发电电动机有功功率：$+0\%\sim100\%$（保证为正值）。

（3）各零序电流互感器的零序电流基本为 0，若较大需要检查回路问题，回路无问题可能是负荷不平衡所致，如不是负荷不平衡则肯定是回路问题。

2. 并网后三次谐波电压比率定值整定

在不同的负荷阶段（如 10%、30%、50%、100%负荷）分别记录机端开口三角三次谐波电压与中性点三次谐波电压的比值，将记录值中的最大值乘以可靠系数（可取 1.2~1.5）作为三次谐波定子接地的并网后定值。

3. 零序差动保护极性校验

如果投入了零序差动保护，应校核主变压器中性点零序电流通道的极性，防止因极性错误导致区外接地故障时保护误动。校验方法是通过主变压器保护装置捕捉到的主变压器空充过程的录波数据，比对变压器空充过程中主变压器高压侧自产零序电流与中性点零序电流的幅值和相位，若不一致，则认为极性接反。

第七章

继电保护运行及维护

　　继电保护设备的运行与维护是确保抽水蓄能电站安全可靠、稳定运行的前提和保证，保护配置使用不当或不正确动作，可能造成设备损坏、人身伤亡或破坏电力系统安全稳定。继电保护设备的运行维护是系统而复杂的，尤其是当前继电保护装置的状态检修尚未成熟，因此需要在总体的宏观规划下，分层逐步实施推进，确保继电保护运行维护的每一步实施都合理稳妥，并通过完善有效的管理制度加强对继电保护运行维护的管理。对继电保护装置的维护要全面了解设备的初始状态，并注意收集整理设备图纸、技术资料以及相关设备各阶段检测和运行的数据资料。要对设备生命周期中各个环节进行全过程的管理，保证设备正常、安全有效的使用。

⊪ 第一节　运　行　操　作

一、运行管理

　　抽水蓄能电站继电保护装置的运行管理工作总原则是统一领导、分级管理。抽水蓄能电站继电保护人员负责继电保护装置的日常维护、定期检验和定值输入，当微机继电保护装置发生不正确动作时，应调查不正确动作原因，并提出改进措施。抽水蓄能电站运行值班人员负责与调度人员核对保护装置定值以及保护装置的投入、停用等操作，并对继电保护装置和二次回路进行巡视。

　　（1）日常运行维护工作规定。电站运行值班人员在运行和操作过程中应严格按"两票三制"及相关的安全规程执行。检修维护人员在保护装置或二次回路上工作前，必须由运行人员审查继电保护工作人员的工作票内容及其安全措施。保护装置硬压板的投入、退出等操作由运行人员进行，在操作保护压板时，应注意不得与相邻压板及有关设备接触，以防止保护误动或直流接地。继电保护工作完毕，运行人员检查工作票中所列安全措施恢复情况、保护压板和空气开关位置投入是否正确，以及检查工作内容交代是否清楚等。

　　继电保护及安全自动装置在变更（包括运行方式、定值整定等）后，运行人员必须和当值调度员进行定值通知单的核对，无误后方可投入运行。

　　（2）保护装置异常或动作处理。继电保护装置在运行中发现缺陷，现场人员应及时报告调度值班人员，并通知维护人员处理，做好记录。若保护装置有拒动或误动的可能，紧急情况下，可先将保护装置停用，事后立即汇报。保护装置动作后，运行值班员应立即向调度员汇报，及时远传保护动作报告和故障录波信息，并及时向主管领导汇报及通知有关人员。

（3）保护装置的投入和停用。在下列情况下应停用整套继电保护装置：①继电保护装置使用的交流电压、交流电流、开关量输入、开关量输出回路作业；②保护装置内部作业。

任何新型、试制或经过改造的继电保护在投入运行前必须具备下列条件：①新投运或经过改造的继电保护装置在投入运行前应做试运行试验，待各项技术指标符合要求时，才能确认具备投入运行条件；②必须由继电保护专业人员详细书面交代，经试验合格后方可投入运行。

继电保护装置在投入使用前的检查项目：①查看保护装置状态显示与运行监视正常，无报警信号指示；②压板及空气开关位置正确，接头、插座到位，标志清楚；③保护装置内部、外部及二次回路接线完好；④保护整定值与定值通知单和调度命令相符。新保护装置或新保护功能投入前，运行值班人员还应了解并掌握其动作出口方式、操作方法和注意事项。

二、设备操作

（一）硬压板及其操作

保护屏柜上通常会安装一系列可接通或者断开的压板，因为这些压板是可视的、物理存在的，所以一般称这些压板为"硬压板"，压板的接通和断开的操作一般称为压板投退操作。不同的生产厂家，其硬压板外观和操作方式不同，但其功能都是相似的。

硬压板从作用上又分为"保护功能压板"和"跳闸出口压板"。保护功能压板是用来投退保护功能的，一般国产的微机保护装置设计理念都是需要同时投入保护功能硬压板以及保护功能软压板才能真正使相应保护功能投入。电气量保护的功能压板一般串接在继电保护装置的开关量输入回路（以下简称"开入回路"）中，非电量保护的功能压板一般串接在启动跳闸继电器回路当中。跳闸出口压板串接在保护跳闸回路中，其作用是用来直观、可靠地断开保护装置跳闸触点和断路器跳闸回路之间的连接。

不管是保护功能压板还是跳闸出口压板，在压板附近均有该压板的标识，标识内容一般包含压板的编号、压板的主要功能。压板标识可以方便运行和维护人员对压板的区分。

1. 硬压板电位检查

（1）保护功能硬压板两端的电位。电气量保护的功能硬压板一般是串接在继电保护装置的开关量输入回路中，由于不同厂家开入回路设计不同，有的装置采用强电开入（一般为 DC 220V/DC 110V），有的装置采用弱电开入（一般为 DC 24V/DC 48V），电气量保护的功能硬压板在退出状态时，压板两端之间可以用万用表测量到相应电压，此电压和保护装置开入光耦监视电压一致。

（2）保护功能硬压板对地的电位。电气量保护的功能硬压板开入回路的光耦所用的电压有的对地是悬浮的，有的对地不是悬浮的。电气量保护的功能硬压板在退出状态时，如果光耦所用的开入电压对地不是悬浮的（一般是强电开入），则压板上下两端对地可以测量到电压，且两端的对地电压之差正好和光耦开入电压相等；如果光耦所用的开入电压对地是悬浮的（一般是弱电开入），则压板上下两端对地不能测量到电压。

（3）跳闸出口压板两端的电位。因为跳闸出口压板是串接在保护装置跳闸触点和断路器跳闸回路之间的，故在保护装置跳闸触点未动作时，跳闸出口压板两端之间是测量不到电压的。

（4）跳闸出口压板对地的电位。保护装置跳闸触点未动作时，跳闸出口压板的一端对地测量不到电压，另一端对地能够测量到电压。某些出口是接到监控系统的开入板上，如果监控系统开入电压使用的是弱电并且对地悬浮的，则不管保护跳闸触点是否动作，对地均测量不到电压。

2. 保护功能硬压板操作

运行人员应严格按照运行操作规程规定进行保护功能硬压板的投退操作。在保护装置出现异常或者有其他突发情况时，应根据值长或者其他专业管理人员的命令进行保护功能硬压板的投退。

需要投入某保护功能硬压板时，应首先找到准确的屏柜，确保没有走错间隔；其次按照压板标识找到需要投入的压板，再次核对压板标识和需要投入的压板一致后，将压板投入；最后，在继电保护装置上查看该压板确实已经是投入状态，证明保护功能压板投入正确。

退出保护功能硬压板的操作与上述过程相似，压板退出连接后，也应在继电保护装置上查看该压板确实已经是退出状态，证明保护功能压板退出正确。

3. 跳闸出口压板操作

根据规程规定进行跳闸出口压板的投退。在保护装置出现异常或者有其他突发情况时，应根据值长或者其他专业管理人员的命令进行跳闸出口压板的投退。

需要投入某跳闸出口压板时，应该先找到准确的屏柜，确保没有走错间隔；其次按照压板标识找到需要投入的压板，最后核对压板标识和需要投入的压板一致后，根据规程规定进行压板上下两端电位的测量，测量结果正确后再将压板投入。

退出跳闸出口压板的操作与跳闸出口压板的操作过程相似，先退出压板，再测量确认。

（二）菜单操作

一般继电保护在正常运行时，液晶主画面会显示系统接线方式及主要回路的电流和电压数值等信息，同时也会显示定值区号及装置系统运行时间等信息。因为保护装置屏幕比较小，显示内容有限，所以详细的信息需要通过操作按键进入液晶菜单信息中查看。同时如果想查看或者修改保护定值、查看或者打印保护报告等，均需要通过按键进行操作。

1. 查看保护运行状态

不同的厂家或者不同型号的保护装置进入液晶主菜单的方式不同，具体应根据说明书的说明操作，但进入液晶菜单以后，操作方式大致相同，一般屏幕按键都包括"上、下、左、右"四个方向按键、"加、减"等两个修改按键和"取消、确定"两个功能按键。基本操作是通过方向按键进入不同的菜单项目，通过"确认"按键选择要显示的菜单，通过"取消"按键取消选择或者退出菜单。

对于具有双 CPU 独立采样的保护装置，装置运行状态一般分为两个 CPU 采样独立显示，查看装置模拟量采样以及开入量状态时应该注意两个独立采样的 CPU 的状态要分别查看。

查看保护运行状态一般不需要密码，也不会对保护装置的运行有影响。

2. 查看保护报告

继电保护有异常告警或者保护动作信息时，会主动在液晶上弹出相应的报文，这些报文在装置复归后不再显示。如果需要查看被复归掉的历史报文，就需要通过液晶菜单操作来查看保护报告。

不同厂家或者不同型号的装置，保护报告可能按照一定的规则进行分类。一般常见报告分为跳闸报告（动作报告）、自检报告（运行报警）、变位报告（开关量变位）等，根据需要查看的历史报告的性质在不同的报告分类中查找。

3. 打印保护定值、报告、波形

为提高打印内容的灵活性，菜单操作上会对打印内容进行分类，根据需要打印的内容，找到对应的打印菜单进行打印。对于定值的打印，大致按照定值类型等相关属性进行分类，可以根据需要仅打印部分保护定值，也可以进行全部定值的打印，还可以进行打印最新修改定值。对于报告的打印，一般按照报告类型进行分类，可以根据需要选择不同的报告进行打印。

对于录波波形的打印操作可分为故障波形和当前正常波形两类。另外，在保护屏柜上一般会设置打印按钮，该按钮被按下后，装置采集到该开关量输入信号，打印最近一次故障录波波形，以方便运行人员在不进行菜单操作的情况下快速打印出来。打印故障波形时根据需要选择打印波形的通道，不同厂家装置操作方法需要具体参照使用说明书操作。

4. 修改保护定值

需要修改保护定值时，首先找到"定值整定"菜单，通过方向按键和"确认""取消"功能按键选择需要修改的定值项目，通过"加、减"按键进行定值项目的修改，最后通过"确认"按键确认要修改的定值，一般修改定值都需要输入装置的密码。装置定值被修改后自动重启，部分不会自动重启的装置还需要手动复位强制重启，定值修改完毕后装置自动采用新定值进行正常运行判别状态。

保护定值修改都需要输入密码，定值修改完成后可菜单检查核对或打印后核对，以确认修改正确，否则将可能导致继电保护装置不能正确动作。

5. 修改时钟

对于没有接入外部对时信号的保护装置，或者接入的 GPS 对时信号不是 IRIG-B 码（例如是脉冲信号且没有配合网络报文对时），保护装置在运行一段时间以后，装置时钟和标准时钟源之间会产生误差。装置时钟误差不会影响保护装置的保护功能，但是在有报文信息记录时其记录时间和实际时间会不对应，对故障分析会造成一定的麻烦，所以需要定期检查装置时钟走时是否准确，装置的对时通信线是否正常连接。在确认装置对时通信正常后，可以通过菜单进行装置时钟的修改。

6. 其他辅助菜单信息

一般保护装置液晶菜单还会有其他一些辅助功能菜单，比如"程序版本""调试菜单""通信状态""切换语言"等菜单。这些菜单在正常运行中使用机会不大，一般是在装置调试、维护阶段使用。装置在正常运行时，查看程序版本、查看通信状态等仅仅查看浏览信息时，不会对装置运行产生不良影响，这部分菜单操作无须密码。装置的部分菜单项，例如装置调试、出口传动等，仅在调试维护时使用，正常运行时严禁使用，而且装置一般会设置菜单密码或使能定值，以防止正常运行时的误操作产生不良的影响。

三、日常巡视

运行人员在日常巡检中应该注意观察继电保护装置运行是否正常，具体来说主要包括：①各种状态指示灯、液晶显示画面是否正确；②装置内部是否有异常响声，比如继电器触点动作或抖动的声音、电源插件或其他插件运行的异常声响；③装置运行环境温度、湿度是否在允许值内；④注意装置或屏柜内部是否有异常发热情况，或者是否存在异味；⑤保护屏所配置打印机的打印纸是否充足，根据当班值班长的指令正确及时地打印事件报告并存档。

日常巡检时应注意查看继电保护装置运行灯是否正常、是否有报警或者跳闸信号，查看装置液晶显示信息是否正常、是否有异常报文，查看液晶显示数据是否正常刷新。如果发现装置有任何异常需及时和维护人员联系。在雷雨等恶劣天气条件下，运行人员应加强对继电保护装置的巡视。

当发现保护装置动作或异常报警时，运行值班人员严禁盲目或未经许可复归保护装置的动作信号，应及时进行如下数据记录工作，并通知有关人员处理。

（1）记录跳闸断路器名称、编号和跳闸时间，并检查保护动作情况，记录保护动作的信号名称、保护装置以及操作箱等二次设备相关指示灯的状态，并打印保护装置事故报告。

（2）打印故障录波屏上相关事故报告，向相关负责人汇报事故情况。

四、事故处理

事故处理的快速反应和正确处理，不仅要有专业知识的掌握和运用、现场规程的熟悉和理解、设备及回路的熟悉和了解，还需要有丰富的经验积累和良好的心理素质。

事故处理的主要任务是尽快限制事故的发展，消除事故的根源并解除对人身和设备的威胁，用一切可能的办法保持设备继续运行，对已停电的用户恢复供电，重要用户应优先恢复。

事故发生后，电站各部门工作性质、工作内容的不同和在事故处理过程中所起作用的不同，会有不同的具体任务和要求。电站运行值班人员应记录、收集、掌握与事故有关的尽可能齐全的各种信息，为电网调度员及有关管理人员进行事故处理决策及事后的事故分析提供准确可靠的现场第一手资料，并迅速准确地执行电网调度员实施事故处理指挥的各项指令，在通信失灵的特殊情况下按现场运行规程规定独立地进行以限制事故范围、隔离故障设备为目的的事故处理操作。同时，为检修部门进行抢修创造条件和提供必要的信息，并严密监视非事故设备的运行情况，确保非事故设备的正常运行和尽力限制、消除事故对它们的影响。

事故处理的一般流程是事故发生后应首先按照调度指令进行事故处理，然后收集简要的事故信息，包括事故时间、信号情况、各级开关跳闸情况、保护动作情况、站用电消失情况等，并将信息归纳整理后汇报调度、主管部门负责人和维护检修人员。然后，由维护检修人员收集全部事故信息，包括保护装置事故报告、保护和故障录波器的波形数据，检查一次设备跳闸后情况及设备受损情况等，并根据所获信息分析事故原因，向相应部门汇报。

当一次设备、保护装置或二次回路异常时，相应保护发出报警信号，应观察比对两套保护，确认是装置异常，还是一次设备或二次回路异常。可通过打印、后台获取或调试软件调取当前录波波形进行分析。如果两套保护装置报警一致，观察保护装置报文，分析确认具体原因。如果两套保护装置不一致，根据一次设备实际运行情况，确认保护装置是否异常，并通知厂家处理。异常消失后，保护延时返回，装置会自动记录报警时间、返回时间等信息。

⊯ 第二节 检 修 维 护

要想提高继电保护的可靠性，有效保障电力系统安全稳定，并且在故障发生时能够及时可靠动作，就必须定期对继电保护装置及其二次回路做有效检查与校验。

一、继电保护检修项目和要求

继电保护装置的检验分为新安装装置的验收检验、运行中装置的补充检验、运行中装置的定期检验（简称定期检验）三种。

新安装装置的验收检验在下列情况下进行：①新安装的一次设备投运时；②在现有的一次设备投运新安装的装置时。同期建设或改造二次回路的新安装继电保护装置需在投运一年后做首次全面检查，若发现装置运行状态不良，应根据实际情况制定有针对性的检修项目。若继电保护装置更换时不同步改造二次回路，则在装置投运之前，需要做一次全面的检修，而后期检修则可按正常周期进行。

运行中装置的补充检验分为五种：①对运行中的装置进行较大的更改或增设新的回路后的检验；②检修或更换一次设备后的检验；③运行中发现异常情况后的检验；④事故后检验；⑤已投运行的装置停电一年及以上，再次投入运行时的检验。

运行中的装置定期检验分全部检验、部分检验、用装置进行断路器跳闸和合闸试验三种。定期检验的周期：①保护全部校验需 4～6 年。②保护部分校验需 1～3 年。详细的检验项目见表 7-1。

表 7-1 装置检验的试验项目

序号	检验项目	新安装	全部校验	部分校验
1	检验前准备工作	√	√	√
2	TA、TV 检验	√		
3	TA、TV 二次回路检验	√	√	√
4	二次回路绝缘检查	√	√	√
5	装置外部检查	√	√	√
6	装置绝缘试验	√		
7	装置上电检查	√	√	√
8	工作电源检查	√	√	
9	模数变换系统检验	√	√	
10	开关量输入回路检验	√	√	√
11	输出触点及输出信号检查	√	√	√
12	事件记录功能	√	√	
13	整定值的整定及检验	√	√	√
14	纵联保护通道检验	√	√	√
15	操作箱检验	√		
16	整组试验	√	√	√
17	与厂站自动化系统，继电保护及故障信息管理系统配合检验	√	√	√
18	装置投运	√	√	√

注 "√"表示需进行试验项目。

二、检验前准备工作

现场检验工作前，应认真了解被检验装置的一次设备及其相邻的一、二次设备情况，以及与运行设备相关联设备的详细情况，据此制定在检验工作中确保系统安全运行的技术措施。并准备与实际状况一致的图纸、上次检验的记录、最新定值通知单、标准化作业指导书、合格的仪器仪表、备品备件、工具和连接导线等，以备检修过程中使用。

对装置的整定试验，应按有关继电保护部门提供的定值通知单进行。工作负责人应熟知定值通知单的内容，核对所给的定值是否齐全，所使用的电流、电压互感器的变比值是否与现场实际情况相符合（不应仅限于定值单中设定功能的验证）。

继电保护检验人员在运行设备上进行检验工作时，必须事先取得发电厂或变电站运行人员的同意，遵照电力安全工作相关规定履行工作许可手续，并在运行人员利用专用的压板将装置的所有出口回路断开之后，才能进行检验工作。

三、保护设备清扫检查

盘体及盘内元件清洁无尘、元件无损伤脱焊松动、端子无虚接松动。对回路的所有部件进行观察、清扫与必要的检修及调整。所述回路的部件包括：与装置有关的操作把手、按钮、插头、灯座、位置指示继电器、中央信号装置及这些部件回路中端子排、电缆、熔断器等。

利用导通法依次经过所有中间接线端子，检查由互感器引出端子箱到操作屏柜、保护屏柜、自动装置屏柜或至分线箱的电缆回路及电缆芯的标号，并检查电缆簿的填写是否正确。检查屏柜上的设备及端子排上内部、外部连线的接线是否正确，接触是否牢靠，标号是否完整准确，且是否与图纸和运行规程相符合。检查电缆终端和沿电缆敷设路线上的电缆标牌是否正确完整，并应与设计相符。

四、保护定值校验

每一套保护应单独进行定值校验，试验接线回路中的交、直流电源及测量回路连线均应直接接到被试保护屏柜的端子排上。交流电压、电流试验接线的相对极性关系应与实际运行接线中电压、电流互感器接到屏柜上的相对相位关系（折算到一次侧的相位关系）完全一致。在定值校验时，除所通入的交流电流、电压为模拟故障值并断开断路器的跳、合闸回路外，整套装置应处于与实际运行情况完全一致的条件下，而不得在试验过程中人为地予以改变。

应按照定值通知单上的整定项目，依据装置技术说明书或制造厂推荐的试验方法，对保护的每一功能元件进行逐一检验。所测装置动作时间为向保护屏柜通入模拟故障分量（电流、电压或电流及电压）至保护动作向断路器发出跳闸脉冲的全部时间。

五、开关量输入输出回路检查

在保护屏柜端子排处，按照装置技术说明书规定的试验方法，对所有引入端子排的开关量输入回路依次加入激励量，观察装置的开入量状态显示是否正确。

在装置屏柜端子排处，按照装置技术说明书规定的试验方法，依次观察装置已投入使用的输出触点及输出信号的通断状态。

六、二次回路绝缘检查

检查方法见第六章第三节第一部分（九）。

七、电流、电压互感器二次回路检查

检查方法见第六章第三节第一部分（十）。

八、操作传动试验

检查方法见第六章第三节第二部分（六）。

⊪ 第三节　定　值　管　理

一、概述

抽水蓄能电站继电保护整定计算属于整个电力系统继电保护定值整定计算的一部分，通常高压母线及以外设备的继电保护整定计算属系统部分；而高压母线以内设备的继电保护整定计算属电厂部分。两者间有共同之处，都应严格遵循继电保护选择性、快

速性、灵敏性、安全可靠性要求的原则；但也有不同之处，由于被保护设备性能、运行状态、故障类型的不同，其保护方式、动作原理判据、整定计算要求、整定计算方法就有很多不同。两者间需要相互配合并构成统一的整体。

为提高管理水平，必须建立健全各种管理制度，各种管理制度的建立是使各项工作规范化的重要保证，每次继电保护发生重大事故时，基本上都能从技术管理上找出漏洞，所以建立健全、完善并认真执行各项技术管理制度，是继电保护和整个电力系统安全运行的重要保证之一。

二、定值管理的内容和基本要求

保护装置定值通知单是现场保护装置定值的唯一依据，应有计算、审核、批准人的签名及计算部门盖章。保护装置必须按正式定值单整定后才允许投入运行。定值单应包括编号、日期、厂站（设备）名称、保护名称及型号、电流互感器和电压互感器变比、定值项目及整定值、执行日期及执行人等信息。定值单应根据运行状态的改变及时撤旧换新，以保证正确性。

在整定定值时必须严格执行定值单的回执制度，现场按新定值单对保护装置进行整定后，应核对打印出的定值是否与定值通知单要求一致，确保定值的正确性，并由工作负责人在定值单上签名，注明定值的更改时间。应根据上级部门要求，在重大节日或重大政治活动保电期间，以及每年定期组织全厂继电保护定值检查，发现问题及时整改。

三、定值管理职责划分

由电厂继电保护部门整定的保护装置，应定期向电网调度部门收集整定所需的系统侧等值参数，对相关保护装置的定值进行校核，整定单应提交上级调度机构备案。并网电厂的 200MW 及以上并网机组的过频保护、低频保护、过电压保护、低电压保护、过励磁保护、失磁保护、失步保护、阻抗保护等定值必须满足电网系统运行要求，相关技术资料应报所接入电网调度机构备案。

电网继电保护整定范围一般与调度管辖范围相一致。母线保护、主变压器的零序电流、零序电压等与系统保护有配合关系的由所属网、省调调度部门整定或提出定值配合要求。

四、整定计算原则

继电保护的整定计算应遵循以下原则：

（1）应执行国家和行业颁布的有关法规、规程以及上级颁布的各种规程、规定。结合电厂实际情况制定整定计算原则，必须经过本单位总工及以上领导批准，并报上级技术主管部门备案。

（2）继电保护整定计算以常见运行方式为依据，即应将被保护设备相邻近的一回线或一个元件检修的正常运行方式考虑在内。条件允许时，对出线较多的厂站可兼顾相邻的两个元件同时停运的情况。

（3）继电保护整定应本着强化主保护，简化后备保护的原则，合理配置线路及元件的主、后备保护，保护整定可以进行适当简化。在两套主保护拒动时，后备保护应能可靠动作切除故障，允许部分失去选择性。

（4）继电保护及安全自动装置定值的整定计算应根据选择性、灵敏性、速动性、可靠性且合理取舍的原则，符合 GB/T 14285《继电保护和安全自动装置技术规程》、DL/T 587《继电保护和安全自动装置运行管理规程》、DL/T 559《220kV～750kV 电网继电保护装置运行整定规程》、DL/T 584《3kV～110kV 电网继电保护装置运行整定规程》、DL/T 684《大型发电机变压器继电保护整定计算导则》等规程规定，同时还应满足所在发电集团颁布的企标和有关反事故措施等要求。

（5）上、下级（包括同级和上一级及下一级电力系统）继电保护之间的整定，一般应遵循逐级配合的原则，满足选择性的要求，即当下一级线路或元件故障时，故障线路或元件的继电保护整定值必须在灵敏度和动作时间上均与上一级线路或元件的继电保护整定值相互配合，以保证发生故障时有选择性地切除故障。对不同原理的保护之间的整定配合，原则上应满足动作时间上的逐级配合。在不能兼顾速动性、选择性或灵敏性要求时，可以采用时间配合、保护范围不配合的不完全配合方式。

五、定值单管理

整定计算必须保留中间计算过程（整定算稿），整定算稿需妥善保存，以便日常运行或事故处理时核对。整定计算结束后，需经专人全面复核，以保证整定计算的原则合理、定值计算正确。若系统或设备发生变化，需更改保护定值时，需重新计算定值，并提出更改申请，履行相应审批手续后形成新的保护定值单，并将原定值单作废。

新投入运行的继电保护装置或继电保护装置定值更改时，应根据继电保护现场运行规程申请退出相关保护，然后进行定值修改。定值修改完成后，应按定值单要求逐项验收保护装置。必须用装置实际整定值与定值单核对全部保护定值，不得只核对改变的定值。工作完毕后再投入保护压板。现场定值修改时，应由两名人员完成，一人操作，另一人监护。系统出现临时方式时，临时变动定值应发临时定值单。紧急情况下，可先行口头通知进行定值更改，然后补发定值单。现场接到定值单后应及时进行核对。

继电保护调试人员在进行现场调试时（尤其是在新设备投运或老设备改造时），应特别注意核对现场设备实际变比与定值单内容是否一致。若现场使用的电流互感器变比与定值单上标明的不符，应立即查明原因，与相关单位协商，并在重新获取书面确认资料后，重新整定并另开定值单。

第八章

继电保护新技术展望

从 20 世纪 90 年代开始我国继电保护进入微机保护时代以来，电力系统继电保护技术取得了长足发展，保护原理日趋成熟。随着计算机、通信、人工智能等技术的进步，继电保护朝着网络化、智能化、一体化方向持续发展，一些新技术在电力系统不断得到尝试和应用，例如智能变电站、就地化保护、弧光保护等。本章将针对基于光学电流互感器的发电电动机保护、变速抽水蓄能机组保护、就地化保护和弧光保护四个内容，从技术背景、基本原理、实现方案和关键技术等方面展开介绍。

⯈ 第一节　基于光学电流互感器的发电电动机保护

一、基于传统电磁式电流互感器的发电机组保护应用问题

传统发电机组保护基于电磁式电流互感器实现，经过多年发展已较为完善，应用也日益成熟。但是，因为电磁式电流互感器有一些固有特性难以克服，发电机组继电保护技术发展遇到了一些瓶颈。主要有以下几个方面：

（1）常规火电机组、核电机组和燃气轮机组，内部空间狭小，特别是中性点侧空间非常有限，由于电磁式电流互感器体积大，对安装空间要求高，一般只能在发电机中性点安装一组电流互感器，测量中性点定子绕组总电流。由于不能在机组中性点分支或分支组上安装电磁式电流互感器，不能实现分支电流测量，裂相横差保护、不完全纵差保护等实践证明性能非常优异的发电机组内部故障主保护无法实现，一般采用纵向零序电压保护反映定子绕组匝间短路故障，部分类型故障灵敏度较低，且不能反映分支开焊故障，定子绕组匝间故障保护较为薄弱。2007 年，山东某电厂 660MW 火电机组发生定子绕组分支开焊故障，由于纵向零序电压匝间保护和完全纵差保护不能反映此类故障，故障持续发展，最终转化为定子接地故障和匝间短路故障，由匝间保护动作停机，机组损伤严重，如图 8-1 所示。

对于水电机组和抽水蓄能机组，一般仅装设分支组电流互感器，主保护配置仍然受限，另外仍有部分水电机组未装分支组电流互感器，采用单元件横差保护反映定子绕组匝间故障，在某些情况下灵敏度也不高。浙江某电厂 200MW 水电机组 2010 年曾发生发电机定子匝间短路故障，并伴随定子绕组 B 相接地故障，虽然两套横差保护均正确动作于跳闸，但定子线棒仍然烧伤严重，更换线棒修复花了一个多月时间，造成了较大的直接和间接经济损失。

图 8-1 某 660MW 火电机组定子匝间故障

（2）发电机故障电流大，时间常数长，传统电磁式电流互感器多采用冷轧硅钢片作为铁芯材料，更易出现暂态饱和，此外还存在剩磁问题，以往人们对这些问题做了大量研究，提出并应用了很多识别和改进的方法和原理，但通常会对差动保护灵敏度或动作速度带来一定的不利影响，严重饱和时可能导致差动保护不正确动作。

图 8-2 某 700MW 水电机组
烧损的电流互感器

（3）某些大型水电机组中性点空间小且运行温度较高，传统电磁式电流互感器磁场屏蔽设计和空间散热设计困难，可能导致互感器绕组因温升过高而发生匝间故障烧损，并引起差动保护不正确动作。我国西南数个大型水电站多次发生过此类事故，造成较大损失，图 8-2 为某 700MW 水电机组烧坏的电流互感器。

（4）抽水蓄能机组和燃气机组在低频启动过程中，传统电磁式电流互感器低频传变特性差，波形畸变严重，降低保护灵敏度，并可能导致保护不正确动作。

（5）传统电磁式电流互感器存在二次断线过电压、爆炸等事故风险，安全性相对较差，威胁人员和二次设备安全。

二、柔性光学电流互感器

光学电流互感器基于 Faraday 磁光效应原理，其传感原理如图 8-3 所示，线偏振光通过处于磁场中的 Faraday 材料（磁光玻璃或光纤）后，偏振光的偏振方向将产生正比于磁感应强度平行分量 B 的旋转，这个旋转角度叫 Faraday 旋光角 φ，由于磁感应强度 B 与产生磁场的电流成正比，因此 Faraday 旋光角 φ 与产生磁场的电流成正比，通过检测旋转角度来测量产生磁场的电流大小。

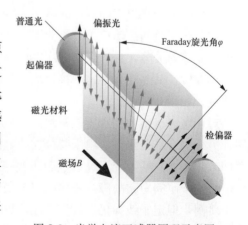

图 8-3 光学电流互感器原理示意图

当传感光纤或磁光玻璃围绕一次通流导体闭合成环时，旋光角 φ 可表示为

$$\varphi = V\int_l H\mathrm{d}l = VN_{\mathrm{L}}I \qquad (8\text{-}1)$$

式中　V——光学介质的 Verdet 常数，表示单位磁场导致的旋光角；

$\quad l$——光在介质中传播的距离；

$\quad H$——磁场强度；

$\quad N_{\mathrm{L}}$——围绕通流导体闭合光纤圈数；

$\quad I$——一次电流。

光学电流互感器的结构中不存在铁芯，也不存在传统电磁式电流互感器的饱和、低频传变精度低、剩磁等问题，因此从根本上消除了这些问题给继电保护带来的诸多不利影响，为继电保护的应用提供了良好条件。

光学电流互感器系统构成如图 8-4 所示，由三部分构成：

（1）光纤电流传感环。光纤传感环位于一次端，由传感光纤缠绕在一次导体外围构成。采用反射式 Sagnac 干涉原理和 Faraday 磁光效应传感一次电流，反射式光纤 Sagnac 干涉技术降低了互感器受环境温度、振动等因素干扰的影响，提高了互感器精度。一套传感光纤环可同时感应测量电流和保护电流信号。为了便于光纤传感环的固定，可以在传感环外以结构件对其进行支撑和紧固。

（2）传输光纤。以铠装光缆形式连接光纤传感环和采集单元。它将采集单元发出的光信号输送到光纤电流传感环端，同时将电流传感环返回的信号送至采集单元进行处理。

（3）采集单元。采集单元置于汇控柜或屏柜中，包括电流互感器的光源、光探测器等光学元件，还包括测量被测电流信号的电路处理系统。采集单元通过传输光纤与电流传感器相连，将光源产生的光信号发送至传感器端，同时接收传感器返回的携带一次电流信息的光信号，并对返回的光信号进行处理，计算出一次电流值，并将此一次电流发送至保护装置。

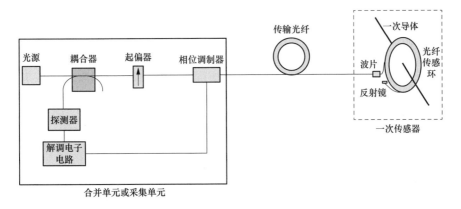

图 8-4　光学电流互感器系统构成

常见光学电流互感器有 GIS、AIS、套管式、柔性式四种安装方式，已在国内变电站得到大量应用，积累了丰富的运行经验，如图 8-5 所示。

(a)　　　　　　　　　　　　　(b)

图 8-5　光学电流互感器在变电站的应用

(a) 佳木斯 220kV 花马变电站；(b) 浙江 110kV 大吕变电站

柔性式光学电流互感器中将一次传感器制成光缆形式，传感光缆可以方便地缠绕在任何形式的一次导体上，对一次导体的几何形状没有任何要求，可以较好满足电厂中不同导体形状和空间排布的安装要求。同时传感光缆对物理安装空间的要求很小，能够在狭小空间实现安装，可以很好地解决发电机中性点分支电流测量的问题，尤其适用于发电机组的应用。主要性能优点如下：

（1）不含铁芯，消除了磁饱和及铁磁谐振等问题，从而使互感器运行暂态响应好、稳定性好，保证了系统运行的高可靠性。

（2）动态范围大，测量精度高，可同时满足测量和继电保护的需要。频率响应范围宽，有利于谐波测量，还可以测量直流。

（3）高低压完全隔离，低压侧无开路（电流互感器）、短路（电压互感器）危险，安全性高，具有优良的绝缘性能。

（4）节省二次电缆，且数据传输抗电磁干扰能力强。

（5）体积小、质量轻，安装条件要求低。

三、基于柔性光学电流互感器的发电电动机保护系统

根据发电机组主保护定量化设计要求，在发电机组中性点任意分支或任意分支组上装设多组光学电流互感器，更加灵活地实现主保护方案设计和优化，方便增加若干套的不完全纵差、裂相横差、单元件横差等保护，实现多重多种的最优主保护方案，全面提升内部故障保护整体性能。

基于柔性光学电流互感器的发电机保护系统如图 8-6 所示。在机端和中性点分支或分支组安装光学电流互感器，光信号送至采集单元进行解析计算，经同步后送至保护装置。同时机端电压互感器接入合并单元，并送至保护装置。保护装置实现完善的发电机保护功能。

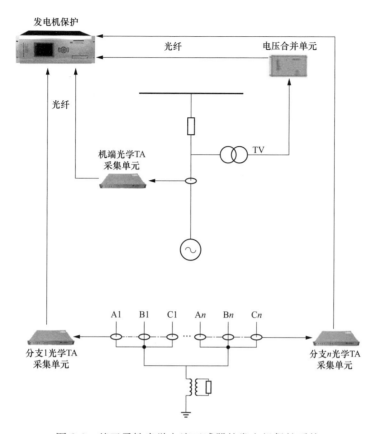

图 8-6 基于柔性光学电流互感器的发电机保护系统

基于柔性光学电流互感器更加优良的传变特性，可有效提高差动保护的整体性能。

1. 提高差动保护灵敏度

对于差动保护来说，负荷电流或外部故障电流是穿越性电流，随着穿越性电流的增大，差动不平衡电流逐渐增加，为防止由不平衡电流导致的差动保护误动，采用比率制动特性的差动保护。差动保护不平衡电流产生的原因很多，主要有：①各侧电流互感器不同型导致的传变特性不一致；②保护级电流互感器自身参数离散性，包括比差和角差；③故障电流中的非周期分量引起电流互感器饱和导致的不平衡差流等。比率差动保护进行整定计算时，差动启动电流定值按躲过发电电动机额定负载时的最大不平衡电流整定，制动斜率定值的整定需躲过区外短路故障时的最大不平衡电流。

光学电流互感器测量精度可达 0.5 级，无饱和问题，能够更加真实"传变"一次电流，差流不平衡电流相比传统电磁式电流互感器要小得多。因此，基于光学电流互感器的差动保护，可适当降低差动启动电流和制动斜率的整定值，以获取更高的保护灵敏度。

如图 8-7 所示，曲线 2 和曲线 1 分别为使用传统电磁式电流互感器的差动保护不平衡电流和比率制动特性曲线。曲线 4 和曲线 3 分别为使用光学电流互感器的差动保护不平衡电流和比率制动特性曲线。

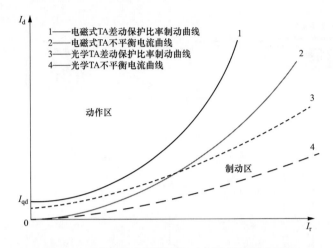

图 8-7　不平衡电流曲线和差动保护比率制动特性

2. 提高差动保护动作速度

传统差动保护基于电磁式电流互感器，当电流互感器发生饱和时，二次电流出现畸变。图 8-8 所示波形为大容量短路稳态对称电流引起的稳态饱和，图 8-9 所示波形为短路电流中含有非周期分量或铁芯剩磁引起的暂态饱和。电流互感器饱和严重影响差动保护的性能，可能导致差动保护的误动或拒动。常见对策是在保护装置的差动保护逻辑中增加电流互感器饱和识别判据，国内外各厂家提出了多种判别电流互感器饱和的方法，如利用电流互感器饱和情况下每个周期仍存在不饱和时段的特点构成饱和检测元件、利用发生故障与出现饱和的时差判别饱和等。这些判据在保护逻辑中一直处于投入状态，增加了差动保护计算时间和逻辑复杂性，内部故障发生时延长了差动保护动作时间。

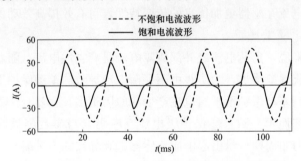

图 8-8　电磁式电流互感器稳态饱和时二次电流波形图

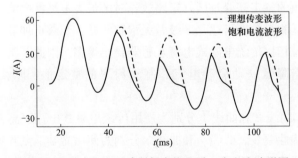

图 8-9　电磁式电流互感器暂态饱和时二次电流波形图

光学电流互感器结构中没有铁芯，从根本上避免了电流互感器饱和问题的存在。因此基于光学电流互感器的发电电动机保护系统理论上可取消电流互感器饱和判别，简化保护逻辑，从而提高差动保护的动作速度。

3. 提高低频启动过程保护灵敏度

传统差动保护基于常规的电磁式电流互感器，一次低频电流输入时测量误差显著增大，抽水蓄能机组抽水方向启动过程的初始阶段，电气量频率在 5Hz 以下时，电磁式电流互感器出现严重的暂态饱和，传变特性差，二次电流畸变严重，严重影响差动保护性能。一般采取两种措施防止该过程的差动保护不正确动作，一种是通过提高差动定值躲过差流最大不平衡电流，其缺点是会明显降低差动保护灵敏度；另一种是在频率极低情况下，差动保护暂时闭锁以防止误动，但是导致此过程中无差动主保护。

基于光学电流互感器的发电电动机保护，采用光学电流互感器。光学电流互感器基于法拉第磁光效应，通过检测偏振光信号在磁场中的相位变化来测量产生磁场的电流大小，其结果仅与一次电流大小有关，与电流的交变频率无关。在极低频率情况下，光学电流互感器也能够获得同样的测量精度，同时也保证了差动各侧电流"传变"的一致性。在抽水方向启动的整个过程中，不会有虚假的计算差流产生，差动保护可以全程投入，并大大降低差动保护启动定值，显著提高了低频启动过程中差动保护的灵敏度，可靠保障了抽水蓄能机组启动安全。

四、工程应用

基于柔性光学电流互感器的发电电动机保护系统已在国内多个电站进行了工程应用，为后续发电机组继电保护新技术的探索和发展方向积累了一定的运行经验。

1. 某抽水蓄能机组工程应用

某抽水蓄能电站装机容量 2×50MW，电气主接线为单元接线，单母线单出线。电站主机设备从阿尔斯通公司引进，发电电动机中性点侧两分支铜排间距 10cm 左右，仅装有一组中性点总电流互感器和一个单元件横差电流互感器。发电机匝间短路故障主要依靠单元件横差保护来反映，在某些匝间短路时灵敏度偏低，且不反映分支开焊故障。为提高机组定子绕组匝间保护性能，增设了基于光学电流互感器的裂相横差保护。保护系统架构图如图 8-10 所示。

在发电机中性点出线柜内每相两个分支分别安装 1 台光学电流互感器，共 6 台。光学电流互感器输出信号送至保护柜的互感器采集单元，经互感器采集单元信号转换后送至保护装置实现裂相横差保护功能。互感器采集单元和保护装置均安装于保护屏柜内。

2. 某水电机组工程应用

某水电站装机容量 3000MW，装设有 5 台 600MW 混流式机组。电厂采用发电机变压器组单元，发电机定子绕组共有 6 个分支，相邻分支间距很小，最小约 15cm，第 1、2 和第 3 分支构成第一个分支组，第 4、5 和第 6 分支构成第二个分支组。常规 TPY 级电流互感器体积很大，受中性点引出方式限制，仅在以上两个分支组安装。该机组后续增配了一套基于光学电流互感器的数字化发电机保护，在发电机中性点所有分支和机端

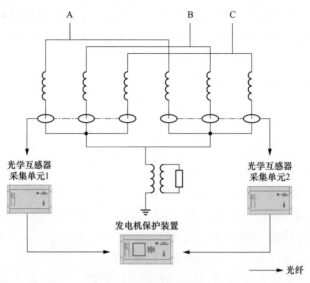

图 8-10   保护系统架构图

均装设了柔性光学电流互感器,采集所有分支电流信息,结合机端电压采集,实现了一套完整的发电机组电气量保护功能。根据获取的机端电流和所有分支电流信息,构成包含完全纵差保护、若干套不完全纵差保护、若干套裂相横差保护在内的多种多重发电机主保护最优化配置方案,最大限度地提高保护的整体性能。

具体实施上,该系统在发电机中性点 6 个分支分别装设 6 组光学电流互感器,在发电机机端装设 1 组光学电流互感器,机端电压互感器的二次模拟电压也经过合并单元转化为数字量送至保护装置。保护系统整体架构示意图如图 8-11 所示。

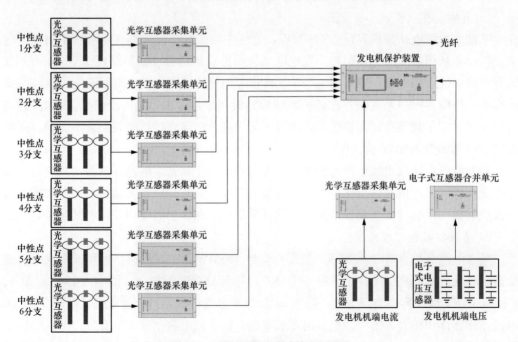

图 8-11   保护系统整体架构示意图

❖ 第二节 变速抽水蓄能机组继电保护

一、变速抽水蓄能机组发展概况

随着我国跨区互联电网的发展，大容量输电通道故障、新能源功率波动性等因素使得电网运行方式的不确定性日益突出，电网备用调控手段面临新的挑战。同时，受能源资源和电力消费分布不平衡的影响，以及为调整能源结构、应对气候变化，跨区电力配置的规模将进一步扩大，核电、风电、光伏发电等清洁能源的建设规模将快速增加，对电力系统的安全可靠运行提出了更高的要求。

抽水蓄能电站具有调峰、填谷、调频及事故备用功能，是解决电力系统调峰问题以及确保系统安全稳定运行的最有效和最经济的手段。定速抽水蓄能机组在参与电网有功调整时，只能采取"开机—满负荷—停机"控制方式，无法满足电网连续、准确调整有功功率的要求。随着电网中核电等稳定供电电源和风电、光伏发电等间歇性可再生能源的大规模利用及其在电网中所占比例日益增大，导致电网的稳定运行控制变得更为困难，现有调节手段无法满足电网快速、准确进行频率调节的要求。对此，变速抽水蓄能机组就是解决问题的优选方案，可为电网安全稳定运行提供更有力的保障。另外，对于不同水头，机组只有在特定转速下才具有较优转换效率，通过调节转子转速，使得机组能够一直运行于更优工作点，提高了综合效益。

近代交流励磁研究始于 1935 年德国工程师 Tuxen 提出的双轴励磁思路，其后，国外电力工作者在以交流励磁为基础的同步电动机异步化运行的理论上不断完善和提升。随着大功率器件与现代控制技术的发展，转子采用三相交流励磁方式实现大容量抽水蓄能机组连续可变速运行的技术得到了飞速发展，并逐步投入了商业应用。日本从 20 世纪 80 年代开始研究三相交流励磁发电技术，并在飞轮蓄能与抽水蓄能电站的应用方面取得了成功。日立与关西电力公司合作，于 1987 年投运了世界上第一台交流励磁变速发电电动机（22MW），并在 1993 年投运了 400MW 的可变速抽水蓄能电站；东芝与东京电力公司合作，于 1990 年投运了 80MW 的变速发电机组，并研制成功了 300MW 的变速机组，高见电站、冲绳发电站与东京电力蛇尾川电站都相继采用了三相交流励磁发电技术。日本是应用连续可变速交流励磁抽水蓄能机组最早且最多的国家，占全世界可变速抽水蓄能机组总容量的 76.26%。除日本之外，可变速机组的应用集中于欧洲，且主要在德国，占 18.3%。

我国通过技术引进和自主研发，也曾开展过变速机组的设计、生产和应用，早期国内仅有 4 座电站的小容量变速机组投入运行，包括岗南抽水蓄能电站、密云抽水蓄能电站、潘家口抽水蓄能电站和响洪甸抽水蓄能电站。而且，其控制方式均属于变极调速方式，并非真正意义上的可变速电机，主要用于水头变化较大时改变抽水功率，在电网中起到的作用非常有限。正在建设中的河北丰宁抽水蓄能电站二期工程设计了两台变速抽水蓄能机组，是国内首台可变速抽水蓄能机组，单机容量 300MW，将于 2021 年前后投运。

二、变速抽水蓄能机组特点及对保护的要求

与常规定速抽水蓄能机组相比，变速抽水蓄能机组的最大不同在于其采用交流励磁方式，即转子侧为三相对称交流励磁绕组，通过调节励磁电压的幅值、相位及频率来控制励磁磁场的大小、相对转子的位置和电机转速，从而获得更加优越的运行性能。变速抽水蓄能机组交流励磁系统示意图如图 8-12 所示。

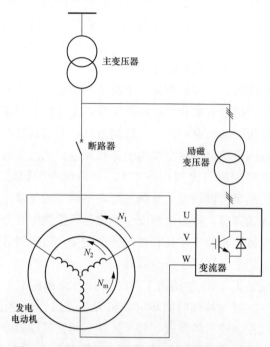

图 8-12　变速抽水蓄能机组交流励磁系统示意图

交流励磁电流在转子上形成相对于转子本身旋转的磁场，转子磁场转速 ω_r、转子机械转速 ω_m 和定子磁场转速 ω_s 之间存在如下关系

$$\omega_s = \omega_m + \omega_r \tag{8-2}$$

式中　ω_r——转子磁场转速；

　　　ω_m——转子机械转速；

　　　ω_s——定子磁场转速。

定速同步机组转子为直流励磁，转子磁场转速 ω_r 为零，转子机械转速 ω_m 与定子磁场转速 ω_s 相等。而可变速抽水蓄能机组在交流励磁系统控制下，通过改变励磁电流频率，所形成的旋转磁场在转子机械旋转的叠加作用下，在电机气隙中形成一个同步旋转磁场，在定子侧感应出同步频率的感应电动势，从而向系统输出电能。

当转子转速低于同步转速时称亚同步，即 $\omega_r < \omega_s$，当转子转速高于同步转速时称超同步，即 $\omega_r > \omega_s$。发电运行模式下，当转子亚同步运行时，转子绕组经交流励磁电源从电网获得能量，同时机组通过定子绕组向系统输出能量，此时转差率 $s > 0$；当转子超同步运行时，机组同时从定、转子两个方向向系统输出能量，此时转差率 $s < 0$。电动机运行模式下机组能量输送方向可依次类比，如图 8-13 所示。

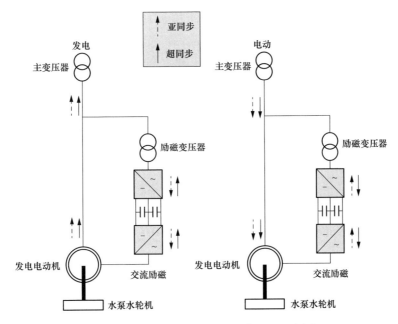

图 8-13 变速抽水蓄能机组工作原理示意图

与定速抽水蓄能机组相比，变速机组由于采用了交流励磁方式，带来了运行控制、机组启动与制动方式等方面的变化，对继电保护提出了新的要求。

首先，变速机组转子侧为三相交流励磁绕组，其可能存在的故障和异常运行状态与定速抽水蓄能机组完全不同，原有的转子侧保护配置方案和原理也不再适用。交流励磁绕组可能存在相间短路、匝间短路和接地故障等多种故障类型。对于相间短路和匝间短路，由于励磁绕组中性点侧位于转子内部，不能安装互感器，差动保护无法实现，只能采用过电流保护或负序过电流保护等保护功能应对故障。对于励磁绕组接地故障，乒乓式原理和注入式原理的转子接地保护均不再适用，而零序电压保护不能反映靠近中性点侧绕组的接地故障，需研究新的接地检测保护原理。交流励磁绕组的异常运行工况包括过电压和过频等异常状态，需对应配置过电压和过频保护功能。

其次，在机组抽水模式启动和停机控制方面，变速抽水蓄能机组可采用特有的自启动模式和可再生回馈制动模式，其电气特征与定速抽水蓄能机组各运行工况均不相同，需针对性地研究其故障和异常运行特征，进而配置相应保护功能。

最后，由于变速抽水蓄能机组控制模式的变化，也带来了运行工况与转换、流程控制等方面的差异，应仔细分析在故障或异常运行情况下变速机组定、转子侧的相互影响，在参考和借鉴常规定速蓄能机组保护原理和技术基础上，开展变速机组保护的适应性研究。

➧ 第三节 就地化保护

一、即插即用就地化保护

随着智能电网关键技术的快速发展，智能变电站的大量建设和投运，给新技术和新设备的研制和应用提供了良好的验证环境，同时也暴露出一些新的问题：

（1）系统可靠性降低。智能站继电保护除保护装置外，还有合并单元和智能终端两个中间环节，增加了保护整组动作时间。合并单元和智能终端通常就地安装，运行环境恶劣，故障率达到常规二次设备的 2～4 倍，且单一设备故障往往造成多套保护的不正确动作，也进一步降低继电保护的可靠性。

（2）运行维护工作量增加。与传统站相比，智能站的设备数量有增无减，新增了大量合并单元、智能终端和交换机，进一步加大了设备运维工作量。

（3）占地面积大、能耗高。与传统站相比，智能站占地面积与传统站相比基本相同。而且，现有二次设备防护等级低，户外柜需要加装空调等热交换设备，大量的热交换设备产生了更大的能耗和设备成本。

基于上述原因，出现了一种基于即插即用就地化保护装置的保护系统方案。所谓即插即用就地化保护装置，是指采用标准化连接器、直接安装于开关场或与一次设备集成安装的保护装置。由于需要就地化无防护安装，装置具有 IP 防护等级高、抗电磁干扰能力强、散热特性好、可靠性高等特点。基于就地化保护装置的保护系统方案的特征是：

（1）保护就地化。保护装置采用小型化、高防护、低功耗设计，实现就地化安装，缩短信号传输距离，保障主保护的独立性和速动性。

（2）元件保护专网化。元件保护分散采集各间隔数据，装置间通过光纤直连，形成高可靠无缝冗余的内部专用双向双环网网络。

（3）信息共享化。智能管理单元集中管理全站保护设备，作为保护与变电站监控的接口，采用标准通信协议，实现保护与变电站监控之间的信息共享。

该方案同样适用于抽水蓄能电站，尤其是蓄能电站的开关站。

二、保护实现方案

保护就地化方案也遵循 IEC 61850 协议，保持"三层两网"结构，但实现方式上发生了变革，如图 8-14 所示。

与常规智能站相比，就地化保护方案系统架构的特点是：

（1）取消合并单元和智能终端，保护装置与 TA、TV 和开关机构直接相连，间隔内无通信网络，可取消过程层交换机，简化过程层设备。

（2）保护装置具备 SV 和 GOOSE 功能，供站域保护、故障录波和网络分析等使用。

（3）由于液晶材料耐低温能力低及就地安装对装置尺寸的限制，就地化保护设备取消了液晶面板，需要在变电站层增设智能管理单元，对站内就地化保护设备进行界面集中展示、在线监视与智能诊断。

就地化保护装置按类型可分为单间隔保护和跨间隔保护，分别采用不同的实现方案。对于单间隔保护，由单间隔装置完成电量和断路器位置状态采集、断路器跳闸指令下发和保护逻辑，与联闭锁相关的启动失灵、闭锁重合闸等数据的传输采用 GOOSE 组网模式。以单间隔的线路保护为例，其系统架构如图 8-15 所示。

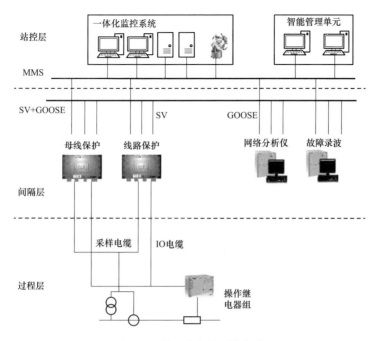

图 8-14 就地化保护系统架构

跨间隔保护包含母线保护和变压器保护等，采用分布式方案，由分布式子机构成，例如，就地化变压器保护由高压侧子机、中压侧子机、低压侧子机、本体子机等构成，如图 8-16 所示。各子机就地安装（35kV 及以下可开关柜安装），子机之间采用千兆光纤双向双环网通信，发布 SV 报文，收发 GOOSE、MMS 报文。跨间隔保护可采用无主模式，各子机完成本间隔模拟量、开关量采集，通过环网通信进行信息交互，各子机下装相同的定值，独自完成全部保护功能，根据自身运行结果决定是否跳本子机对应开关及对外发送跨间隔 GOOSE 信号；也可采用有主模式，主机可由某一子机担任，或者由单独装置做主机，负责保护逻辑计算和后台通信，其余子机只负责采集间隔信息和执行主机指令。

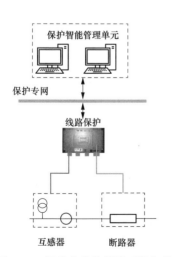

图 8-15 就地化线路保护系统架构

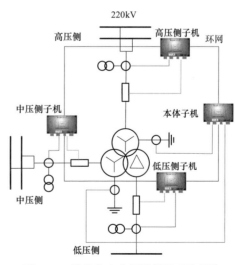

图 8-16 就地化主变压器保护系统架构

三、保护关键技术

为满足保护装置即插即用和无防护就地化安装的需求，需克服一系列技术难点，其中包含即插即用、高防护等级和 HSR 通信等关键技术。

（1）即插即用技术。就地化保护装置接口为标准化设计，采用航空插头实现快速可靠插接，不同厂家装置可方便地实现互换，且提高了现场工作的安全性。新设备接入时，可实现配置文件的自动更新，现场作业简单高效。

（2）高防护等级、电磁兼容设计技术。我国地域宽广，幅员辽阔，各地气候环境差异极大，就地化继电保护装置下放到户外开关场后，处于户外无防护环境，应能适应所处环境的温度、湿度，防止空气中的水分及腐蚀性介质侵入造成的损坏，同时还应具备抵御变电站内复杂的静态及暂态电磁干扰的能力。因此，就地化保护采用了特殊设计：坚固耐用的机箱结构，高防护的输入输出航插接口，高耐受电磁干扰能力，气象环境适应能力满足 IP67 级防水、−40～70℃ 的极端天气、高海拔及高湿度天气，机械特性满足冲击、振动、碰撞试验国家 2 级标准的要求等。

（3）高可靠性无缝冗余环网（high-availability seamless ring，HSR）通信技术。为了实现跨间隔保护的就地化，采用 HSR 网络完成保护各单元间的可靠高效通信。每个间隔配置一台独立通信子机，与其左右相邻的两台子机通过光纤连接，最终形成首尾相连的双向冗余环。环内各节点为对等关系，采用内部协议将数据打包，在两个环网链路层上同时发送，同一个数据源可通过两条互为冗余的路径到达数据接收点，结合相应的数据筛选丢弃策略，实现高可靠快速通信。

四、工程实践情况

目前，即插即用就地化保护装置在变电站已有一些试点应用，例如，就地化线路保护 2013 年在湖州 220kV 金钉变电站、太傅变电站正式投运，是全国首套 220kV 线就地化线路保护挂网运行；2014 年 3 月浙江嘉兴安江变电站投运 220kV 环网分布式母线保护。投运至今，多次发生区外扰动，未发生拒动、误动，未发生装置异常，运行情况良好；2016 年，国家电网有限公司选取黑龙江漠河、新疆吐鲁番、浙江舟山等七个具有典型极端气候特征的地区，进行就地化保护挂网试运行。

就地化保护方案在抽水蓄能电站的应用仍处于起步研究阶段，蓄能电站的开关站应用场景与变电站类似，有望首先尝试应用。发电电动机变压器组保护就地运行环境较为特殊，需进一步明确其应用要求，有待更进一步地深入研究。

⊕ 第四节 弧 光 保 护

中低压厂用母线因其出线多，操作频繁，设备绝缘老化和机械磨损，再加上运行条件恶劣等因素造成其故障概率比高压、超高压母线高得多。开关柜作为中低压母线的载体，由于其空间狭小，发生故障时，往往伴随柜体燃弧、起火。若不能及时切除故障，弧光迅速蔓延会带来严重的经济和财产损失。由于我国现行的继电保护设计标准中35kV 及以下电压等级的母线由于没有稳定问题，在中低压母线系统一般不配置专用的母线保护，而是依赖带延时的过电流保护来切除母线短路故障，保护跳闸时间一般整定为 1.0～1.4s，有的甚至更长，较长的故障切除时间加大了设备的损伤程度。

通常情况下，电气运行设备附近气体呈绝缘状态，一旦发生电弧放电现象，气体就会变成导电体。当气体原子在外界大能量作用下，使电子有可能脱离其原子核的束缚而成为自由电子时，气体呈带电的状态，即气体的电离现象。电弧点燃时，周围空气被电离，产生耀眼的弧光，电弧放电过程中伴随巨大的光学辐射，可利用故障时的弧光检测构成弧光保护。

20 世纪 60 年代，国际上一些先进国家开始了对弧光短路故障的研究，20 世纪 80～90 年代已经对这种故障特性有了深入了解，并提出各种弧光短路的防护措施。电弧光保护系统作为一种主动性防护措施在欧美国家的一些电力系统和厂矿企业应用方面已有近 20 年的历史。

国外较早研发弧光保护产品的国家有德国、芬兰、澳大利亚等。一些著名的开关柜生产厂家，如 ABB、Siemens、Schneider、Moeller 等，其低压开关柜中均配套使用了电弧光保护系统。国内对电弧光保护的应用较晚，直到 20 世纪 90 年代才首次从国外引入应用，随着电弧光保护技术的成熟，对电弧光认识的提高，新的市场需求不断扩大，国内电弧光保护的应用逐渐增多。山东某电站发生一起 10kV 开关柜电缆室短路故障，短路弧光上窜至断路器室，安装于该间隔断路器室的弧光传感器检测到弧光，结合采集到的进线电流，弧光保护瞬时动作切除故障，避免了严重损失。

一、弧光保护原理

在中低压系统，开关柜是中低压母线的载体，大多数场合弧光保护是作为母线快速保护而被运用于中低压系统的。为明确母线区弧光保护的保护范围，有必要对开关柜的结构有明确的了解。国内使用较多的低压开关柜为铠装式金属封闭开关柜，柜体分为仪表室，母线室、断路器室、电缆室等小室，如图 8-17 所示。

断路器室：断路器是开关柜的核心部件，是投切负荷的执行机构。断路器在断路器室，和推进用底盘车组成手车。手车采用中置式结构，通过一台转运车可方便地进行手车进出柜的操作。手车的下部为推进用的底盘车，断路器固定安装在底盘车上。底盘车内设置有推进机构，用以实现对断路器手车的进出车操作。底盘车内还设置有联锁机构，用以实现断路器和柜体之间的各种联锁。

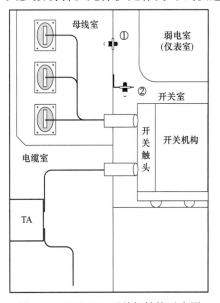

图 8-17　KYN-28 开关柜结构示意图

　　母线室：主母线贯穿连接相邻两柜，用装在柜侧壁隔板上的母线套管支撑固定。全部母线用热缩绝缘套管封闭。主母线和联络母线采用矩形截面的铜排，分支母线直接连接于静触头盒和主母线之间。如果出现内部故障电弧，柜侧壁的隔板和母线套管能有效防止事故向邻柜蔓延。

　　电缆室：一般作为开关柜的出线小室（当开关柜为进线柜时，即为进线小室）。电流互感器、接地开关、避雷器等电气元件布置在电缆室内。

　　继电保护小室（仪表室）：安装继电保护元件、仪表、带点监测指示器及各种二次设备。仪表室的后下部留有通信电缆孔可方便通过柜与柜间的通信电缆。

　　若短路故障发生在母线室，则属于母线区故障，需切开整个母线段的进线或分段断路器才可以隔离故障；若故障发生在断路器室，故障发生的位置可能有以下两种情况：若弧光短路故障发生在开关机构下触头，需断开本间隔即可隔离故障；若弧光短路故障发生在开关柜上触头，需切除本母线进线或分段断路器才能切除故障。为防止开关柜上触头故障，断开本间隔无法及时隔离故障，而可能导致故障范围继续扩大，将断路器室的弧光传感器采集的弧光信号也归为母线区弧光信号，故在母线室安装的传感器和断路器室安装的传感器（图 8-17 中的①和②号传感器）采集到的信号为母线区的弧光信号。电缆室三相电缆接头也是发生弧光短路故障的高发区域，在电缆室发生弧光故障时，本间隔综合保护装置可快速切除 90％ 的弧光故障，如非特殊需要，可不在电缆室安装弧光传感器。

　　安装在开关柜母线室和电缆室的弧光传感器作为光感应元件，在发生弧光故障时，检测到突然增加的弧光信号，并将光信号通过光纤，把弧光传输给弧光单元或直接传给主控单元，弧光单元将光信号转为电信号之后进行比较、滤波、编码、电光转换，由光纤将数字光信号传给弧光扩展器或者主控单元，实现有选择性的保护。弧光保护以发生故障时的弧光检测为主要依据，同时结合故障电流判据，可快速切除故障。故障电流判据可以是工频变化量判据或幅值电流判据。弧光保护系统通过检测开关柜内部发生故障时发出的弧光和电流突变量来判断是否发生故障。在同时检测到弧光和电流突变时发跳闸命令，只检测到其中之一时发报警信号，如图 8-18 所示。

　　弧光保护装置采集整个中低压母线的进线电流，或母线之间的分段电流为弧光保护电流判据。现在常见的弧光保护在跳闸回路采用快速固态继电器可确保系统从检测到出口跳闸时间小于 6ms，远快于传统的继电保护装置对于开关柜的内部弧光故障的总切除时间。

二、弧光保护新技术

（一）弧光通道自检技术

　　弧光保护装置能否及时、快速地检测并切除故障，很大程度上取决于弧光传感器性能的好坏。由于无源传感器在传感器损坏或者弧光光纤断裂时，保护装置无法感知故障信号并及时发出告警信息，对装置的可靠运行带来隐患。所以有必要对传感器自检技术进行完善。基于分光原理的弧光采集回路自检方法通过弧光采集单元实时发送幅值、脉

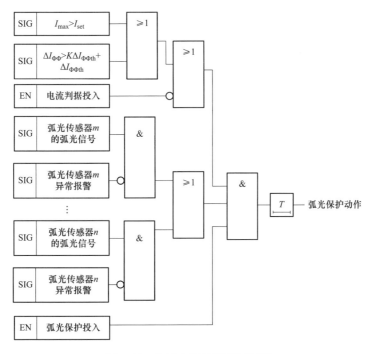

图 8-18　电弧光保护原理逻辑图

宽均可调制的脉冲光，然后叠加在弧光传输通道中。脉冲光信号经传感器透镜反射后经弧光采集单元发送给主机单元。主机单元实时检索叠加在传感器采样信号中的脉冲光，并与预设的脉冲光特性参数比较从而判断弧光传输通道是否完好。

如图 8-19 所示，LED 脉冲光发射光源在驱动电路驱动下，发出周期、脉宽均可调制的脉冲光。脉冲光经聚光透镜耦合在弧光传输光纤中。在弧光传感器玻璃球面内反射膜的作用下，脉冲光信号重新通过传输光纤返回至采集单元。主机单元接收到光信号后进行数据处理，如若能收到脉冲光源发出的光脉冲信号，则可说明光纤通道无损，反之，则说明传感器或光纤通道运行不正常，装置需及时发出报警信号提醒运行人员进行故障排查及检修。

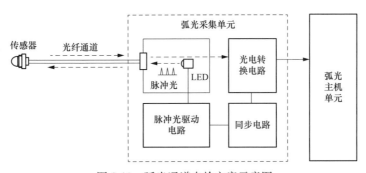

图 8-19　弧光通道自检方案示意图

（二）紫外传感技术

将紫外光作为检测信号，摒弃自然因素和自然检修对装置的影响，在有效检测故障弧光的同时，可有效防止装置频繁启动。这一过程恰是新一代电弧光传感器的技术理论基础。

由于铜质母线电弧光的能量主要集中在 300～400nm 的紫外光波段和 400～700nm 的可见光波段，且 70％以上为紫外光成分。选用 300～380nm 波段光敏材料可以实现光选频带通。在保证对弧光信号可靠检测的同时，有效防止干扰光（自然环境光和运检时强手电光）对装置正常运行造成影响，如图 8-20 所示。

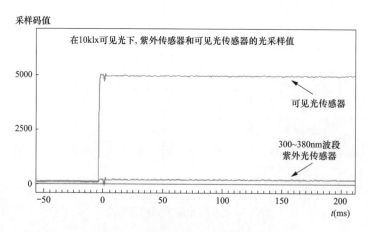

图 8-20　紫外传感器采样效果示意图

（三）基于 GOOSE 的弧光保护系统

基于数字化的弧光保护技术，组建弧光保护系统。通过 GOOSE 网络实现弧光信号的传递及跳闸功能可有效减少弧光传输光纤以及电缆的敷设。弧光保护装置与间隔层综合保护装置组建共有的 GOOSE 网络，可以实现母线区和间隔区的弧光保护。通过对中、低压开关柜的各小室实现全方位的弧光监视，构成馈线、母线无死区弧光保护系统，根据故障位置，分区域保护跳闸，缩小故障停电范围，如图 8-21 所示。

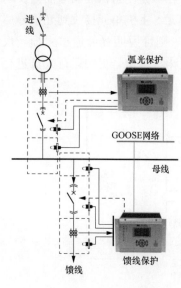

图 8-21　基于 GOOSE 的弧光保护系统示意图

三、弧光保护系统配置

一般来说，弧光保护系统由弧光保护主机单元和若干弧光采集单元组成。弧光主机单元采集母线的进线电流，接收弧光采集单元采集到的弧光信号，采集开关设备位置等，并实时进行逻辑运算。发生弧光故障时，弧光主机单元动作，跳开相应的进线或分段断路器。弧光采集单元实时采集弧光传感器的信号，并通过光纤将弧光信号级联给弧光主机单元。单母接线的电弧光保护的配置示意图如图 8-22 所示。

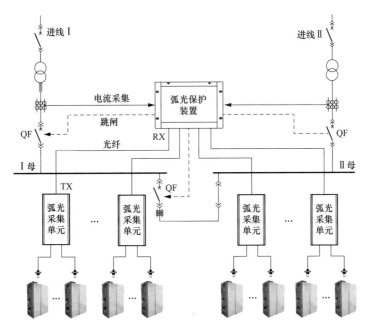

图 8-22 单母接线的电弧光保护的配置示意图

第九章

工 程 应 用 案 例

本章以响水涧抽水蓄能电站、天荒坪抽水蓄能电站、宜兴抽水蓄能电站等电站为例，对抽水蓄能电站的继电保护配置和设计进行说明。天荒坪电站、宜兴电站、白莲河电站和蒲石河电站的继电保护设备主要从国外引进，代表了国外厂商的设计理念和设计思想。响水涧抽水蓄能电站安装了我国第一台拥有自主知识产权，自行研究设计、制造、安装和调试的抽水蓄能机组，电站继电保护采用了国产化设备，是国内抽水蓄能机组继电保护设备的典型应用案例。通过本章的内容介绍，对抽水蓄能电站继电保护产生全面直观的认识。

◆ 第一节　响水涧抽水蓄能电站

一、电气主接线

响水涧抽水蓄能电站位于安徽省芜湖市三山区峨桥镇，电站临近华东电网负荷中心，安装 4 台单机容量 250MW 的可逆式发电电动机组。以 500kV 电压的两回出线接入电网，参与华东电网调峰、填谷、事故备用、调频、调相等任务。响水涧电站电气主接线如图 9-1 所示。

二、保护组屏方案

（一）机组保护组屏

每台机组按 5 面屏配置，A、B 屏完成发电电动机所有电气量的双重化保护配置，C、D 屏完成主变压器和励磁变压器所有电气量的双重化保护配置，E 屏完成非电量及其他功能保护配置。

A 屏含发电电动机保护装置、打印机。B 屏含发电电动机保护装置、注入式定子接地保护辅助电源装置、打印机。C 屏含主变压器和励磁变压器保护装置、打印机。D 屏含主变压器和励磁变压器保护装置、打印机。E 屏含非电量保护装置、操作回路箱。

抽蓄机组保护屏柜配置示意图如图 9-2 所示。

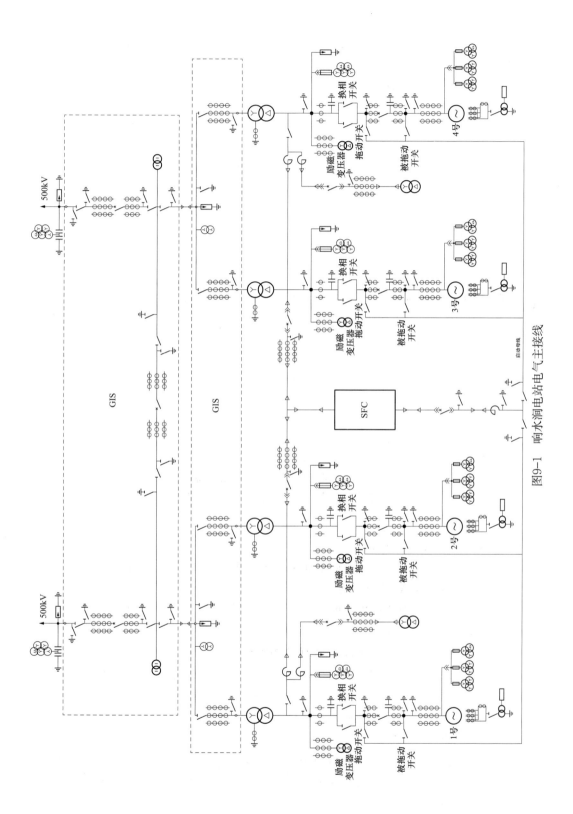

图9-1 响水洞电站电气主接线

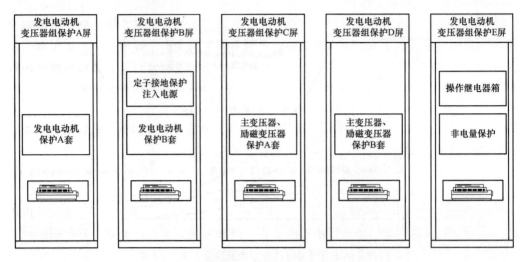

图 9-2　抽蓄机组保护屏柜配置示意图

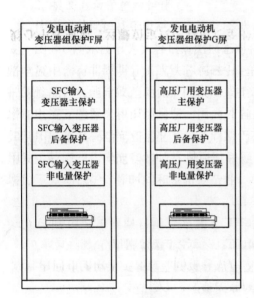

图 9-3　高压厂用变压器和 SFC 输入
变压器屏柜配置示意图

另外，SFC 输入变压器和高压厂用变压器保护均单独配置，分别组一面屏：F 屏含 SFC 输入变压器电气量保护装置和非电量保护装置。G 屏含高压厂用变压器电气量保护装置和非电量保护装置。

高压厂用变压器和 SFC 输入变压器屏柜配置示意图如图 9-3 所示。

（二）开关站电气设备保护组屏

响水涧电站采用内桥接线，对于开关站内电气设备，主要配置线路保护、断路器保护和高压电缆保护。

高压电缆保护采用分布式光纤差动原理，其组屏图如图 9-4 所示。地下部分两面屏柜，分别装设两套高压电缆保护的地下采集装置，电站地上也配置两面屏柜，装设两套高压电缆保护的地上采集装置和保护处理装置。采集装置和保护装置之间采用光纤连接。

开关站内共有三台断路器，分别配置一套断路器保护装置，各自布置于一面屏柜内。针对两条输出线路，响水涧电站内各自配置完全双重化的保护装置，每套保护装置布置于一面屏柜内。

三、保护配置方案

发电电动机和主变压器保护分开配置，励磁变压器保护功能集成于主变压器保护装置。

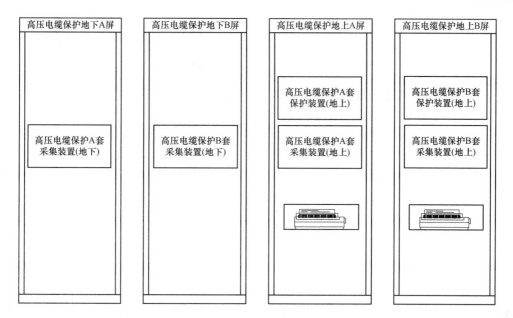

图 9-4　高压电缆保护组屏图

（一）发电电动机保护配置

1. 保护功能配置

　　A、B保护屏柜都包含了一套完整的发电电动机保护配置，其保护功能略有差异。一套配置注入式定子接地保护，实现静止状态下的定子绕组对地绝缘检测，另一套为传统的基波零序电压定子接地保护和三次谐波电压比率定子接地保护，共同构成定子接地保护双套不同原理配置。一套配置注入式原理，另一套配置乒乓式原理，两套不同原理互为补充，正常情况下投入其中一套，另一套作冷备用。发电电动机保护功能配置见表 9-1。

表 9-1　　　　　　　　　　发电电动机保护功能配置表

序号	A 套保护	B 套保护
1	差动 1（大差）保护	差动 1（大差）保护
2	差动 2（小差）保护	差动 2（小差）保护
3	高灵敏横差保护	高灵敏横差保护
4	复合电压过电流保护	复合电压过电流保护
5	定、反时限定子过负荷保护	定、反时限定子过负荷保护
6	定、反时限转子表层（负序）过负荷保护	定、反时限转子表层（负序）过负荷保护
7	失磁保护	失磁保护
8	失步保护	失步保护
9	过电压保护	过电压保护
10	低电压保护	低电压保护
11	过频保护	过频保护
12	低频保护	低频保护
13	定、反时限过励磁保护	定、反时限过励磁保护

续表

序号	A 套保护	B 套保护
14	电动机低功率保护	电动机低功率保护
15	发电机逆功率保护	发电机逆功率保护
16	低频差动保护	低频差动保护
17	低频过电流保护	低频过电流保护
18	低频零序电压保护	低频零序电压保护
19	基波零序电压定子接地保护	注入式定子接地保护
20	三次谐波电压定子接地保护	（零序电流判据＋电阻判据）
21	注入式转子接地保护	乒乓式转子接地保护
22	电压相序保护	电压相序保护
23	电流不平衡保护	电流不平衡保护
24	误上电保护	误上电保护
25	发电电动机断路器失灵保护	发电电动机断路器失灵保护
26	轴电流保护	轴电流保护

2. 完全双重化保护配置原则

依据 GB/T 14285《继电保护和安全自动装置技术规程》和国网反措要求等有关规定，结合以往大型水电站运行经验，机组保护按照"完全双重化、主后一体化"思想进行优化设计，以提高整体性能水平。主要有以下几点措施：

（1）主保护和后备保护采用一体化设计，一个保护装置实现全部电气量保护，主保护与后备保护共用一组 TA，简化了二次回路设计、减少了 TA 总数、消除了 TA/TV 串并接现象。

（2）两套保护构成电气量保护完全双重化配置，两套保护在电源、出口、TA、TV 等回路上完全独立，任一套保护故障不影响另外一套的正常运行，机组仍有一套完整的电气量保护可靠运行。

（3）主保护与后备保护共用一组 TA，且小差和大差两种差动保护均进行了双重化配置，任意工况下所有一次设备均有至少两套差动进行保护，完全满足国内相关规程和运行要求，可靠性高。

（4）配置注入式定子接地保护，实现静止状态下的定子绕组对地绝缘检测，与另一套传统的基波零序电压 95％定子接地保护和三次谐波电压比率定子接地保护，共同完成定子接地保护双套不同原理配置。

（5）发电电动机转子接地保护一套配置注入式原理，另一套配置乒乓式原理，两套不同原理互为补充，正常情况下投入其中一套，另一套作冷备用。

3. 过电流保护配置说明

以往抽水蓄能机组的双套过电流保护，电流分别取自不同的 TA，其中一套取机端 TA，另一套取中性点 TA，虽然实现了保护双重化，但存在保护范围不一致、启动过程仅单套投入等问题。响水涧电站采用"主后一体化"设计，每套保护装置均同时接入了机端和中性点电流，并对过电流保护配置做如下优化：

（1）对于复合电压过电流等保护，同时担负着机组本身和母线等设备的后备保护，如取机端 TA 电流，对发电电动机自身的保护范围将出现与保护设计初衷不一致的情况。响水涧电站的两套后备保护均能取得中性点 TA 电流，保护范围一致，符合保护设计要求。

（2）负序过电流保护取自单一 TA，TA 断线时必然导致保护误动。响水涧电站的负序过电流保护取机端侧和中性点侧负序电流的小值，能够避免 TA 断线导致保护误动的情况。

（3）机组启动过程中机端 TA 无电流流过，原设计在此期间将仅有一套保护能够投入。主后一体化设计后，后备保护可同时取得中性点侧电流，启动过程中双套保护均正常工作。

4. 抽水启动过程保护配置说明

鉴于抽水启动过程在抽水蓄能机组中的重要性，结合国内机组保护经验，配置了反映相间短路故障、定子接地故障等的快速保护和后备保护，采用不受频率影响的保护算法。

（1）反映相间短路故障的保护，配置低频差动保护作为快速主保护，配置低频过电流保护作为后备保护，按可靠躲过最大不平衡电流整定；

（2）反映定子接地故障的保护，配置中性点低频零序电压保护，动作值也宜适当提高，可靠躲过低频三次谐波分量的影响；

（3）电压相序保护，用于鉴别发电电动机旋转方向与换相开关位置不一致的机组异常运行。

5. 电流不平衡保护

依据 GB/T 14285《继电保护和安全自动装置技术规程》的要求，为防止发电电动机电气制动停机时定子绕组端头短接接触不良，设置电流不平衡保护，延时动作于灭磁。

（二）主变压器保护配置

响水涧电站配置了两套主变压器和励磁变压器保护装置，实现电气量保护功能，并配置了单独的非电量保护装置实现非电量保护功能，详细的电气量保护配置见表 9-2。

表 9-2　　　　　　　　　　　主变压器保护功能配置表

序号	A 套保护	B 套保护
1	变压器差动 1（大差）保护	变压器差动 1（大差）保护
2	变压器差动 2（小差）保护	变压器差动 2（小差）保护
3	高压侧复合电压（方向）过电流保护	高压侧复合电压（方向）过电流保护
4	高压侧零序（方向）过电流保护	高压侧零序（方向）过电流保护
5	过励磁保护	过励磁保护
6	励磁变压器过电流保护	励磁变压器过电流保护
7	励磁变压器过负荷保护	励磁变压器过负荷保护
8	低压侧零序电压	低压侧零序电压
9	倒送电保护	倒送电保护
10	过负荷报警	过负荷报警
11	启动风冷	启动风冷

　　主变压器大差保护差至发电电动机机端 TA，以保护发电电动机断路器以上（包括换相开关、拖动开关等设备）范围故障。启动过程中，差动电流计算时不计入发电电动机机端电流，并网后再计入，避免了常见的在启动过程中直接闭锁保护的做法，差动保护在启动过程中全程投入，消除了差动保护死区（具体分析参见第四章第二节的相关内容）。

（三）开关站电气设备保护配置

　　国内接入 500kV 电网的大型抽水蓄能电站，一般为角形接线或者内桥接线，主变压器高压侧至 500kV 地面开关站的引线多数采用线路光纤差动保护装置来完成。由于抽水蓄能电站多为两台机组共用一段引线，采用线路光纤差动保护装置时常需要将两台主变压器高压侧的电流并接，同时也需将 500kV 侧的电流并接，当并接的两组电流方向相反时，导致制动电流偏小，降低了继电保护装置保护性能。

　　500kV 侧引线是抽水蓄能电站的重要组成部分，是连接各个电气元件的枢纽，某种程度上可看作母线，不应简单地按常规引线保护来配置，按照规程要求应为其配置母线保护。由于抽水蓄能电站的地理结构特性，主变压器高压侧距离 500kV 侧地面开关站较远，普通的二次电缆连接已经无法满足保护装置信号采集要求，需采用光纤通道来完成模拟量的采集和接点的传输，常规母线保护应用遇到了困难。

　　响水涧电站设计时采用分布式母线保护。分布式母线保护由主站单元和子站单元两部分组成，主站单元负责保护计算，子站单元按物理位置就地配置，负责数据采集和保护出口，主站和子站采用单模光纤进行实时通信。子站单元仅与对应的 TA 相连，这样大大简化了保护的二次侧接线，主站与子站单元采用光纤连接，有效地解决了常规母线由于距离远电缆无法连接的问题。同时分布式母线保护与线路光纤差动保护相比，每个 TA 回路为单独输入，可以有效避免电流并接，较好地解决了差动计算过程中制动电流偏小的问题，提高了保护性能。

四、保护辅助功能设计

（一）软件自动换相

　　响水涧电站即采用了软件换相方式，保护装置根据换相开关位置判别运行工况，自动进行相序的转换。二次回路无须设置联切回路。

（二）运行工况判别及保护闭锁逻辑

　　响水涧蓄能电站设计有发电运行、发电调相、抽水运行、抽水调相、SFC 启动、背靠背启动等超过 10 种运行工况，每种运行工况都有特殊的保护功能需投入或可能导致误动作的保护功能需闭锁，任一运行工况的判别错误均会导致相关保护的误动作或者拒动作，因此运行工况的准确判别是抽水蓄能机组保护可靠运行的前提。

　　为提高运行工况判别的可靠性，响水涧电站机组保护在设计时采用开关设备位置辅助触点和监控系统运行工况信号相结合的方式。保护装置采集开关设备位置辅助触点，由软件根据开关设备位置的逻辑关系，实现机组运行工况的判别。发电电动机运行状态判别逻辑见表 9-3。

表 9-3 发电电动机运行状态判别逻辑

序号	状态名称	判别逻辑
1	发电工况	换相开关发电位置＝1 and 发电电动机断路器分闸位置＝0 and 发电机调相模式＝0
2	发电调相工况	换相开关发电位置＝1 and 发电电动机断路器分闸位置＝0 and 发电机调相模式＝1
3	抽水工况	换相开关抽水位置＝1 and 发电电动机断路器分闸位置＝0 and 抽水调相模式＝0
4	抽水调相工况	换相开关抽水位置＝1 and 发电电动机断路器分闸位置＝0 and 抽水调相模式＝1
5	拖动机运行工况	拖动开关合闸位置＝1
6	被拖动运行工况	被拖动开关合闸位置＝1
7	电气制动工况	电气制动开关合闸位置＝1
8	断路器分闸状态	发电电动机断路器分闸位置＝1

注 发电调相模式和抽水调相模式为监控信号触点。

发电电动机保护闭锁逻辑见表 9-4。

表 9-4 发电电动机保护闭锁逻辑

序号	保护功能	发电工况	发电调相工况	抽水工况	抽水调相工况	拖动机运行工况	被拖动工况	断路器分闸	电气制动工况
1	差动 1（大差）保护					B	B		B
2	差动 2（小差）保护					B	B		B
3	横差保护灵敏段								B
4	横差保护高值段								
5	复合电压过电流保护								
6	定、反时限定子过负荷保护								B
7	定、反时限转子表层（负序）过负荷保护					B	B		B
8	失磁保护					B	B		B
9	失步保护					B	B		B
10	过电压保护								
11	低电压保护	B				B	B	B	B
12	过频保护								
13	低频保护	B				B			
14	定、反时限过励磁保护								
15	电动机低功率保护	B	B		B	B	B		B
16	发电机逆功率保护		B	B	B	B	B		B
17	低频差动保护	B	B	B	B				B
18	低频过电流低值段	B	B	B					B
19	低频过电流高值段	B	B	B					B
20	低频零序电压保护	B	B	B					B
21	95％定子接地保护					B	B		B

序号	保护功能	发电工况	发电调相工况	抽水工况	抽水调相工况	拖动机运行工况	被拖动工况	断路器分闸	电气制动工况
22	注入式定子接地保护电阻判据					B	B		B
23	注入式定子接地保护电流判据								B
24	注入式/乒乓式转子接地保护								
25	电压相序保护	B	B	B	B			B	
26	电流不平衡保护	B	B	B	B	B	B	B	
27	误上电保护								
28	发电电动机断路器失灵保护								
29	轴电流保护								

注　B表示在该工况下闭锁保护。断路器失灵保护逻辑不需要闭锁，主要由电流判据、保护动作开入和断路器辅助触点（可选）构成。误上电保护逻辑中采用了断路器辅助触点位置，断路器合闸后自动退出，也无须闭锁。

（三）跳闸软矩阵

响水涧机组保护出口采用"装置跳闸矩阵出口＋断路器操作箱"方式。保护装置的出口方式通常采用软件跳闸矩阵的方式来实现跳闸逻辑，减少了跳闸矩阵装置，回路简洁可靠。断路器操作箱按断路器配置，所有动作于本断路器的信号均接入相应断路器操作箱。

保护装置的软件跳闸矩阵说明：装置提供了17组跳闸输出继电器，共45副出口触点，跳闸继电器均有跳闸控制字来整定。通过各个保护各元件跳闸逻辑定值的整定，每种保护可实现灵活的、用户所需的跳闸方式。

跳闸逻辑控制字由30位2进制数组成，显示在装置液晶上的是8位16进制数。每一个2进制位代表一组跳闸输出继电器。当保护元件动作时，如果相应位置"1"，则该组输出继电器动作输出；如果置位"0"，则该组输出继电器不动作。跳闸矩阵输出触点列表见表9-5。

表 9-5　　　　　　　　　　　　跳闸矩阵输出触点列表

位	功能	触点数
0	本保护投入	
1	跳闸出口1	4 副
2	跳闸出口2	4 副
3	跳闸出口3	4 副
4	跳闸出口4	3 副
5	跳闸出口5	4 副
6	跳闸出口6	4 副
7	跳闸出口7	3 副

续表

位	功能	触点数
8	跳闸出口 8	4 副
9	跳闸出口 9	2 副
10	跳闸出口 10	2 副
11	跳闸出口 11	2 副
12	跳闸出口 12	2 副
13	跳闸出口 13	1 副
14	跳闸出口 14	1 副
15	跳闸出口 15	1 副
16	跳闸出口 16	1 副
17	跳闸出口 17	3 副

断路器操作箱与断路器操动结构配合，完成断路器跳合闸操作、跳闸回路监视、防跳等功能，并实现了保护装置与断路器操动机构的隔离，跳闸失败时不会直接危害或损坏保护装置，提高了保护装置可安全性。

第二节　天荒坪抽水蓄能电站

一、电气主接线

天荒坪抽水蓄能电站装有 6 台单机容量 300MW 可逆式发电电动机水泵水轮机机组，机组采用联合单元接线，在机端设断路器和换相开关。机组设有发电、抽水、发电调相、抽水调相、停机 5 种稳定工况和水泵启动、线路充电两种特殊工况，机组抽水方向启动以静态变频启动为主，背靠背启动为辅。全厂设有两台 SFC 设备，每台 SFC 可启动任意一台机组，每台机组可采用背靠背方式启动其他任意一台机组，电站主接线如图 9-5 所示。

二、保护组屏方案

发电电动机变压器组保护采用了安德里茨的 DRS 微机数字式保护系统，模块化配置，共配置四面屏柜。其中，发电电动机保护根据保护双重化配置原则，分别布置于 JA01 和 JA02 两个独立的盘柜内；主变压器的电气量保护同样根据保护双重化配置原则，分别布置于 JB01 和 JB02 两个独立盘柜，主变压器非电气量保护布置于主变压器保护 B 盘 JB02 内。

三、保护配置方案

（一）机组保护配置
发电电动机两面屏柜内的保护模块及保护功能见表 9-6。

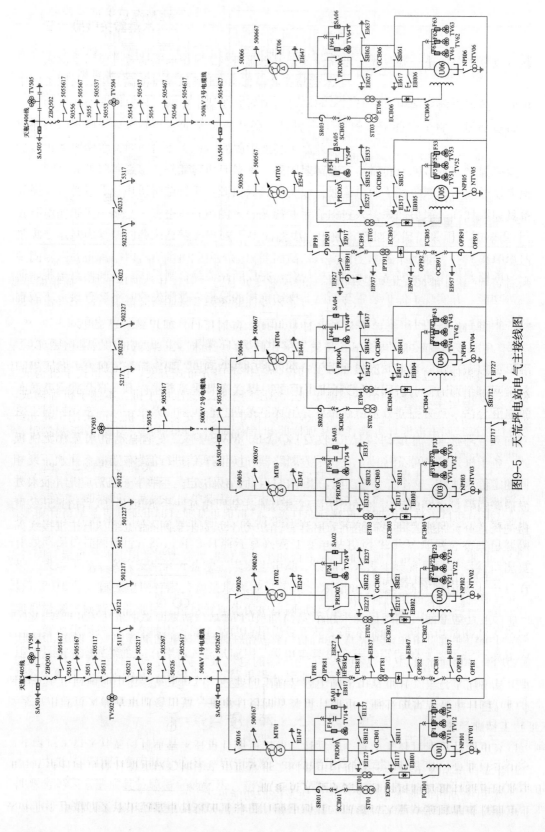

图9-5 天荒坪电站电气主接线图

表 9-6　　　　　　　　　发电电动机两面屏柜内的保护模块及保护功能

发电电动机保护 A 屏（JA01）			发电电动机保护 B 屏（JA02）		
F11	87G/M-A	差动保护	F14	64S-B	三次谐波定子接地保护
	49G/M-A	过负荷保护	F21	87G/M-B	差动保护
	51GI-A	定子匝间保护		49G/M-B	过负荷保护
	59/81G/M-A	过励磁保护		51GI-B	定子匝间保护
	64SH-A1	轴电流保护		59/81G/M-B	过励磁保护
	51GL-A	低频过电流保护		51GL-B	低频过电流保护
F12	46G/M-A	负序过电流保护	F22	46G/M-B	负序过电流保护
	37M1-A	低功率保护		37M1-B	低功率保护
	37M2-A	溅水功率保护		37M2-B	溅水功率保护
	47G/M-A	电压相序保护		47G/M-B	电压相序保护
	81G/M-A	低频保护		81G/M-B	低频保护
	32G-A	逆功率保护		32G-B	逆功率保护
F13	64SH-A2	轴电流保护	F23	64G/M-B	95%定子接地保护
	64E-A	转子接地保护		51/27G/M-B	低压过电流保护
	51/27G/M-A	低压过电流保护		40G/M-B	失磁保护
	40G/M-A	失磁保护		59G/M-B	过电压保护
	59G/M-A	过电压保护		78G/M-B	失步保护
	78G/M-A	失步保护			
	64SH-A3	轴电流保护			
F14	64G/M-A	注入式定子接地保护			

主变压器、励磁变压器保护功能见表 9-7。

表 9-7　　　　　　　　　主变压器、励磁变压器保护功能

主变压器保护 A 屏（JB01）		主变压器、励磁变压器保护 B 屏（JB02）	
87T-A	差动保护	87T-B	发电方向差动保护
51T-A	主变压器高压侧过电流保护	51T-B	主变压器高压侧过电流保护
51TN-A	零序过电流保护	51TN-B	零序过电流保护
50BF-A	发电电动机断路器失灵保护	50BF-B	发电电动机断路器失灵保护
59/81T-A	过励磁保护	59/81T-B	过励磁保护
64T-A	主变压器低压侧接地保护	64T-B	主变压器低压侧接地保护
		87ET	励磁变压器差动保护
		51ET	励磁变压器过电流保护
		49R	励磁绕组过负荷保护
			非电量保护

（二）开关站电气设备保护配置

天荒坪抽水蓄能电站开关站电压等级为 500kV，为三进二出不完全单母线三分段接线，其开关站电气主接线图如图 9-6 所示。

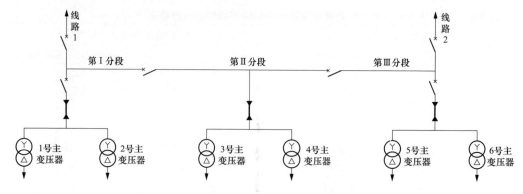

图 9-6 开关站电气主接线图

1. 高压电缆保护

500kV 高压电缆设置了差动保护，分别布置于 4 块保护屏内，每套保护均由完全相同且独立的 A/B 两组保护组成，以保证能快速、可靠切除各保护范围内发生的接地故障及相间短路故障。保护采用瑞典 ABB 公司生产的 RADSS 型高速比率制动电流完全差动保护，采用固定连接方式。各组保护所用电流互感器均采用交叉布置方式，以消除保护死区。

2. 断路器失灵保护

断路器失灵保护作为 500kV 高压电缆保护和线路保护动作而断路器拒动时防止事故扩大的后备保护。5051/5052/5054/5055 断路器均设置了失灵保护，由原英国 GEC ALSTHOM 生产，采用独立的分相启动回路，动作出口时瞬时再跳本断路器三相，若故障电流仍存在，经 200ms 延时三跳本断路器及相邻断路器。

3. 线路保护

500kV 输出线路保护由两套完整的 A/B 套保护构成，第一套保护设备的主保护为分相电流差动保护、零序差动保护，后备保护为三段式距离保护及零序反时限保护，具有独立的选相功能和单相/三相跳闸逻辑功能。第二套保护设备的主保护包括由工频变化量距离元件构成的快速 I 段保护、允许式纵联距离和零序方向元件保护，后备保护配置三段式相间距离和接地距离及两个延时段零序方向过电流保护，允许式纵联距离保护通过相应线路的一条复用载波快速通道来收、发分相允许信号。两套保护均具有独立的选相功能和单相/三相跳闸逻辑，双套保护的动作出口分别对应于断路器的两组跳闸线圈。

4. 线路重合闸

针对输出线路的本侧断路器，各设置一套 GEC ALSTHOM 公司生产的重合闸装置，采用单相一次重合闸方式。重合闸退出或单相一次重合闸后（重合闸充电时间内），沟通三跳，断路器三跳不重合。当线路断路器任一相弹簧压力低或 SF₆ 气压低时，均闭锁重合闸。

（三）厂用电系统保护配置

厂用电系统由四段 6.3kV 厂用母线构成，并两两互联，其中 I、II、III 母分别由 1、4、6 号机组供电，IV 段母线由 35kV 丰天线或白天线供电。具体接线如图 9-7 所示。

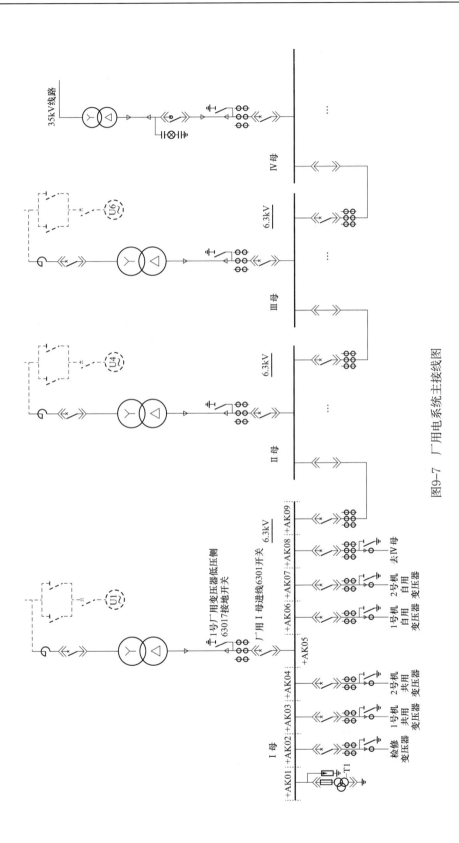

图9-7　厂用电系统主接线图

厂用电系统保护装置主要包括厂用变压器保护、母联断路器保护、馈线保护等保护装置。厂用变压器保护功能主要有差动保护、电流速断保护、过电流保护、零序过电流保护、过负荷保护和非电量保护等。母联断路器保护为过电流保护，馈线保护包含过电流保护、零序过电流保护等。各级过电流保护和零序过电流保护的定值应级联配合，防止越级跳闸。

四、保护辅助功能设计

保护闭锁矩阵设置由插件板实现，该插件为双面印刷板，正反面为纵横交错网状印刷电路。交错点处留有焊接孔，根据原理需要，在交错点处连入短线或二极管，如图 9-8 所示。横线代表各输入量，竖线代表 VE 模板中的各保护，X 处为连通处，现场根据设计要求的不同，任意增加或取消闭锁条件。

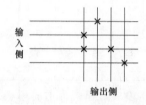

图 9-8　保护闭锁矩阵硬件电路

跳闸矩阵类似于闭锁矩阵，不同的是跳闸矩阵在屏面板上，一块平板上有许多小孔，可用插针插入小孔连通输入输出。当保护动作条件满足时，VE 内部输出模块启动保护输出继电器，其触点经各自压板到跳闸矩阵输入侧。输出侧经各自压板至跳闸输出继电器，每一个继电器对应一个外部设备，如停机继电器、出口断路器等。它的作用除可以展宽输出触点外，通过输出继电器实现隔离作用。输出继电器采用一对一的形式。通过改变插针，可以方便地改变保护动作结果。

✦ 第三节　宜兴抽水蓄能电站

一、电气主接线

宜兴抽水蓄能电站位于江苏省宜兴市，地处华东电网负荷中心，参与华东电网调峰、填谷、调频、调相和事故备用等任务。电站安装 4 台单机容量 250MW 的可逆式抽水蓄能机组，机组采用联合单元接线，开关站为桥型接线方式，电站以 500kV 两回输出线路接入电网。宜兴抽水蓄能电站的电气主接线如图 9-9 所示。

二、保护组屏方案

发电电动机和主变压器的保护分别采用 ABB 公司的 REG216 和 RET521 型微机保护，均为双套配置，分别布置于两个独立的屏柜内。

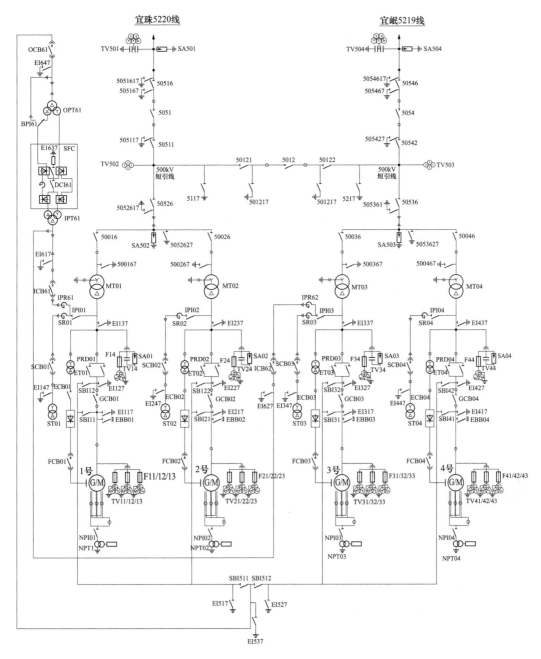

图 9-9　宜兴抽水蓄能电站主接线图

　　输出线路保护均为双重化配置，分别采用 ABB 公司的 REL561 型微机保护和南京南瑞继保公司的 RCS-931D 型微机保护，两套保护分别布置在两个独立的屏柜内，柜内除了保护装置外，还配置了出口重动继电器、操作箱等辅助设备。

　　高压电缆保护采用多端差动保护原理，其保护范围为联合单元接线两台主变压器的高压侧至相应出线开关以及桥开关之间的高压电缆，采用 ABB 公司的 REB500 型分布式母线保护，包括采集单元 REB500-BU 和处理单元 REB500-CU，采集单元位于现地，实现各个支路的模拟量采集功能，处理单元位于地下厂房控制柜处，实现逻辑运算、保护判别等功能，采集单元和处理单元通过光纤进行通信。

开关站内3台断路器的保护均为ABB公司REB551型微机保护，单套配置，断路器保护柜内除保护装置外，还包括出口继电器、内部故障继电器、过电流保护逆变电源、直流电源监视继电器等辅助设备。

三、保护配置方案

（一）发电电动机保护配置

发电电动机保护采用部分保护功能双重化方案，差动保护、低电压过电流保护、负序过电流保护、过电压保护、低频保护、定子过负荷保护、开关失灵保护、电压平衡保护、相序监视保护等保护功能为双套配置，而定子接地保护、转子接地保护、低功率保护、逆功率保护、失磁保护、失步保护等其他保护功能仅配置单套，详细的保护配置见表9-8。

表 9-8 　　　　　　　　　　机 组 保 护 功 能 配 置

序号	A 套保护	B 套保护
1	差动保护（小差）	差动保护（大差）
2	低电压过电流保护	低电压过电流保护
3	发电方向负序过电流保护	发电方向负序过电流保护
4	水泵方向负序过电流保护	水泵方向负序过电流保护
5	95％定子接地保护	100％定子接地保护
6	定子过负荷保护	定子过负荷保护
7	低频保护	低频保护
8	发电方向失磁保护	发电方向失步保护
9	抽水方向失磁保护	抽水方向失步保护
10	过电压保护	过电压保护
11	开关失灵保护	开关失灵保护
12	电压平衡保护	电压平衡保护
13	逆功率保护	低功率保护
14	轴电流保护	过励磁保护
15	发电方向相序监视保护	发电方向相序监视保护
16	抽水方向相序监视保护	抽水方向相序监视保护
17	匝间短路保护	低频过电流保护
18	TA/TV 断线监视	TA/TV 断线监视
19		转子接地保护

（二）主变压器和励磁变压器保护配置

主变压器和励磁变压器的电气量保护同样采用了部分保护功能双重化方案，其中 A 套保护配置了主变压器和励磁变压器的所有保护功能，B 套保护则未配置主变压器过励磁保护和励磁变压器保护功能，详细的保护配置见表 9-9。除电气量保护外，还配置了单套非电量保护装置。

表 9-9　　　　　　　　　　主变压器、励磁变压器保护功能配置

序号	A 套保护	B 套保护
1	差动保护（小差）	差动保护（大差）
2	主变压器零序过电流保护	主变压器零序过电流保护
3	主变压器高压侧过电流保护	主变压器高压侧过电流保护
4	主变压器低压侧接地保护	主变压器低压侧接地保护
5	过励磁保护	
6	励磁变压器过电流保护（定、反时限）	

（三）开关站电气设备保护配置

开关站采用桥型接线，配置线路保护、高压电缆保护和断路器保护。

1. 线路保护

电站共有两条 500kV 输出线路，线路保护为双重化配置，配置的保护功能包括差动保护、距离保护、零序过电流保护等。

2. 断路器保护

开关站共装设有 3 台断路器，分别为两台出线断路器和一台内桥断路器，线路断路器除配置失灵保护和重合闸功能外，还配置了过电流保护功能，作为主变压器充电保护及主变压器带厂用电运行时的后备保护，内桥断路器配置了失灵保护、充电保护等功能。

3. 高压电缆保护

地下主变压器洞距离地面 500kV GIS 开关站约 700m，通过两条 500kV 高压干式电缆进行连接。由于距离过长，考虑到电流互感器二次回路负载特性，不能直接将所有支路 TA 二次电流通过电缆引入保护装置。电站采用了分布式母线保护，保护装置由信号采集单元和处理单元两部分构成，运行过程中信号采集单元采集各个分支的电流信号，然后通过光纤通道送至处理单元进行保护逻辑判别。

四、保护辅助功能设计

机组运行工况包括发电运行、发电调相、抽水运行、抽水调相、电气制动、抽水启动等，电气制动工况又分为发电方向电气制动和水泵方向电气制动两种情况，抽水启动工况包括 SFC 启动、背靠背启动及背靠背拖动。机组保护闭锁逻辑和出口方式见表 9-10。

表9-10　机组保护闭锁逻辑和出口方式

保护名称	发电方向 发电运行	发电方向 发电调相	抽水方向 抽水运行	抽水方向 抽水调相	电气制动 发电方向电制动	电气制动 抽水方向电制动	抽水启动 SFC启动	抽水启动 拖动机	抽水启动 背靠背被动启动	报警	灭磁开关	GCB	停机	500kV内桥断路器	500kV线路断路器	相邻机组保护	高压厂用变压器断路器	GCB失灵	消防	备注
差动保护（小差）								B			X	X	X					X	X	☆
差动保护（大差）								B			X	X	X					X	X	
单元件横差保护									B		X	X	X	X				X		☆
低压过电流保护（Ⅰ段）							B							X						
低压过电流保护（Ⅱ段）											X	X	X	X	X	X	X	X		
发电方向负序过电流保护（Ⅰ段启动）			B	B	B	B	B	B	B	X										
发电方向负序过电流保护（Ⅰ段跳闸）			B	B	B	B	B	B	B		X	X	X	X				X		
发电方向负序过电流保护（Ⅱ段跳闸）			B	B	B	B	B	B	B		X	X	X		X	X	X	X		
发电方向负序过电流保护（Ⅲ段跳闸）			B	B	B	B	B	B	B		X	X	X		X	X	X	X		
抽水方向负序过电流保护（Ⅰ段启动）	B	B			B	B	B	B	B	X										
抽水方向负序过电流保护（Ⅰ段跳闸）	B	B			B	B	B	B	B		X	X	X	X				X		☆
抽水方向负序过电流保护（Ⅱ段跳闸）	B	B			B	B	B	B	B		X	X	X	X	X	X	X	X		☆
抽水方向负序过电流保护（Ⅲ段反时限）	B	B			B	B	B	B	B		X	X	X		X	X	X	X		☆
95%定子接地保护	B	B	B	B																
定子过负荷保护（电流型）							B	B	B	X										
定子过负荷保护（温度型）								B			X	X	X					X		
低频保护	B		B				B	B	B		X	X	X					X		☆
发电方向失磁保护	B						B	B	B		X	X	X					X		

续表

保护名称	保护闭锁										动作出口									备注
	发电方向		抽水方向		电气制动		抽水启动			报警	灭磁开关	GCB	停机	500kV内桥断路器	500kV线路断路器	相邻机组保护	高压厂用变压器断路器	GCB失灵	消防	
	发电运行	发电调相	抽水运行	抽水调相	发电方向电制动	抽水方向电制动	SFC启动	拖动机	背靠背被启动											
抽水方向失磁保护	B	B									X	X	X					X		☆
过电压保护（Ⅰ段）					B						X	X	X					X		☆
过电压保护（Ⅱ段）					B						X	X	X					X		☆
逆功率保护		B	B	B		B	B	B	B		X	X	X					X		
轴电流保护（低定值）									B	X										
轴电流保护（高定值）						B					X	X	X							
断路器失灵保护														X	X	X	X			
电压平衡保护	B				B		B	B	B	X										
抽水方向相序监视	B	B			B	B	B	B	B	X										
背靠背拖动机时相序监视保护	B	B	B	B	B	B	B		B		X	X	X							A
背靠背拖动机时差动保护	B	B	B	B	B	B	B		B		X	X	X							A
背靠背拖动机时低压过电流保护	B	B	B	B	B	B	B		B		X	X	X							A
背靠背拖动机时负序过电流保护	B	B	B	B	B	B	B		B		X	X	X							A
背靠背拖动机时95%定子接地保护	B	B	B	B	B	B	B		B		X	X	X							A
背靠背拖动机时过电压保护（Ⅰ段）	B	B	B	B	B	B	B		B		X	X	X							A
背靠背拖动机时过电压保护（Ⅱ段）	B	B	B	B	B	B	B		B		X	X	X							A
背靠背时拖动机失磁保护	B	B	B	B	B	B	B		B		X	X	X							A

注　☆表示背靠背启动工况下作为被拖动的拖动机组；当SFC启动时跳SFC；A表示在FCB跳开之后，再跳GCB；B表示在该工况下闭锁保护；X表示动作于该出口方式；拖动机时联跳相应的拖动机组。

⧉ 第四节　蒲石河抽水蓄能电站

一、电气主接线

蒲石河抽水蓄能电站位于丹东市宽甸满族自治县长甸镇，承担区域电网的调峰、填谷、调频及事故备用任务，电站安装 4 台单机容量 300MW 的抽水蓄能机组，两两机组联合单元接线，开关站为三角形接线方式，电站以 500kV 单回出线接入电网。全厂装设 1 套 SFC 系统，机组抽水方向启动以 SFC 启动方式为主，背靠背启动方式为辅。电站主接线如图 9-10 所示。

二、机组保护组屏方案

（一）机组保护组屏

机组保护采用 SIEMENS 公司的 SIPROTEC4 保护，发电电动机保护为两面屏柜，主变压器和励磁变压器电气量保护也布置于两面屏柜内。如图 9-11 所示，左侧两面屏柜为发电电动机保护，右侧两面屏柜为主变压器和励磁变压器的电气量保护柜。

（二）开关站电气设备保护组屏

开关站为三角形主接线方式，配置高压电缆保护、线路保护和断路器保护。联合单元接线主变压器高压侧至开关站的高压电缆的保护采用多端光纤差动原理，在开关站侧和主变压器侧各装设一面光纤差动保护柜，柜内保护装置通过光纤向对侧发送本侧电流采样信息和远跳联调信号，进而实现纵联差动保护。对三角形接线的 3 台断路器分别配置一套断路器保护装置，各自布置于一面屏柜内。

500kV 蒲丹线设置两套主保护，第一套光纤距离保护设于地面开关站继电保护室 YARA10GH001 保护盘内，并配备相应后备保护；第二套光纤差动保护设于 YARA10GH002 保护盘内，配备相应后备保护，两面保护盘内还分别设置了远跳就地判别装置。

三、保护配置方案

（一）发电电动机保护配置

发电电动机机组保护采用部分双重化的配置方案，具体配置见表 9-11。

（二）主变压器、励磁变压器保护配置

采用双套保护配置方案，A、B 套保护均包括主变压器和励磁变压器所有保护功能。详细的保护功能配置见表 9-12。

（三）开关站电气设备保护配置

开关站电压等级为 500kV，三角形接线方式，配置有高压电缆保护、线路保护、断路器保护（含断路器失灵保护及重合闸）。

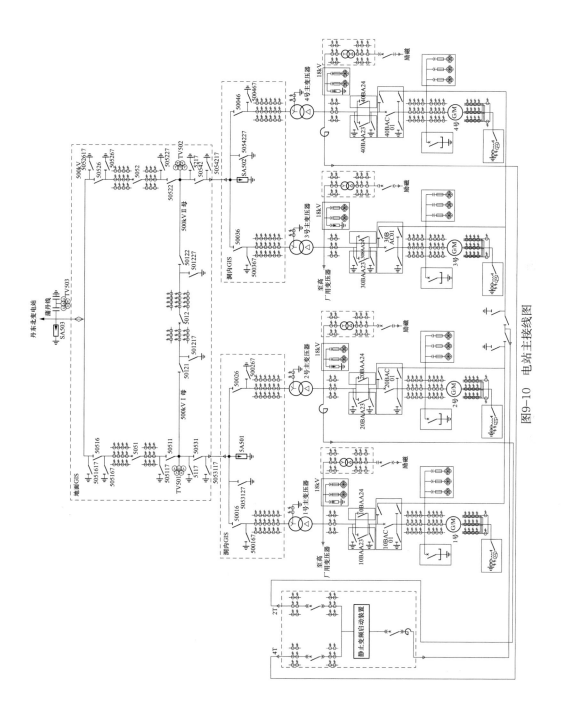

图9-10 电站主接线图

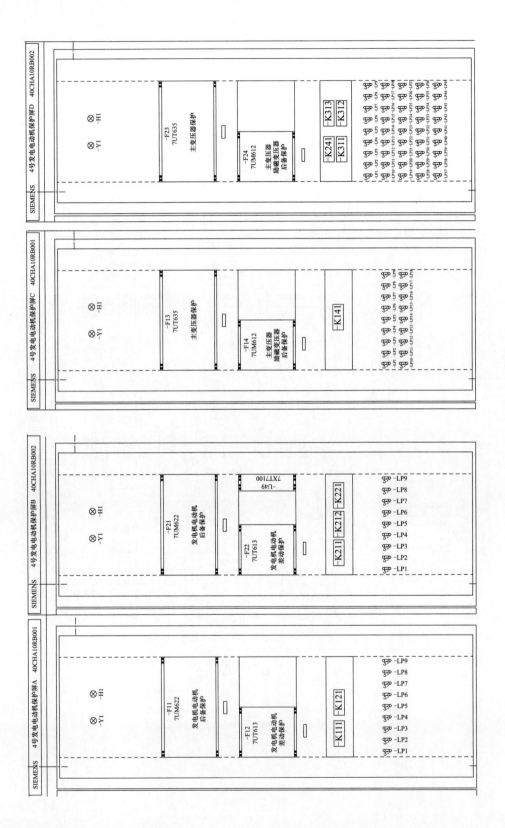

图9-11　机组保护组屏示意图

表 9-11   机 组 保 护 配 置 表

装置	保护代号	保护名称	装置	保护代号	保护名称
F11/ 7UM622	27-A	低电压保护	F21/ 7UM622	27-B	低电压保护
	32G-A	逆功率保护		32R-B	逆功率保护
	37M-A	低功率保护		37M-B	低功率保护
	40-A	失磁保护		40-B	失磁保护
	46-A	负序过电流保护		46-B	负序过电流保护
	47-A	电压相序保护（发电）		47-B	电压相序保护（发电）
		电压相序保护（抽水）			电压相序保护（抽水）
	49-A	定子过负荷保护Ⅰ		49-B	定子过负荷保护
	50V-t-A	低压过电流保护		50V-t-B	低压过电流保护
	51LF-A	低频过电流保护		51LF-B	低频过电流保护
	64S-A	95％定子接地保护		64S-B	100％定子接地保护
	78-A	失步保护（发电）		78-B	失步保护（发电）
		失步保护（抽水）			失步保护（抽水）
	81U-A	低频保护		81U-B	低频保护
				64R-B	转子接地保护
				50BF-B	开关失灵保护
F12/ 7UT613	24-A	过励磁	F22/ 7UT613	24-B	过励磁保护
	50N-A	横差保护		50N-B	横差保护
	59-A	过电压保护		59-B	过电压保护
	87G/M-A	差动保护（大差）		87G/M-B	差动保护（小差）
	38-A	轴电流保护			

表 9-12   主变压器和励磁变压器保护配置表

序号	A 套保护	B 套保护
1	纵联差动保护	纵联差动保护
2	过励磁保护	过励磁保护
3	过电流保护	过电流保护
4	零序过电流保护	零序过电流保护
5	低压侧接地保护	低压侧接地保护
6	低电压闭锁过电流保护	低电压闭锁过电流保护
7	励磁变压器过电流速断保护	励磁变压器过电流速断保护

　　蒲丹线第一套保护以两套纵联保护（纵联距离和纵联零序）作为全线速动主保护，以距离、零序保护作为后备保护。保护采用双光纤通道，具有独立的单相、三相跳闸逻辑电路。蒲丹线第二套保护以光纤分相电流差动和零序电流差动保护作为全线速动主保护，以波形识别原理构成的快速距离Ⅰ段保护、三段式相间和接地距离保护及零序方向电流保护构成后备保护。保护采用单光纤通道，具有独立的单相、三相跳闸逻辑电路。两套远跳判别装置借用两套线路保护通道。装置收到线路保护送来的远传跳闸信号后，经就地判别出口。

电站装设两套高压电缆保护装置，采用光纤差动原理，两套保护装置保护范围交叉，采用西门子公司保护装置 7SD522。

每个 500kV 断路器配置一套保护，分别布置于继保室单独的断路器保护盘内，柜内配有断路器保护装置和操作继电器箱。断路器保护包括失灵保护、自动重合闸、充电保护、死区保护、三相不一致保护。其中充电保护在设备正常运行时停用，只有线路充电时整定由调度下达的保护定值后投跳闸，正常运行时，充电保护、三相不一致保护退出运行。

（四）厂用电保护配置

厂用电系统由三段 10kV 厂用母线构成，三段母线之间两两互联，分别取自 1、3 号和 2、4 号主变压器低压侧，并经 1、2 号厂用高压变压器送电至 10kV 厂用电Ⅰ、Ⅱ段母线。备用电源取自小山变电站，送电至 10kV 厂用电Ⅲ段母线。厂用电保护装置主要包括厂用高压变压器保护装置、厂用低压变压器保护装置、10kV 母线电压保护装置、10kV 母线分段断路器保护装置、上库充水泵保护装置、进线断路器保护装置等。

高压厂用变压器保护功能主要有差动保护、高压侧复压过电流、低压侧复压过电流温度保护、TV 断线、非电容保护等。低压厂用变压器保护功能主要有高压侧复压闭锁过电流、负序过电流、零序过电流、低压侧零序过电流、温度保护、过负荷、TV 断线等。10kV 母线电压保护功能主要有母线低电压保护、母线过电压、母线零序过电压、TV 断线等。10kV 母线分段断路器保护功能主要有短充保护过电流、复压闭锁长充保护过电流 TV 断线等。上库充水泵保护功能主要有过电流、负序过电流、零序过电流、低电压、过负荷、过热、TV 断线等。

四、保护辅助功能设计

（一）机组运行工况判别及保护闭锁逻辑

蒲石河抽水蓄能电站机组有发电、抽水、发电调相、抽水调相、停机、旋转备用 6 种稳定工况，还有黑启动、背靠背启动、背靠背拖动、SFC 启动、停机热备 5 种暂态工况。机组运行工况判别逻辑和保护闭锁逻辑分别见表 9-13 和表 9-14。

表 9-13　　　　　　　　运 行 状 态 判 别

序号	状态名称	判别逻辑
1	停机工况	换向开关切除位置 and 机端断路器分位
2	发电启动工况	换向开关发电位置 and 机端断路器分位
3	发电运行工况	换向开关发电位置 and 机端断路器合位 and 发电运行转发电调相标志＝0
4	发电调相工况	换向开关发电位置 and 机端断路器合位 and 发电运行转发电调相标志＝1
5	拖动机运行工况	换向开关切除位置 and 机端断路器合位 and 拖动开关合位
6	电气制动工况	电制动开关合位
7	抽水启动工况	换向开关发电位置 and 机端断路器分位 and 被拖动开关合位
8	抽水运行工况	换向开关抽水位置 and 机端断路器合位 and 导叶空载以上＝1
9	抽水调相工况	换向开关抽水位置 and 机端断路器合位 and 导叶行程关＝1

表 9-14　　　　　　　　　　　　　　保 护 闭 锁 逻 辑

保护名称	运行工况								
	停机工况	发电起动工况	发电运行工况	发电调相工况	拖动机工况	电气制动工况	抽水起动工况	抽水运行工况	抽水调相工况
差动保护（大差）						B			
差动保护（小差）									
低电压保护	B	B	B	B	B	B	B		
逆功率保护	B	B			B	B	B	B	B
低功率保护	B	B	B	B	B	B	B		B
失磁保护									
负序过电流保护						B			
电压相序保护（发电）						B			
电压相序保护（抽水）						B			
定子过负荷保护									
GCB失灵保护									
低压记忆过电流保护						B			
低频过电流保护(2～10Hz)						B			
低频过电流保护(11～50Hz)	B	B	B	B	B	B	B	B	B
95%定子接地保护									
100%定子接地保护				B		B			
转子接地保护									
失步保护（发电）	B	B			B	B	B	B	B
失步保护（抽水）	B	B	B	B	B	B	B		
低频保护	B	B	B	B	B	B	B		
过励磁									
横差保护									
过电压保护									
轴电流保护									

注　B表示在该工况下闭锁保护。

（二）机组保护出口方式

机组保护的出口方式见表 9-15。

表 9-15　　　　　　　　　　　　　　机组保护出口方式

保护功能	动作出口							
	报警信号	跳闸信号	出口断路器	停机	灭磁开关	启动出口断路器失灵	跳相关机组或SFC	消防
低电压保护		X	X	X	X	X		

续表

保护功能	动作出口							
	报警 信号	跳闸 信号	出口 断路器	停机	灭磁 开关	启动出口 断路器失灵	跳相关机 组或 SFC	消防
逆功率保护		X	X	X	X	X		
低功率保护		X	X	X	X	X		
失磁保护		X	X	X	X	X	X	
负序过电流保护Ⅰ段	X							
负序过电流保护Ⅱ段		X	X	X	X	X	X	
电压相序保护（发电）		X		X	X		X	
电压相序保护（抽水）		X		X	X		X	
定子过负荷保护Ⅰ段	X							
定子过负荷保护Ⅱ段		X	X	X	X	X	X	
低压记忆过电流保护		X	X	X	X	X	X	
低频过电流保护		X		X	X		X	
95%定子接地保护		X	X	X	X	X	X	
失步保护（发电）		X	X		X	X		
失步保护（抽水）		X	X	X	X	X		
低频保护		X	X	X	X	X		
过励磁	X							
过励磁		X	X	X	X	X	X	
横差保护		X					X	
过电压保护		X	X	X	X	X	X	
差动保护（大差）		X	X	X	X	X	X	X
轴电流保护Ⅰ段	X							
轴电流保护Ⅱ段		X	X	X	X		X	

注　X 表示动作于该出口方式。

☗ 第五节　白莲河抽水蓄能电站

一、电气主接线

白莲河抽水蓄能电站位于黄冈市罗田县，地处湖北省乃至华中电网用电负荷中心和大型火电站集中的鄂东地区，共安装 4 台 300MW 可逆式抽水蓄能机组。电站以 500kV 电压等级接入电力系统，服务于华中和湖北电网，在系统中担负着调峰、填谷、调频、调相和事故备用等任务。电站主接线如图 9-12 所示。

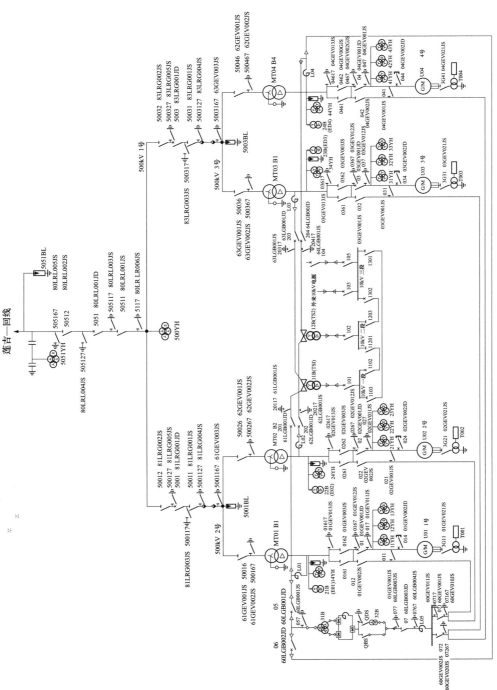

图9-12 白莲河抽水蓄能电站电气主接线

二、保护组屏方案

(一) 机组保护组屏

采用法国 AREVA 公司的微机型保护装置，两套保护屏柜内保护配置见表 9-16。

表 9-16　　　　　　　　　　　　**机组保护模块及保护功能配置**

装置	保护代号	保护名称	装置	保护代号	保护名称
AREVA MiCOM P345	87G-A	差动保护（小差）	AREVA MiCOM P343	87G-B	差动保护（大差）
	64G-A	100%定子接地保护		59NG-A	95%定子接地保护
	60G-A	单元件横差保护		60G-B	单元件横差保护
	27/51G-A	低电压过电流保护		27/51G-A	低电压过电流保护
	59G-A	过电压保护		59G-B	过电压保护
	51G-A	定子过负荷保护（电流型）		51G-B	定子过负荷保护（电流型）
	46G-A	转子表层（负序）过负荷保护		46G-B	转子表层（负序）过负荷保护
	40G-A	失磁保护		40G-B	失磁保护
	78G-A	失步保护		78G-B	失步保护
	81OG-A	过频保护		81OG-B	过频保护
	32G-A	发电工况逆功率保护		32G-B	发电工况逆功率保护
	81M-A	低频保护		81M-B	低频保护
	37M-A	抽水工况低功率保护		37M-B	抽水工况低功率保护
	59/81G-A	过励磁保护		59/81G-B	过励磁保护
	81/51M-A	低频过电流保护		81/51M-B	低频过电流保护
AREVA MiCOM P141	47G-A	电压相序保护	AREVA MiCOM P141	47G-B	电压相序保护
	27M-A	低电压保护		27M-B	低电压保护
4000R		过负荷保护（温度型）	AREVA MX3IPG2A （励磁柜）	64RG	转子一点接地保护
ABB RARIC RK649 101-BA	64BG-A	轴电流保护			

主变压器保护双重化配置，6XGEV001AR 主变压器 A 套保护屏和 6XGEV002AR 主变压器 B 套保护屏，布置于地下主厂房发电机层，保护配置见表 9-17。

表 9-17　　　　　　　　　　　　**机组保护模块及保护功能配置**

装置	保护代号	保护名称	装置	保护代号	保护名称
AREVA MiCOM P634	87T-A	纵联差动保护	AREVA MiCOM P634	87T-B	纵联差动保护
	59/81T-A	过励磁保护		59/81T-B	过励磁保护
AREVA MiCOM P141	51NT-A	零序电流保护	AREVA MiCOM P141	51NT-B	零序电流保护
	27/51T-A	复合电压过电流保护		27/51T-B	复合电压过电流保护
	64T-A	低压侧单相接地保护		64T-B	低压侧单相接地保护
	51E-A	励磁变压器过电流保护			
	51EL-A	励磁变压器过负荷保护			
		非电量保护			

（二）开关站电气设备保护组屏

开关站配置线路保护、断路器保护、母线保护和高压电缆保护。500kV 输出线路保护完全双重化配置，分别布置于两面保护屏柜内，屏柜内还分别配置线路断路器失灵及辅助保护装置。开关站的 5001 断路器和 5003 断路器分别配置一套断路器保护，布置于两面保护柜内。1、2 号主变压器高压侧和 3、4 号主变压器高压侧至开关站的两条高压电缆保护均采用双重化配置，各自布置于一面屏柜内。

三、保护配置方案

（一）发电电动机保护配置

发电电动机保护采用双重化配置方案，具体配置见表 9-18。

表 9-18　　　　　　　　　　　发电电动机保护配置

序号	A 套保护	B 套保护
1	差动保护（小差）	差动保护（大差）
2	单元件横差保护	单元件横差保护
3	100 ％定子接地故障保护	95 ％定子接地故障保护
4	低电压过电流保护	低电压过电流保护
5	失磁保护	失磁保护
6	发电工况逆功率保护	发电工况逆功率保护
7	抽水工况低功率保护	抽水工况低功率保护
8	失步保护	失步保护
9	低频保护	低频保护
10	过频保护	过频保护
11	低频过电流保护	低频过电流保护
12	过励磁保护	过励磁保护
13	断路器灵保护	断路器失灵保护
14	定子绕组过负荷保护	定子绕组过负荷保护
15	转子表层（负序）过负荷保护	转子表层（负序）过负荷保护
16	定子绕组过电压保护	转子绕组过压保护
17	电压相序保护	电压相序保护
18	低电压保护	低电压保护
19	轴电流保护	转子一点接地保护

（二）主变压器和励磁变压器保护配置

主变压器电气量保护采用 A、B 双套配置，励磁变压器保护只配置在 A 套保护装置。主变压器和励磁变压器还配置有非电量保护功能，主变压器非电量保护包括重瓦斯保护、轻瓦斯保护、绕组和油温过高、压力释放、冷却系统故障等，励磁变压器本体保护主要是温度保护。具体保护配置见表 9-19。

表 9-19　　　　　　　　　　　　　　主变压器和励磁变压器保护配置

序号	A套保护	B套保护
1	纵联差动保护	纵联差动保护
2	过励磁保护	过励磁保护
3	零序电流保护	零序电流保护
4	复合电压过电流保护	复合电压过电流保护
5	低压侧单相接地保护	低压侧单相接地保护
6	励磁变压器过电流保护	
7	励磁变压器过负荷保护	
8	励磁变压器本体保护	
9	主变压器本体保护	

（三）开关站电气设备保护配置

线路保护采用双重化配置，A套主保护为纵联电流差动保护、后备保护为三段式距离保护、四段式零序电流保护。B套以分相电流差动和零序电流差动为快速主保护、由工频变化量距离元件构成快速主保护、三段式相间和接地距离及多个零序方向过电流为后备保护。

母线保护采用双重化配置，包括母差保护、死区保护、母联保护等保护功能。针对联合单元的主变压器至开关站的高压电压配置 ALSTOM 的 P634 差动保护装置。输出线路断路器的保护装置安装在 B 套线路保护柜内，开关站其他两个断路器的保护装置各自单独组屏。保护功能包括失灵保护、充电保护和重合闸功能等。

（四）厂用电保护配置

厂用电系统由三段 10kV 厂用母线构成，三段母线两两互联，分别取自 1、3 号和 2、4 号主变压器低压侧，并经 1、2 号高压厂用变压器送电至 10kV 厂用电 I、II 段母线。备用电源取自外来 10kV 电源以及柴油发电机，送电至 10kV 厂用电 III 段母线。

四、保护辅助功能设计

（一）机组运行工况及保护闭锁逻辑

白莲河抽水蓄能电站机组运行工况包括发电运行、发电调相、抽水运行、抽水调相、发电工况电制动、抽水工况电制动、作为拖动机启动运行、作为被拖动机启动运行等 8 种工况。不同工况下保护闭锁逻辑见表 9-20。

表 9-20　　　　　　　　　　　　　　不同工况下保护闭锁逻辑

名称	发电运行		抽水运行		电气制动		抽水方向启动	
	运行	调相	运行	调相	发电机	电动机	拖动机	被拖动机
差动保护								
单元件横差保护								
95%定子接地保护								
100%定子接地保护					B（*）	B（*）	B（*）	B（*）

续表

名称	发电运行		抽水运行		电气制动		抽水方向启动	
	运行	调相	运行	调相	发电机	电动机	拖动机	被拖动机
低电压过电流保护					B		B	B
失磁保护								
发电工况逆功率保护		B	B	B			B	B
抽水工况低功率保护	B	B		B	B	B	B	B
失步保护（发电工况）			B	B	B		B	B
失步保护（抽水工况）	B	B			B	B	B	B
低频保护	B	B			B	B	B	
过频保护	B	B	B	B				
低频过电流保护	B	B	B	B				
过励磁保护					B	B		
断路器失灵保护					B	B	B	B
定子绕组过负荷保护								
转子一点接地保护								
转子表层（负序）过负荷保护（发电工况）			B	B		B		B
转子表层（负序）过负荷保护（抽水工况）	B	B			B		B	
过电压保护								
电压相序保护（发电工况）	B	B	B	B	B	B		B
电压相序保护（抽水工况）	B	B	B	B	B	B	B	
低电压保护	B	B		B	B	B	B	B
轴电流保护								

注　B表示闭锁该保护；B（＊）表示闭锁仅限于15～25Hz。

（二）机组保护出口方式

机组保护的出口方式见表9-21。

表9-21　　　　　　　　　　机组保护出口方式

名称	报警	灭磁开关	机组出口断路器跳闸	停机	500kV断路器1	500kV断路器2	跳相邻机组断路器	相邻机组停机	跳高厂用变压器QF	跳相邻高厂用变压器QF	跳SFC输入侧断路器	相邻SFC输入侧断路器	消防	备注
差动保护	X	X	X	X									X	
单元件横差保护	X	X	X	X										
95％定子接地保护	X	X	X	X										
100％定子接地保护	X	X	X	X										
低电压过电流保护	X					X								
	X	X	X	X			X	X	X	X	X	X		
失磁保护	X	X	X	X										
发电工况逆功率保护	X	X	X	X										

续表

名称	报警	灭磁开关	机组出口断路器跳闸	停机	500kV断路器1	500kV断路器2	跳相邻机组断路器	相邻机组停机	跳高厂用变压器QF	跳相邻高厂用变压器QF	跳SFC输入侧断路器	相邻SFC输入侧断路器	消防	备注
抽水工况低功率保护	X	X	X	X										
失步保护（发电工况）	X	X	X	X										
失步保护（抽水工况）	X	X	X	X										
低频保护	X	X	X	X										
过频保护	X	X	X	X										
低频过电流保护	X	X	X	X										
过励磁保护	X													低值段
过励磁保护	X	X	X	X										高值段
断路器失灵保护	X	X	X	X	X		X	X	X	X	X	X		
定子绕组过负荷保护	X													
转子表层（负序）过负荷保护（发电工况）	X													定时限
转子表层（负序）过负荷保护（发电工况）	X	X	X	X										反时限
转子表层（负序）过负荷保护（抽水工况）	X													定时限
转子表层（负序）过负荷保护（抽水工况）	X	X	X	X										反时限
过电压保护	X													低值段
过电压保护	X	X	X	X										高值段
电压相序保护（发电工况）	X	X	X	X										
电压相序保护（抽水工况）	X	X	X	X										
低电压保护	X	X	X	X										
轴电流保护	X													低值段
轴电流保护	X	X	X	X										高值段
转子一点接地保护	X													
转子绕组过电压保护	X													低值段
转子绕组过电压保护	X	X	X	X										高值段

注　QF表示断路器。X表示动作于该出口方式。

附 录　术　语

1　主保护

电力系统中预定优先启动切除故障或用作结束异常情况的保护。

2　后备保护

由于主保护动作失效或不能动作或者相关联的断路器动作失灵，导致系统故障在预定的时间内未被切除或异常情况未被发现时预定动作的保护。

3　异常运行保护

反应被保护电力设备或线路的短路故障以外的异常运行状态的保护

4　保护范围

预期由保护覆盖的范围，超过此范围非单元保护将不动作。

5　允许式保护

收到信号后允许就地保护启动跳闸的一种保护。

6　闭锁式保护

收到信号后闭锁就地保护启动跳闸的一种保护。

7　纵联差动保护

其动作和选择性取决于被保护区各端电流的幅值比较或相位与幅值比较的一种保护，简称纵差保护。

8　电流不平衡保护

反应电气制动过程中电气制动开关短接触头接触不良的保护。

9　失步保护

预定在电力系统开始失步时便动作以防止失步加剧的保护。

10　断路器失灵保护

预定在相应的断路器跳闸失败的情况下通过启动其他断路器跳闸来切除系统故障的一种保护。

11　电压相序保护

反应机组启动过程中电压相序与机组旋转方向不一致的保护。

12　弧光保护

以电力一次设备故障时产生的电弧光信号为主要判据，电流信号等其他故障量为辅助判据，通过出口快速切除相应故障设备的保护。

13　泄漏电流

在不希望导电的路径内流过的电流，短路电流除外。

14　故障阻抗

故障点的故障相导线与地之间或各故障相导线之间的阻抗。

参　考　文　献

[1]　王维俭. 发电机变压器继电保护应用. 北京：中国电力出版社，1998.

[2]　梅祖彦. 抽水蓄能发电技术. 北京：机械工业出版社，2000.

[3]　贺家李，宋从矩. 电力系统继电保护原理. 北京：中国电力出版社，2004.

[4]　王维俭. 电气主设备继电保护原理与应用. 2版. 北京：中国电力出版社，2002.

[5]　张保会，尹项根. 电力系统继电保护. 北京：中国电力出版社，2006.

[6]　朱声石. 高压电网继电保护原理与技术. 北京：中国电力出版社，2005.

[7]　许正亚. 发电厂继电保护整定计算及其运行技术. 北京：中国水利水电出版社，2009.

[8]　高传昌. 抽水蓄能电站技术. 郑州：黄河水利出版社，2011.

[9]　熊信银，张步涵. 电力系统工程基础. 武汉：华中科技大学出版社，2003.

[10]　王梅义. 高压电网继电保护运行与设计. 北京：中国电力出版社，2007.

[11]　李浩良，孙华平. 抽水蓄能电站运行与管理. 杭州：浙江大学出版社，2013.

[12]　李玉海，刘昕，李鹏，等. 电力系统主设备继电保护试验. 北京：中国电力出版社，2005.

[13]　王维俭，汤连湘，鲁华富，等. 换相操作对抽水蓄能机组保护的影响分析. 继电器，1995
　　　（2）：3-6.

[14]　沈全荣，严伟，梁乾兵，等. 异步法电流互感器饱和判别新原理及其应用. 电力系统自动化，
　　　2005（16）：84-86.

[15]　沈全荣，陈佳胜，陈俊，等. 基于导纳特性的水轮发电机失磁保护新判据. 电力自动化设备，
　　　2017，37（07）：220-223.

[16]　陈俊，王凯，袁江伟，等. 大型抽水蓄能机组控制保护关键技术研究进展. 水电与抽水蓄能，
　　　2016，2（04）：3-9.

[17]　陈俊，刘洪，严伟，等. 大型水轮发电机组保护若干技术问题探讨. 水电自动化与大坝监测，
　　　2012，36（04）：41-44.

[18]　张琦雪，席康庆，陈佳胜，等. 大型发电机注入式定子接地保护的现场应用及分析. 电力系统
　　　自动化，2007（11）：103-107.

[19]　张琦雪，陈佳胜，陈俊，等. 大型发电机注入式定子接地保护判据的改进. 电力系统自动化，
　　　2008（03）：66-69.

[20]　王昕，井雨刚，王大鹏，等. 抽水蓄能机组继电保护配置研究. 电力系统保护与控制，2010，
　　　38（24）：66-70.

[21]　陈俊，司红建，周荣斌，等. 抽水蓄能机组 SFC 系统保护关键技术. 电力自动化设备，2013，
　　　33（08）：167-171.

[22]　陈俊，王光，严伟，等. 关于发电机转子接地保护几个问题的探讨. 电力系统自动化，2008
　　　（01）：90-92＋102.

[23]　王光，温永平，陈俊，等. 注入方波电压式转子接地保护装置的研制及应用. 江苏电机工程，
　　　2009，28（02）：74-77.

[24]　郭自刚，陈俊，陈佳胜，等. 大型水电机组保护若干问题探讨. 电力系统保护与控制，2011，
　　　39（03）：148-151.

[25] 王光，陈俊，姬生飞，等. 300MW级抽水蓄能机组继电保护原理优化研究. 水电与抽水蓄能，2016，2（04）：10-16.

[26] 毛健. 发电厂和变电站二次设备等电位接地网的布设. 水电与新能源，2016（08）：40-43.

[27] 肖磊石，张波，李谦，等. 分布式等电位接地网与变电站主接地网连接方式. 高电压技术，2015，41（12）：4226-4232.

[28] 王凯，王耀，王光，等. 光学电流互感器应用于发电机保护的研究及实践. 水电与抽水蓄能，2016，2（04）：28-33.

[29] GUIDO F，RENE D. Reciprocal reflection interferometer for a fiber-optic Faraday current sensor. Applied Optics，1994，33（25）：6111-6122.

[30] BOHNERT K，GABUS P，NEHRING J，et al. Temperature and vibration insensitive fiber-optic current sensor. Lightwave Technol.，2002，20（2）：267-275.

[31] 张喜玲，杨慧霞，蒋冠前. 弧光保护关键技术研究. 电力系统保护与控制，2013（14）：130-135.

[32] 王德志，张爱萍. 电弧光保护在应用实践中的改进. 电力系统保护与控制，2009，37（24）：230-231.

[33] 王德林，裘愉涛，凌光，等. 变电站即插即用就地化保护的应用方案和经济性比较. 电力系统自动化，2017，41（16）：12-19.

[34] 裘愉涛，王德林，胡晨，等. 无防护安装就地化保护应用与实践. 电力系统保护与控制，2016，44（20）：1-5.

[35] 陈福锋，俞春林，张尧，等. 变电站继电保护就地化整体解决方案研究. 电力自动化设备，2017，37（10）：204-210.

[36] 郑小刚，任刚. 抽水蓄能机组状态对发变组保护的影响及工程解决方案. 水电自动化与大坝监测，2009，33（2）：41-46.

[37] 庄家强. 天荒坪抽水蓄能电站的机组及主变压器继电保护. 东方电气评论，1999，13（2）：122-125.

[38] 常玉红. 天荒坪抽水蓄能电厂发变组保护. 水电站机电技术，2002（2）.

[39] 孟繁聪，王莉. 分布式微机母线保护在宜兴抽水蓄能电站的应用. 水电站机电技术，2007（3）：20-21.

[40] 朱冠宏，孟繁聪. 抽水蓄能发电机继电保护配置的分析. 华东电力，2014，42（3）：619-621.

[41] 郑光伟，张全胜，牛聚山，等. 蒲石河抽水蓄能电站电气二次设计. 水力发电，2012，38（5）：68-71.

[42] 杨光华，栾德艳，常颖，等. 蒲石河抽水蓄能电站发变组继电保护的设计及特点. 水力发电，2012，38（5）：75-77.

[43] 蒋春钢，何万成. 蒲石河抽水蓄能电站厂用电系统接线方式的优化调整. 水力发电，2012，38（5）：78-80.

[44] 齐丽萍. 蒲石河抽水蓄能电站继电保护配置//中国水力发电工程学会. 水电站机电技术2004年年会论文集. 中国水力发电工程学会，2004：3.